一、常用计量器具

1. 刀口平尺

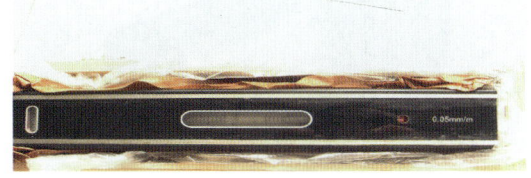

2. 高精度平尺

3. 直角尺

4. 宽座直角尺

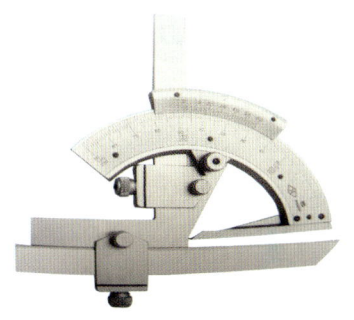

5. 游标万能角度尺

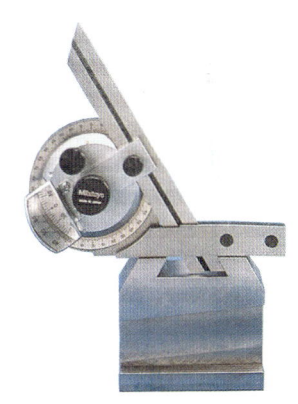

6. 用游标万能角度尺测量燕尾槽及斜面角度

7. 条式与框式水平仪

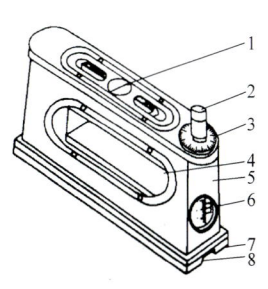

8. 合像水平仪

1—观察窗　2—旋钮　3—刻度盘
4—主水准器　5—壳体　6—刻度（mm/m）
7—底工作面　8—V形工作面

9. 可水平或垂直测量的 DEG 电子水平仪
（分度值 0.01/0.005mm/m）

10. 双屏显示 DEG 电子水平仪
（分度值 0.01/0.005mm/m）

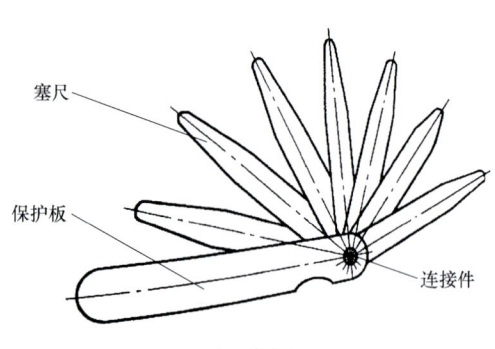

11. 塞尺

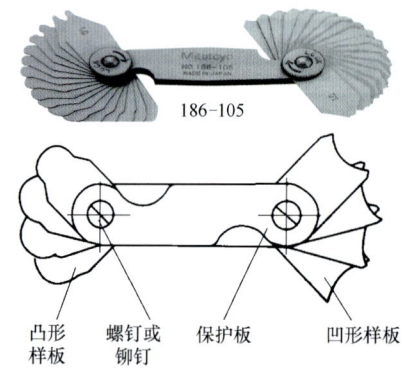

12. 成对凸、凹半径规

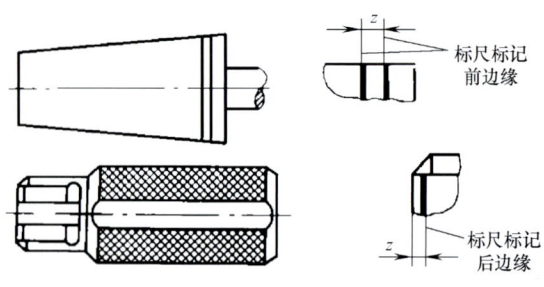

13. 圆锥量规

测量法：用涂色法检验工件的锥度；且基面距处于圆锥量规上相距 z 的两条刻线之间

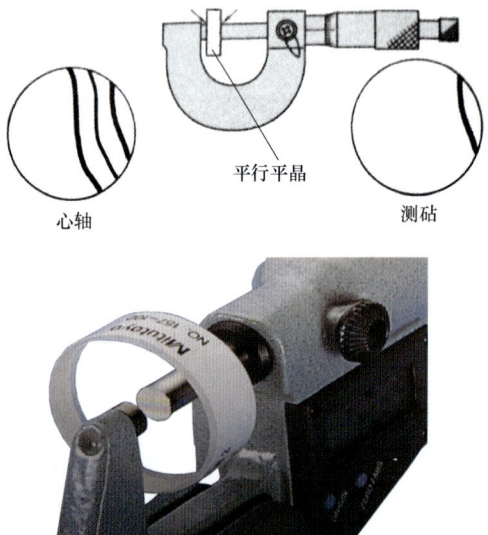

14. 用光学平晶检测千分尺等高精度平面度

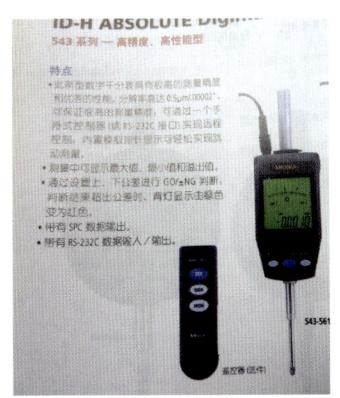

15. 数字千分表,具有极高的测量精度,可通过一个手持式控制器(或 RS232C 接口)实现远程控制,内置模拟指针显示轻松实现跳动误差的测量

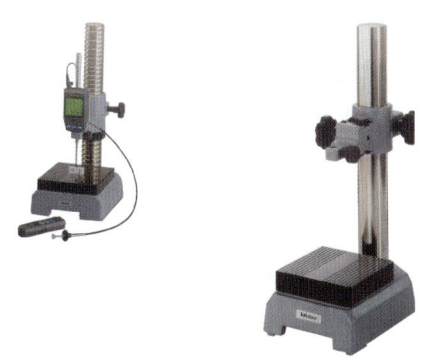

16. 数字千分表与比较台架组合(实现手持式控制器,进行远程控制测量)

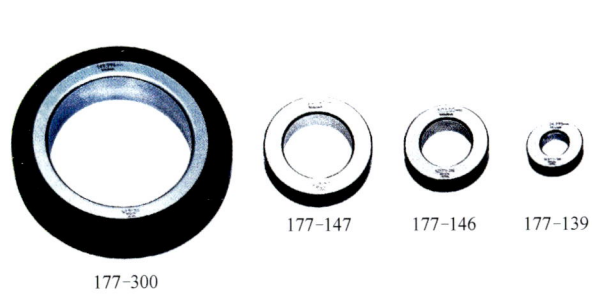

17. 校正环规(用于内径千分尺和内径表的快速调零,每个校正环规上都标有实际内径)

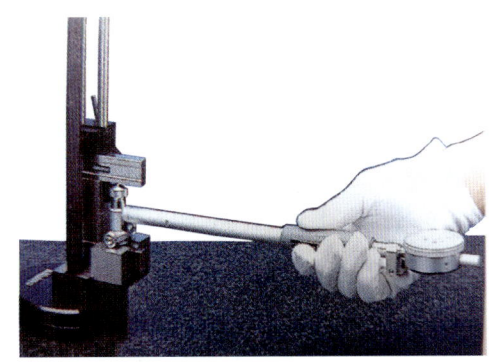

18. 内径表零点检测器(与量块配合使用,可轻松地对测量范围在 18~400mm 的内径表进行调零)

二、游标类量具

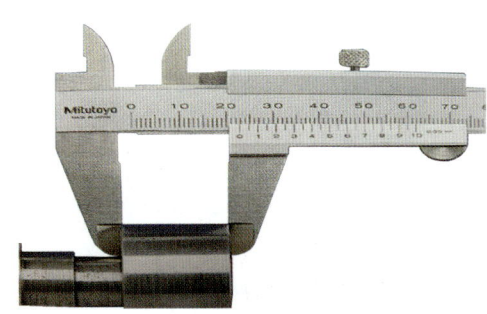

19. 外尺寸测量

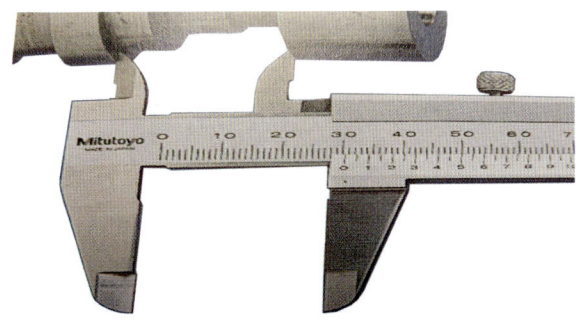

20. 内尺寸测量

21. 测内孔中槽径的数显卡尺

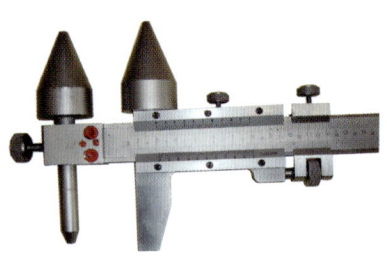
22. 测孔距及边心距的卡尺

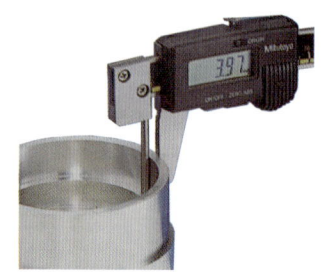
23. 杆式量爪卡尺

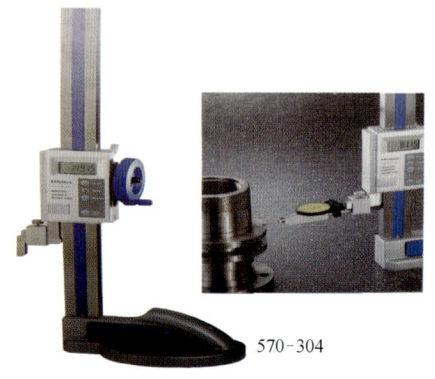
24. 用高度仪+杠杆表检验圆台高度误差

三、千分尺类量具

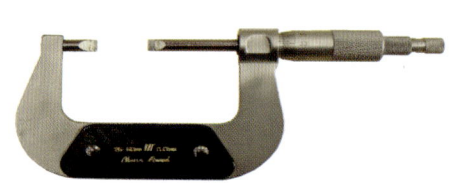
25. 螺纹中径千分尺

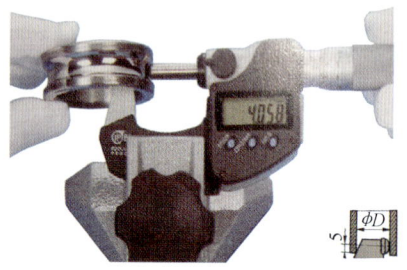
26. 用球面测砧心轴型千分尺测轴承沟槽壁厚

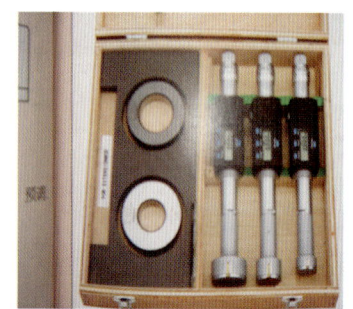
27. 小孔内径千分尺及校对环

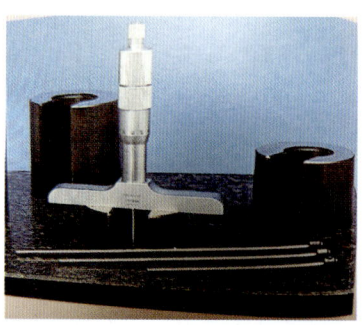
28. 用接杆式千分尺精测高度

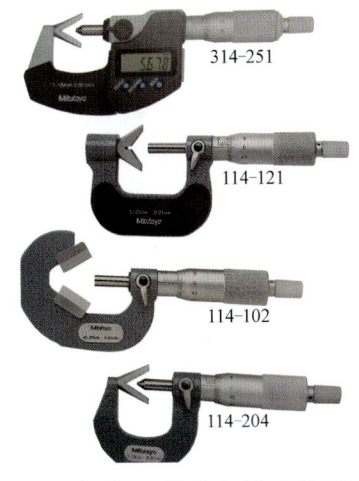

29. 各式V形砧专用千分尺
测量凹槽个数为奇数的刀具（如丝锥、铰刀）外径尺寸，用单针法测量丝锥的中径

30. 圆柱形测砧千分尺（用于管材壁厚的测量）

四、测量螺纹常用的量仪

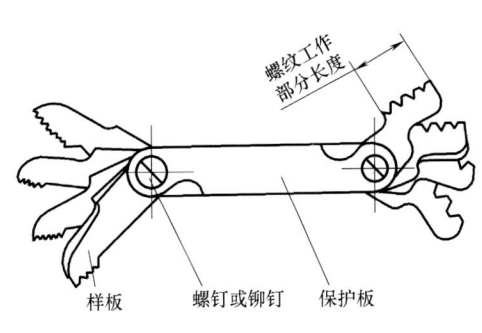

31. 螺纹卡规

32. 螺纹环规

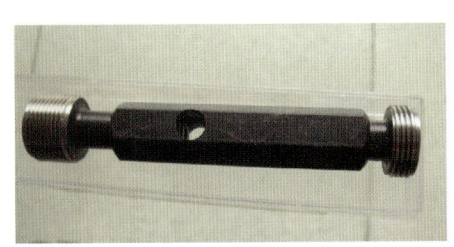

33. 螺纹塞规

34. 19JA万能工具显微镜

五、齿轮测量常用的量仪及其应用

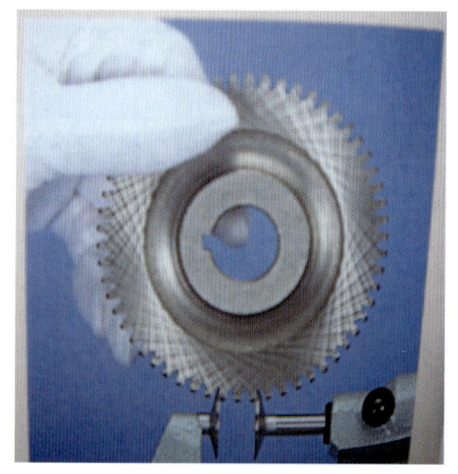

35. 用公法线千分尺测公法线

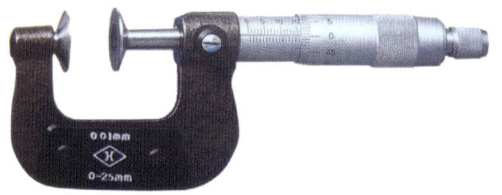

36. 齿轮公法线千分尺

37. 万能测齿仪

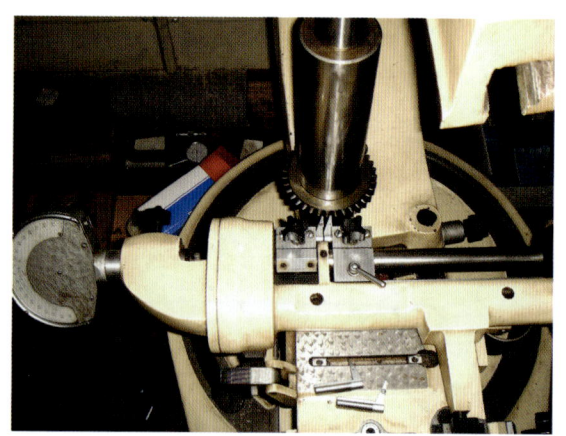

38. 用万能测齿仪测量齿距总误差 F_P

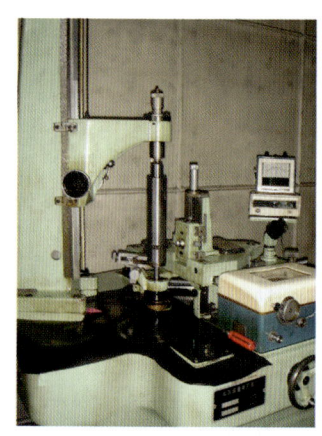

39. 齿轮渐开线检查仪

40. 用渐开线检查仪测量齿廓总误差 F_α

41. 对工件安装心轴进行检测

42. 滚齿机加工，需经工件安装、机床调整、切齿对刀、首件检测合格后进行

43. 插齿机加工，需经工件安装、机床调整、切齿对刀、首件检测合格后进行

44. 用光学分度头测量斜齿轮

45. 齿轮基圆齿距仪

六、常用量仪的选用

46. 用圆度仪测外表面圆度

47. 用投影仪测量锯片刀具及其零件

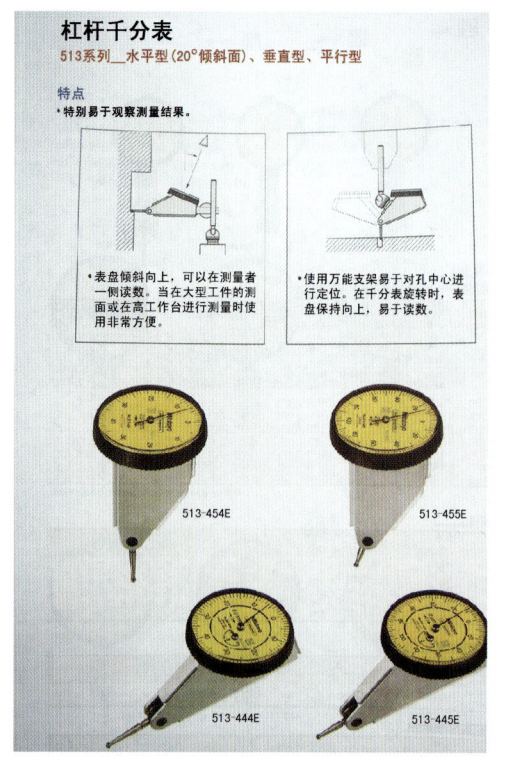

48. 杠杆式千分表

49. 杠杆式千分表的结构

七、常见的工件表面粗糙度测量仪器与工件表面缺陷判别及处理

50. 便携式 TR101 袖珍表面粗糙度仪

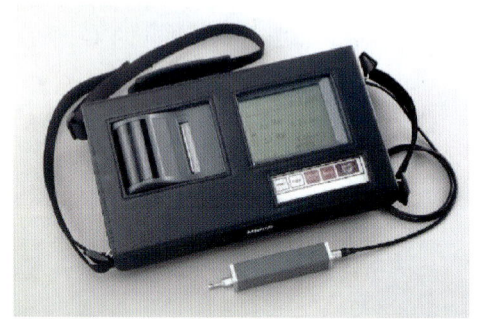

51. 便携式 SJ-301 表面粗糙度测量仪

※对于表面缺陷的检验与评定，可用经验法目测，或仪器测定。表面存在缺陷并不表示不可用

缺陷的可接受性取决于缺陷表面的用途、区域数量、尺寸大小或功能要求等，即按图样或技术文件要求确定其工序间的流转及合格性

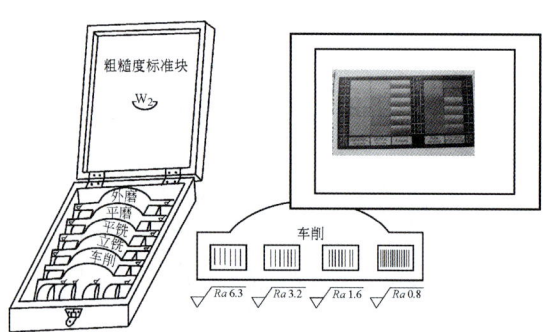

52. 常见机械加工表面粗糙度样块

53. 大件的铸造气孔（决定该表面缺陷可补焊后返修）

54. 铸造裂纹（废品）

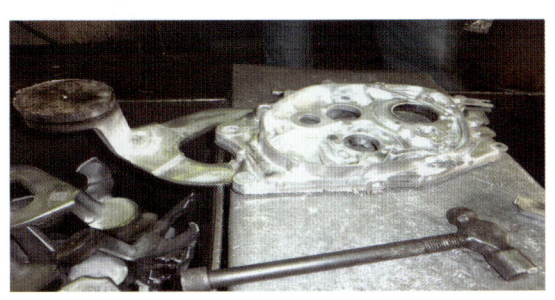

55. 准备锤掉铸造飞边和支耳（工序再加工）

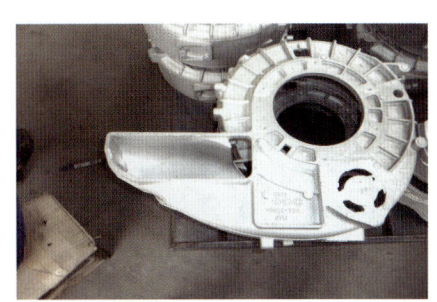

56. 三个圆弧长孔边缘有铸造飞刺，应彻底清除

八、三坐标测量机用于典型工件的测量

可在完成箱体类工件测量的同时，完成包括多种曲面元素，如叶片、齿轮和齿轮刀具、蜗轮蜗杆、凸轮及凸轮轴、螺纹、翼形工件在内的多种复杂形状工件、压缩机螺杆以及轮廓、自由曲面等多种复杂几何形状的测量。

可广泛用于首件检测、最终检验、过程和夹具检验、过程控制以及逆向工程。

57. 三坐标测量机对箱体工件的测量

58. 可测量高精度齿轮及齿轮刀具产品

59. 测量准双曲面齿轮参数

60. 测量高精度蜗杆参数

61. 三坐标测量机

62. 三坐标测量机对箱体零件的测量现场

九、便携式关节臂测量机

1）专门为需要在车间或实验室环境下进行检测、测量和逆向工程的企业设计、开发和推广了便携式测量机。它是当前最为精确的七轴系统，具备快速更换测头并自动进行测头识别功能，同时可进行硬测头和激光测头的组合使用，实时完成激光扫描检测和逆向工程应用。

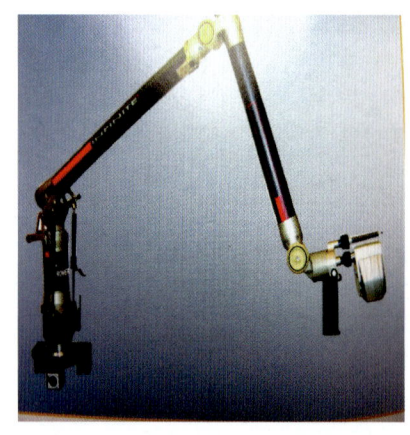
63. 专为激光扫描非接触测头设计的关节臂

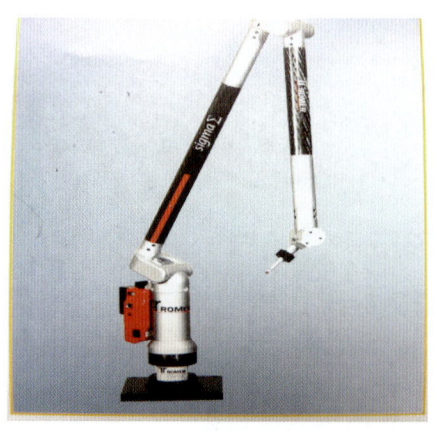
64. 硬测头，万能测量工具的最新创新，广泛使用在汽车和航空航天等行业

2）激光跟踪仪的应用。

基于 CAD 的检测　　　　　　　　　　　机器人的调整

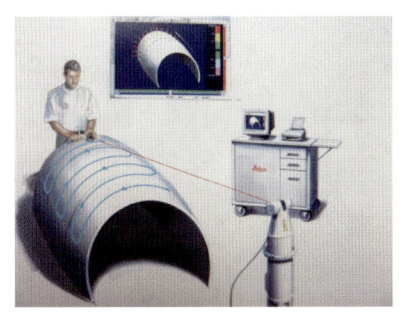 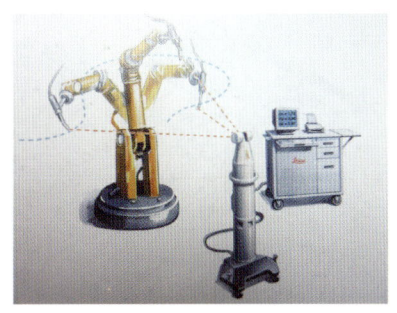

65. Leica 激光跟踪仪可实现工件表面的检测和验证，显示实际值和理论值的偏差

66. 高速跟踪是完成机器人调整、机械导向和测量辅助装配等工作的迫切需要之一

3）新一代全能测量系统。Walk-Around GMM 轻便型测量机使得检测、装配和逆向工程等工作的效率得到显著提高，其中 T-Probe 型测量机和 T-Scan 高速手持式扫描仪广泛用于几何量测量和逆向工程。

几何量测量

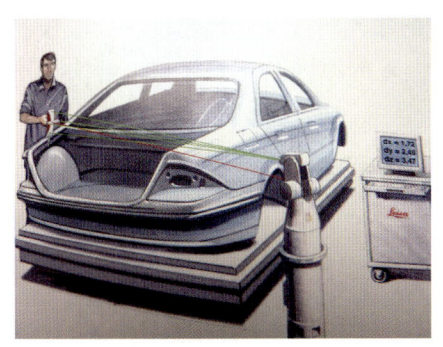 

67. T-Probe 能提供更高的移动自由度、更高的精度和效率

68. T-Probe——轻便型的无臂、无线测量系统，适用于各种复杂部件和工装的测量

逆向工程

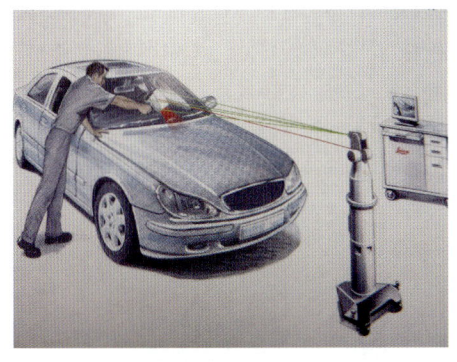 

69. T-Scan 可在 30m 测量范围内，在几分钟内采集数百万个点的数据，用于实现逆向工程

70. T-Scan 激光扫描仪高效的数据采集能力，配以功能强大的分析软件，可以对车身重要部位进行精确扫描，包括孔、槽等几何元素测量软件的自动识别和检测

4）ScanWorks 三维扫描系统将设计、CAD/CAM 原型制作和制造有机地联系在一起，能够将逆向工程、点云与 CAD 的比较、三维可视化以及检测有机地联系在一起。

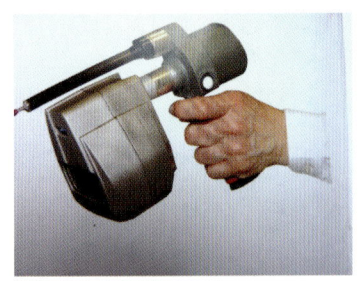

71. V5 测头使用精密的非接触式激光科技，用携式测量臂上的按钮来控制资料的收集或扫描工件的三维形态资料

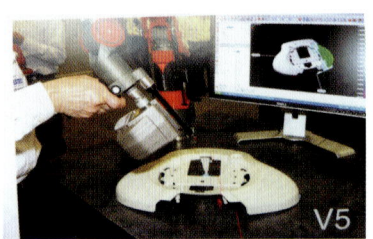

72. V5 测头将和测量臂的一笔扫描数据转换于同一个坐标系。每转换完成后，不需硬探针辅助校对，精度高达 24μm

十、机床进行几何精度测试的情况

数控机床的精度指标分几何精度、位置精度、定位精度、分度精度、重复定位精度和回零精度。

QC10 球杆仪的功能：可方便、快捷地检测数控机床的线性精度和几何精度，伺服控制插补精度、反向间隙等指标，并经过综合评估后，给出产生误差的原因及调整建议，解决了用试件切削检查数控机床精度的弊病。

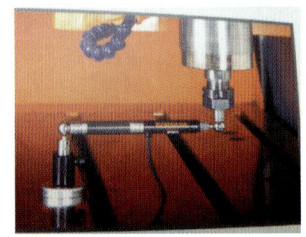

73. 用球杆仪测量与调整机床主轴精度

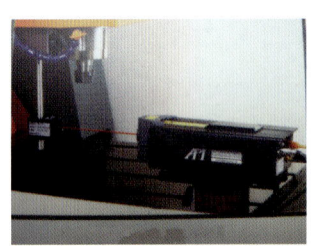

74. 对各轴进行激光检验，然后进行精确的修正，使其有极高的定位精度和重复精度

数控机床的定位精度是指所测机床运动部件在数控系统控制下运动时所能达到的位置精度

长度测量以双频激光干涉仪的测量结果为准

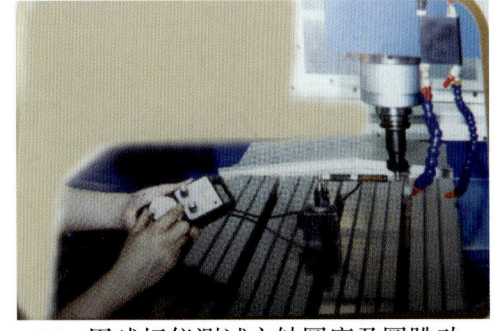

75. 用球杆仪测试主轴圆度及圆跳动

回转运动检测工具有 360 齿精密分度的标准转台或角度多面体、高精度圆光栅和平行光管等，但球杆仪测量最先进

76. CNC 机床测试现场

职业教育机电类专业系列教材
机械工业出版社精品教材

公差配合与技术测量

第2版

主 编 徐茂功
副主编 余英良
参 编 王平嶂 孙 悦 张瑞珊
主 审 吴东生 孙兆启

本书是根据《教育部关于"十二五"职业教育教材建设的若干意见》，为满足教学改革的需要和新国家标准内容的更新，在第1版基础上修订而成的。全书共分八章，内容包括绪论、极限与配合基础、几何公差、检测技术基础、表面缺陷与表面粗糙度的识别及测量、典型零件的公差及检测（包括圆锥、轴承、螺纹、键与花键、齿轮）、尺寸链和实训技能项目优选指导。每章设有内容框架、知识要点、小结、习题与练习等，书后附有部分习题答案。本书采用最新国家标准，文前配有大量彩插，内容先进、实用，形式新颖，体现"教学做一体"的教学改革思想。

本书可作为高等职业院校（技师学院）、五年制高等职业学校机电类专业教材，也可供机械制造专业工程技术人员、计量检测人员及机加工操作者学习参考。

本书配有电子教案、考核方式方法内容及建议等教学资源包，包括PPT及书中重点内容的动画演示。为便于教师选用和组织教学，选择本书作为教材的教师，可来电（010-88379193）索取，登录机械工业出版社教材服务网（www.cmpedu.com），注册后免费下载。

图书在版编目（CIP）数据

公差配合与技术测量/徐茂功主编. —2版. —北京：机械工业出版社，2014.2（2024.2重印）

职业教育机电类专业系列教材　机械工业出版社精品教材

ISBN 978-7-111-45949-1

Ⅰ.①公… Ⅱ.①徐… Ⅲ.①公差-配合-高等职业教育-教材②技术测量-高等职业教育-教材　Ⅳ.①TG801

中国版本图书馆CIP数据核字（2014）第032670号

机械工业出版社（北京市百万庄大街22号　邮政编码100037）
策划编辑：汪光灿　责任编辑：王莉娜　版式设计：常天培
责任校对：陈　越　封面设计：张　静　责任印制：邹　敏
三河市宏达印刷有限公司印刷
2024年2月第2版第13次印刷
184mm×260mm・13.75印张・6插页・334千字
标准书号：ISBN 978-7-111-45949-1
定价：46.00元

电话服务　　　　　　　　　网络服务
客服电话：010-88361066　　机　工　官　网：www.cmpbook.com
　　　　　010-88379833　　机　工　官　博：weibo.com/cmp1952
　　　　　010-68326294　　金　书　网：www.golden-book.com
封底无防伪标均为盗版　　　机工教育服务网：www.cmpedu.com

第2版前言

本书第1版自出版以来，得到广大学校师生和读者的好评，先后经过多次印刷并被列为机械工业出版社精品教材。此次修订是根据《教育部关于"十二五"职业教育教材建设的若干意见》，在广泛听取了教材使用学校以及读者意见和建议的基础上进行的。

修订后本书主要有以下特点。

1. 采用最新国家标准，如 GB/T 1800.1—2009、GB/T 1800.2—2009、GB/T 1804—2000、GB/T 1182—2008、GB/T 3177—2009、GB/T 131—2006 等，并将新技术、新知识、新检测量仪用于新工艺，如电子水平仪、球杆仪测量仪、便携式关节臂测量机、激光扫描仪等，使教材具有先进性。

2. 按照"工学结合、教学做一体"的教学改革思想，结合编者多年的教育改革与实践经验编写，突出体现技术的具体应用，突出教材的实用性、实践性。如：第八章以解决实际问题为纽带，实现理论与实践的有机结合，达到"教中做、做中学、学中练"的目的；为突出实践能力，书中编入每个工步都要判别使用的项目（如工件表面缺陷可用性、表面粗糙度的检验程序）。

3. 双色印刷，呈现形式新颖。本书保持了第1版表多、图多、例多的特点，并设计了丰富的栏目，各章设有内容框架、知识要点、小结、习题与练习等。教材配套有电子教案、习题答案、考核方式方法内容及建议等，为教师教学及学生自学提供全面的支持。

本书共分为八章。由济南职业学院徐茂功任主编，河南漯河职业学院余英良任副主编，王平嶂、孙悦、张瑞珊参加编写。具体分工如下：徐茂功编写第一、三、八章，王平嶂编写第二章，孙悦编写第四章，张瑞珊编写第七章，余英良编写第五、六章。全书由山东轻工学院吴东生教授、山东科技大学孙兆启教授主审。

本书在编写过程中，得到使用本书第1版教材的院校师生的反馈意见和大力支持，并得到他们给予的良好评价，在此表示衷心的感谢！

由于编者水平有限，书中难免有缺点和错误，敬请使用本书的师生和广大读者批评指正。

编　者

第1版前言

"公差配合与技术测量"是中、高等工科职业院校、机械专业和机电一体化专业课程体系中一门重要的技术基础课。为落实好"面对21世纪课程教材"的编写;落实"教育部关于以就业为导向深化高等职业教育改革的若干意见",我们按照原劳动和社会保障部职业资格标准的要求,总结了多年来的教育改革与实践经验编写了本书。本书具有如下特点。

1. 教学内容注意加强基础知识与新技术成果的结合及新标准的应用。为此,内容中既增加了常用量具,也介绍了精密量仪、先进的滚动螺旋副和圆柱齿轮新国家标准的应用方法。

2. 本书取材新颖,理论联系实际,编排特点体现在:表多——便于阅读、归纳;图多——便于用工程语言与读者交流互动;例(图)多——便于推知类似问题,不陌生。

3. 为了增进教材的实用性,编者将多年来在企业和教学中执行有关"标准"和"测量"等方面的心得体会充实于教材中,与读者分享。如:怎样处理工件表面缺陷的可用性、表面粗糙度的检验程序;在贯彻"粗糙度检测"与"圆柱齿轮公差"等标准时,企业所处的现状水平和存在的问题。为便于选购滚动螺旋副产品,书中提供了厂家信息。为便于量规质量的检测与计量,提供了"普通螺纹量规"和"矩形花键量规"设计参数的资料(GB/T 3934—2003、GB/T 1144—2001 附录)。

4. 本书适用面广,可作为高职、中职、技师等学校技能人才学习的教材,也可作为从事机械设计、制造及检测人员的参考用书。

本书可按不同要求的学时讲授,也可结合不同专业调整部分章节供学生自学。

本书共分为12章。由济南职业学院徐茂功编写第一~五、十一章;河南漯河职业学院余英良编写第六~八章;济南职业学院王平嶂编写第九章;济南职业学院孙悦编写第十、十二章。

本书配有电子教案,凡使用本书作为教材的教师可与出版社编辑联系。咨询电话:010-88379193。

本书由徐茂功任主编,余英良任副主编,全书由山东轻工学院吴东生教授、山东科技大学孙兆启教授主审。

本书在编写过程中得到了济南职业学院领导和郭鹏等老师的大力支持,并得到了使用过本书的各院校师生的建议和良好评价,在此表示衷心感谢。

敬请广大读者对本书提出宝贵意见。

编 者

目 录

第 2 版前言
第 1 版前言
第一章　绪论 ………………………………………………………………………… 1
　第一节　本课程的作用和任务 ………………………………………………… 1
　第二节　零件的加工误差与公差 ……………………………………………… 2
　第三节　互换性的概念及其在机械制造中的作用 …………………………… 3
　第四节　标准化与计量、检测工作 …………………………………………… 5
第二章　极限与配合基础（GB/T 1800 与 GB/T 1804） ……………………… 7
　第一节　尺寸偏差、公差的各基本术语及定义 ……………………………… 7
　第二节　配合的术语及含义 …………………………………………………… 11
　第三节　极限制、配合制和基准制 …………………………………………… 14
　第四节　公差带和配合的选择 ………………………………………………… 22
第三章　几何公差（GB/T 1182—2008） ……………………………………… 33
　第一节　形状和位置公差概述 ………………………………………………… 34
　第二节　几何公差 ……………………………………………………………… 41
　第三节　公差原则 ……………………………………………………………… 52
　第四节　几何误差的检测方法 ………………………………………………… 66
第四章　检测技术基础 …………………………………………………………… 79
　第一节　检测的基本概念 ……………………………………………………… 79
　第二节　计量器具和测量方法的分类 ………………………………………… 82
　第三节　常用长度量具的基本结构、读数原理与使用方法 ………………… 83
　第四节　光滑工件尺寸的检验（GB/T 3177—2009） ……………………… 99
　第五节　用光滑极限量规检验工件 …………………………………………… 103
第五章　表面缺陷与表面粗糙度的识别及测量 ………………………………… 106
　第一节　工件表面质量的基本概念 …………………………………………… 106
　第二节　表面粗糙度的评定参数 ……………………………………………… 108
　第三节　表面结构代号及标准（GB/T 131—2006） ……………………… 111
　第四节　表面粗糙度数值的选择原则及测量 ………………………………… 116
第六章　典型零件的公差及检测 ………………………………………………… 120
　第一节　圆锥的公差配合及检测 ……………………………………………… 120
　第二节　滚动轴承的公差与配合及其检测 …………………………………… 132
　第三节　螺纹的公差与配合及其检测 ………………………………………… 137
　第四节　键与花键的公差与配合及其检测 …………………………………… 150
　第五节　圆柱齿轮传动的公差及检测 ………………………………………… 157

V

第七章 尺寸链 ·············· 181
第一节 尺寸链的基本概念 ·············· 181
第二节 尺寸链的解算 ·············· 185
第三节 解尺寸链的其他方法 ·············· 189
第八章 实训技能项目优选指导 ·············· 192
附录 部分习题答案 ·············· 208
参考文献 ·············· 212

第一章 绪论

内容构架

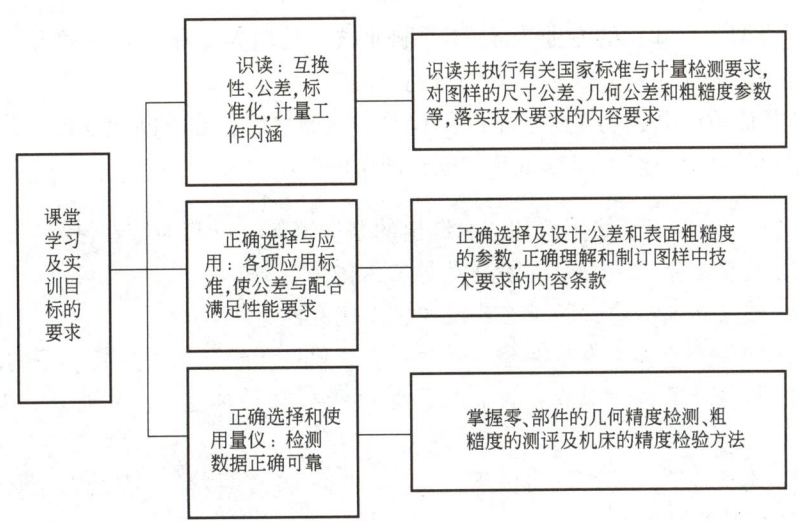

知识要点

1. 了解本课程的作用和任务。
2. 了解互换性的意义、分类及其在机械制造业中的作用。
3. 了解标准化、标准和计量工作的含义。
4. 掌握加工误差和公差的基本概念。

第一节 本课程的作用和任务

一、本课程的作用

本课程是机械类各专业的一门技术基础课,起着连接基础课与其他技术基础课和专业课的桥梁作用,也起着联系设计类课程和制造工艺类课程的纽带作用,这是因为它不但起到专业"技术语言"的作用,而且还运用"手语(即检测方法正误图)"方式,表达产品质量的全过程。

为了保证零部件的加工及其装配,并且达到要求的功能正常运转,还必须学习掌握零部件的公差要求及机械加工误差的有关知识,解决"几何量测量技术"加工补偿中的问题。所以,本课程也是一门实践性与技艺性很强的专业基础课程。

二、本课程的任务

本课程旨在通过讲课、作业、检测实训等教学环节,了解执行标准化与互换性的实际意义。重要的是通过学习,深知计量与检测工作在生产过程中的重要作用。没有检测,就无法反馈实际加工尺寸的大小及确定数控加工中补偿量值的偏差的大小,导致加工过程(不论开环与闭环生产)无法准确进行。

三、本课程的目标

培训"有道德、有知识的专业人才"。"职业教育是培养专业人才的教育。科技的发展证实了"没有一流的能工巧匠,就没有一流的产品"。

创新产品及优质产品,均是经过不断的检验、检测之后,在不断地发现并改进产品存在的问题和不足的基础上,经过反复试验与创新产生的"。

牢记这些用血和汗总结出的名言警句,以其为座右铭吧!
1. 质量是企业的生命,安全是员工的使命。
2. 质量在我心中,标准在我脑中,工艺在我手中。
3. 产品生产加工人员在生产过程中要牢记:不接受、不传播、不制造不良品。
4. 机械产品的加工、装配,按质量分级标准要求达到:合格品、一等品、优等品。
5. 质量检验人员要做到:不"误判""误收""误检""漏验",保证产品性能达到质量标准的要求。

第二节　零件的加工误差与公差

一、加工误差

加工工件时,任何一种加工方法都不可能把工件做得绝对准确。通常,我们称一批工件的尺寸变动为尺寸误差。制造技术水平的提高,只可以减小尺寸误差,但永远不可能消除尺寸误差。加工误差可分为下列几种,如图1-1所示。

(1)**尺寸误差**　指一批工件的尺寸变动,即加工后零件的实际尺寸与理想尺寸之差,如直径误差和孔距误差等。

(2)**尺寸偏差**　指某一尺寸(实际尺寸,上极限尺寸或下极限尺寸等)减其公称尺寸所得的代数差。

(3)**形状误差**　指加工后零件的实际表面形状对其理想形状的差异(或偏离程度),如圆度和直线度等。

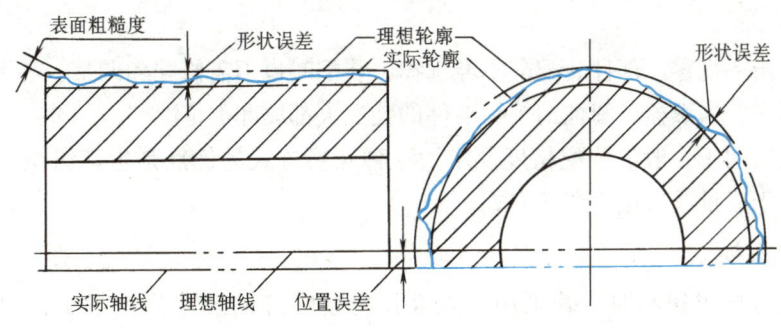

图 1-1 圆柱表面的几何参数误差

(4) 位置误差 指加工后零件的表面、轴线或对称平面之间的相互位置对其理想位置的差异（或偏离程度），如同轴度和位置度等。

(5) 表面粗糙度 指零件加工表面上具有的较小间距和峰谷所形成的微观几何形状误差。

二、公差

公差是指允许尺寸、几何形状和相互位置误差最大变动的范围，用于限制加工误差。

公差是设计人员根据产品使用性能要求给定的。规定公差的原则是：在保证满足产品使用性能的前提下，给出尽可能大的公差。它反映了一批工件对制造精度的要求和经济性要求，并体现了加工的难易程度。公差越小，加工越困难，生产成本就越高。所以，公差值不能为零，是绝对值。

规定公差值 T 的大小顺序，应为：

$$T_{尺寸} > T_{位置} > T_{形状} > 表面粗糙度公差$$

第三节　互换性的概念及其在机械制造中的作用

互换性广泛用于机械制造和军品生产，是机电一体化产品的设计和制造过程中的重要原则，能取得巨大的经济和社会效益。

一、互换性的意义

机械制造业中，零件的互换性是指：在同一规格的一批零、部件中，可以不经选择、修配或调整，任取一件都能装配在机器上，并能达到规定的使用性能要求，零部件具有的这种性能称为互换性。能够保证产品具有互换性的生产，称为遵守互换性原则的生产。

汽车、电子和国防军工行业就是运用互换性原理，形成规模经济，取得最佳技术经济效益的。

二、互换性的分类

互换性按其互换程度可分为完全互换与不完全互换。

1. 完全互换

完全互换指一批零、部件装配前不经选择，装配时也不需修配和调整，装配后即可满足预定的使用要求，如螺栓、圆柱销等标准件的装配大都属此类情况。

完全互换适用于一般的装配精度要求。这种互换方式的优点是生产组织方便，生产率高，特别适合于成批或大量生产的方式。

2. 不完全互换

当装配精度要求很高时，若采用完全互换将使零件的尺寸公差很小，加工困难，成本很高，甚至无法加工。但可将其制造公差适当放大，以便于加工，在完工后，再用量仪将零件按实际尺寸大小分组，按组进行装配。如此，既保证了装配精度与使用要求，又降低了成本。此时，仅是组内零件可以互换，组与组之间不可互换，因此称为不完全互换。

（1）调整法　有时用移动或调整更换某一特定零件的位置或尺寸的方法来达到其装配精度要求，称为调整法，也属于不完全互换。

（2）修配法　在装配时允许用补充机械加工或钳工修刮的办法来获得所需的精度，称为修配法，也属于不完全互换。

不完全互换只限于部件或机构在制造厂内装配时使用，对厂外协作，则往往要求完全互换。究竟采用哪种互换方式为宜，要由产品精度、产品复杂程度、生产规模、设备条件及技术水平等一系列因素决定。

对大量生产和成批生产，如汽车厂和拖拉机厂，大都采用完全互换法生产。当精度要求很高时，如轴承工业，常采用分组装配，即不完全互换法生产。对小批和单件生产，如矿山、冶金等重型机器业，则常采用修配法或调整法生产。

三、互换性生产在机械制造业中的作用

按互换性原则组织生产是现代化生产的重要技术原则之一，其优点如下：

1）在加工制造过程中，可合理地进行生产分工和专业化协作，便于采用高效专用设备，尤其对计算机辅助制造（CAM）及辅助公差设计（CAT）的产品，不但产量和质量高，且加工灵活性大，生产周期短，成本低，便于装配的自动化。

武器零部件的设计与制造特别强调具有互换性，在战场上将显示出特殊的意义。

2）互换性不仅在大量生产中广为采用，而且随着现代生产逐步向多品种、小批量的综合生产系统方向转变，有时零件只能采用单件配作才能符合经济原则。

※互换性原则不是在任何情况下都适用的，其核心就是必须遵循"基本的技术经济原则，按互换性原则组织生产"。如我国在汽车和坦克制造中采用"再制造技术"，发挥了"零件检测技术与加工技术"有机配合的作用，不但为国家节能创收了资金，而且带动了各行业设备，为低碳、环保、节能技术开创了新途径。

3）在产品设计中，按互换性要求设计的产品，最便于采用三化（标准化、系列化、通

用化）设计和计算机辅助设计（CAD）。

由上可知，互换性原则是用来发展现代化机械工业、提高生产率、保证产品质量、降低成本的重要技术经济原则，是工业发展的必然趋势。

第四节　标准化与计量、检测工作

生产中要实现互换性原则，搞好标准化与计量与检测工作是前提、是基础。

一、标准化的意义与分类（GB/T 20000.1—2002）

1. 标准化

标准化是以制定标准和贯彻标准为主要内容的全部活动过程，标准化程度的高低是评定产品的重要指标之一，是我国很重要的一项技术政策。

标准化的主要作用在于它是现代化大生产的必要条件，是科学及现代化管理的基础，是提高产品质量、调整产品结构和保障安全性的依据。

2. 标准

标准是指对于需要协调统一的重复性事物所做的统一规定。标准是以科学技术和实践经验的综合成果为基础、经协商一致制定并由公认机构批准、以特定形式发布、共同使用的和重复使用的一种规范性文件。

标准化与标准的关系是：标准是标准化的产物，没有标准的实施就不可能有什么标准化。

3. 标准的区分

我国的标准分为国家标准、行业标准、地方标准和企业标准四级。

按法律属性不同，标准分为强制性标准和推荐性（非强制性）标准。代号为"GB"的属强制性国家标准，颁布后严格强制执行；本书中的标准代号多为 GB/T 和 GB/Z，各为推荐性和指导性标准，均为非强制性国家标准。

二、计量工作

计量工作贯彻执行国家计量法律、法规和规章制度，建立各种计量器具的传递系统，使机械制造业的基础工作沿着科学、先进的方向迅速发展，促进了企业计量管理和产品质量水平的不断提高。

三、检测工作

产品质量的检测以标准化和计量工作为基础，是达到互换性生产的重要环节。产品检测不仅用来判别产品的合格性，更应该从检测的结果主动地分析预测工序间或成品出现废次品的原因，以便找出解决质量问题的途径和办法。因此，检测工作是用户能够得到合格品和优等品，提高企业竞争能力与经济效益的重要保证和途径。

小　结

1. 互换性是机械制造业中设计和制造过程需遵循的重要原则，可使企业获得巨大的经济效益和社会效益。

2. 互换性分为完全互换和不完全互换，其选择由产品的精度高低、产量多少、生产成本等因素决定。对无特殊要求的产品，均采用完全互换法；对尺寸特大、精度特高、数量特别少的产品，则采用不完全互换法生产。

3. 加工误差是由于工艺系统或其他因素，造成零件加工后实际状态与理想状态的差别（包括尺寸、形状、位置和表面粗糙度等误差）。

4. 公差是允许的加工误差，用于限制误差。公差值 T 的大小排列顺序为

$$T_{尺寸} > T_{位置} > T_{形状} > 表面粗糙度公差$$

习题与练习一

1-1　完全互换与不完全互换的区别是什么？各应用于何种场合？

1-2　加工误差、公差和互换性三者之间的关系是什么？

1-3　零件的互换性是指在_____规格的一批零件中，可以不经_____，任取一件都能装配到机器上，并能达到规定的_____要求。

1-4　图样给定公差值 T 的大小顺序，应为（　　）。

A. $T_{尺寸} = T_{位置} = T_{形状} = 表面粗糙度公差$

B. $T_{尺寸} < T_{位置} < T_{形状} < 表面粗糙度公差$

C. $T_{尺寸} > T_{位置} > T_{形状} > 表面粗糙度公差$

D. $T_{尺寸} = T_{位置} = T_{形状} = 表面粗糙度公差 = 0$

极限与配合基础（GB/T 1800 与 GB/T 1804）

公差配合与技术测量 第2版

内容构架

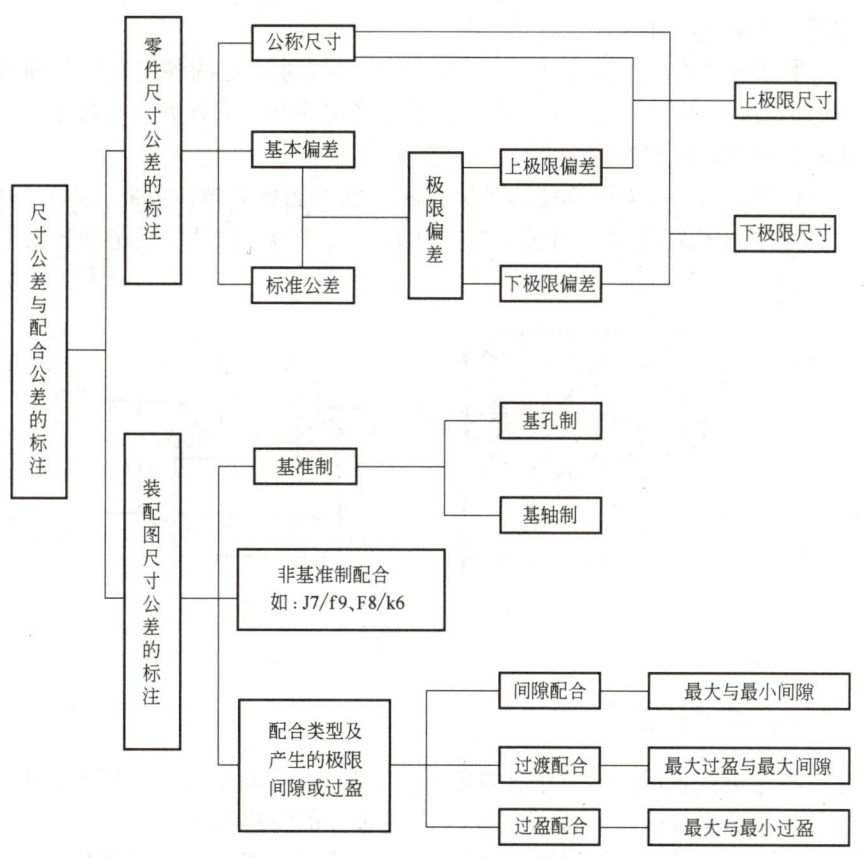

第一节　尺寸偏差、公差的各基本术语及定义

知识要点

1. 掌握有关尺寸的专业术语、名词及定义的含义。

2. 掌握有关偏差与公差的术语及定义。
3. 掌握有关零件偏差与公差的查表及检测方法。

一、孔和轴的含义

1）孔：通常指工件的圆柱形内表面，也包括其他由单一尺寸确定的非圆柱形内表面（由两平行平面或切面形成的包容面）。

2）轴：通常指工件的圆柱形外表面，也包括其他由单一尺寸确定的非圆柱形外表面（由两平行平面或切面形成的被包容面）。

从装配关系上讲，孔为包容面，轴为被包容面。

从加工过程上讲，孔在切削后之内无材料，且越加工越大；轴在切削后之外无材料，且越加工越小。

由此可见，孔、轴具有广泛的含义，既不仅指圆柱形的内、外表面，而且也包括由两平行平面或切面形成的包容面和被包容面。

如图2-1所示的各表面，由 D_1、D_2、D_3 和 D_4 各尺寸确定的各组平行平面或切面所形成的包容面都称为孔；由 d_1、d_2、d_3 和 d_4 各尺寸确定的圆柱形外表面和各组平行平面或切平面所形成的被包容面都称为轴。

如果两平行平面或切平面既不能形成包容面，也不能形成被包容面，则它们既不是孔，也不是轴，属于一般长度尺寸，如图2-1中由 L_1、L_2 和 L_3 各尺寸确定的各组平行平面或切面。

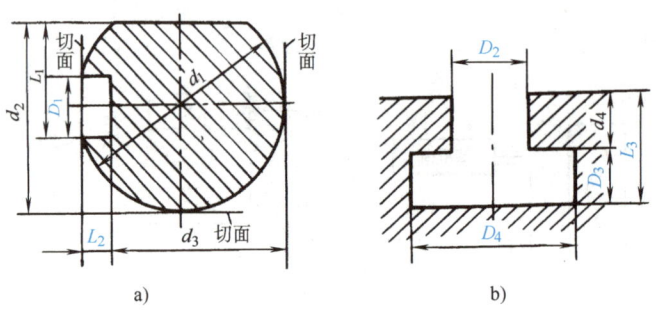

图2-1 孔和轴

二、尺寸的术语和定义

尺寸是以特定单位表示线性尺寸值的数值，如直径、半径、宽度、深度和中心距等。在机械制造中，常用毫米（mm）、微米（μm）作为尺寸的特定单位。

广义地说，尺寸还可以包括线性尺寸和以角度单位表示角度尺寸的数值。

尺寸要素是由一定大小的线性尺寸或角度尺寸确定的几何形状。

1. 公称尺寸

公称尺寸是由图样规范确定的理想形状要素的尺寸，是设计给定的尺寸。是可用来与上、下极限偏差计算出上、下极限尺寸的尺寸。

孔的公称尺寸用 D 表示，轴的公称尺寸用 d 表示。公称尺寸可以是一个整数或小数值，一般按标准尺寸系列选择。

2. 实际（组成）要素（即实际尺寸）

实际要素是接近实际要素所限定的工件实际表面的组成要素部分。

实际要素尺寸是通过测量获得的某一孔、轴的尺寸。孔的实际尺寸以 D_a 表示，轴的实际尺寸以 d_a 表示。

由于存在测量器具、方式、人员和环境等因素造成的测量误差，所以实际尺寸并非尺寸的真值。通常把任何两相对点之间测得的尺寸称为实际尺寸。除特别指明，所谓实际要素尺寸，均指局部实际尺寸，即用两点法测得的尺寸。

3. 极限尺寸

极限尺寸是尺寸要素所允许的尺寸变化的两个极端值，如图 2-2。

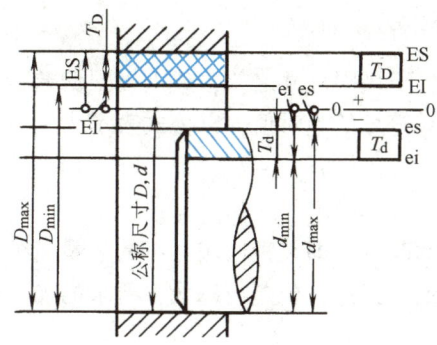

图 2-2 极限偏差与极限尺寸的关系

（1）**上极限尺寸**　即允许的最大尺寸。

（2）**下极限尺寸**　即允许的最小尺寸。

孔的上极限尺寸和下极限尺寸分别以 D_{max} 和 D_{min} 表示；轴的上极限尺寸和下极限尺寸分别以 d_{max} 和 d_{min} 表示；孔和轴的实际尺寸 D_a（d_a）应位于其中，也可达到极限尺寸。

在一般情况下，完工零件的尺寸合格条件是任一局部实际尺寸均不得超出上、下极限尺寸，表示式为

$$对于孔：D_{max} \geq D_a \geq D_{min}$$

$$对于轴：d_{max} \geq d_a \geq d_{min}$$

三、偏差的术语和定义

某一尺寸（实际要素尺寸、极限尺寸等）减其公称尺寸所得的代数差，称为偏差或尺寸偏差。偏差可以为正数、负数或零。

偏差还分为实际偏差和极限偏差。

（1）**实际偏差**　即实际尺寸减其公称尺寸所得的代数差，以公式表示为

$$孔的实际偏差：E_a = D_a - D$$

$$轴的实际偏差：e_a = d_a - d$$

（2）**极限偏差**　即极限尺寸减其公称尺寸所得的代数差。

1）上极限偏差（ES，es）。即上极限尺寸减其公称尺寸所得的代数差，以公式表示为

孔的上极限偏差：$\text{ES} = D_{\max} - D$

轴的上极限偏差：$\text{es} = d_{\max} - d$

2）下极限偏差（EI，ei）。即下极限尺寸减其公称尺寸的代数差，以公式为

孔的下极限偏差：$\text{EI} = D_{\min} - D$

轴的下极限偏差：$\text{ei} = d_{\min} - d$

完工零件尺寸合格性的条件，也常用偏差的关系表示为

对于孔：$\text{ES} \geq E_a \geq \text{EI}$

对于轴：$\text{es} \geq e_a \geq \text{ei}$

极限偏差与极限尺寸的关系如图 2-2 所示。

四、尺寸公差（简称公差）

尺寸公差指上极限尺寸减下极限尺寸之差，或上极限偏差减下极限偏差之差。公差是允许尺寸的变动量，是一个没有符号的绝对值，以公式表示为

孔的公差： $T_D = |D_{\max} - D_{\min}| = |\text{ES} - \text{EI}|$

轴的公差： $T_d = |d_{\max} - d_{\min}| = |\text{es} - \text{ei}|$

公差表示尺寸允许的变动范围，即某种区域大小的数量指标，为无符号的绝对值，不允许为零。尺寸公差是允许的尺寸误差，公差值越大，要求的加工精度越低；公差值越小，要求的加工精度越高。

【例 2-1】 已知轴的公称尺寸为 $\phi 40\text{mm}$，其上极限尺寸为 $\phi 39.975\text{mm}$，下极限尺寸为 $\phi 39.950\text{mm}$，求该轴的上、下极限偏差。

解：轴的上极限偏差　$\text{es} = d_{\max} - d = 39.975\text{mm} - 40\text{mm} = -0.025\text{mm}$

轴的下极限偏差　$\text{ei} = d_{\min} - d = 39.950\text{mm} - 40\text{mm} = -0.050\text{mm}$

【例 2-2】 若例 2-1 的该批轴中，个别轴实测后的尺寸为 $\phi 39.999\text{mm}$、$\phi 40.000\text{mm}$ 和 $\phi 39.940\text{mm}$，问该 3 类尺寸的轴是合格品吗？

答：由于轴的尺寸超出合格性条件：$d_{\max} \geq d_a \geq d_{\min}$ 或 $\text{es} \geq e_a \geq \text{ei}$ 的要求，是不合格品。

对仍有加工余量的 $\phi 39.999\text{mm}$ 及 $\phi 40.000\text{mm}$ 尺寸工件，还具有返修条件（指技能及设备等），可进行返修处理，属于无奈之举。

五、尺寸误差

尺寸误差是指一批零件的实际尺寸相对于理想尺寸的偏离范围。当加工条件一定时，尺寸误差表征了加工方法的精度。

尺寸公差则是设计规定的误差允许值，体现了设计者对加工方法精度的要求。通过一批零件的测量，可以估算出其尺寸误差，而公差是设计给定的，不能通过测量得到。

总之，公差与极限偏差既有区别，又有联系，它们都是由设计规定的。公差表示对一批工件尺寸均匀程度的要求，即尺寸允许的变动范围，是工件尺寸精度指标，但不能根据公差来逐一判断工件的合格性。

极限偏差表示工件尺寸允许变动的极限值,原则上与工件尺寸无关,但上、下极限偏差和公差又与精度有关。**极限偏差是判断工件尺寸是否合格的依据。**

第二节　配合的术语及含义

知识要点

1. 掌握配合的概念,正确判断配合的性质。
2. 正确识读配合公差代号及性质。
3. 掌握正确的应用公差带图及配合公差带图的方法,合理选择间隙与过盈配合量值的大小。

一、零线、公差带和公差带图

以公称尺寸为零线(零偏差线),用适当的比例画出上、下极限偏差,以表示尺寸允许变动的界限及范围,称为公差带图,如图2-3所示。

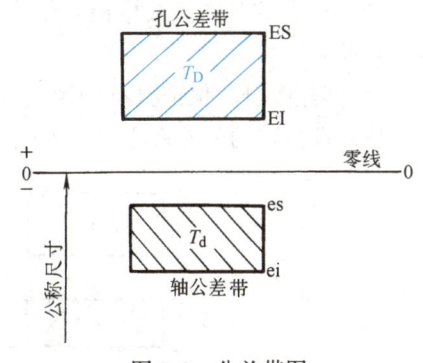

图 2-3　公差带图

1. 零线

在极限与配合图解中,表示公称尺寸的一条直线,以其为基准确定偏差和公差(见图2-3)。通常,零线沿水平方向绘制,位于其上为正偏差,位于其下为负偏差。

偏差数值多以微米(μm)为单位进行标注。

2. 公差带

在公差带图中,公差带表示零件的尺寸相对其公称尺寸所允许变动的范围。由代表上极限偏差和下极限偏差或上极限尺寸和下极限尺寸的两条直线所限定的区域,称为公差带。

在国家标准中,公差带包括了"公差带大小"与"公差带位置"两个参数。公差带的大小取决于公差数值的大小,公差带相对于零线的位置取决于极限偏差的大小。

大小相同而位置不同的公差带,它们对工件的精度要求相同,而对尺寸大小的要求不同。因此,必须既给定公差数值以确定公差带的大小,又给定一个极限偏差以确定公差带的位置,才能完整地描述公差带,表达对工件尺寸的设计要求。

公差带图是学习本课程的一个极为重要的概念和工具,必须熟练掌握。

二、有关配合的术语

(1) 配合　配合必须是指公称尺寸相同、相互结合的轴和孔公差带之间的关系。它表示在一批轴和一批孔中,任取其一件轴和一件孔的结合。

1) 间隙。孔的尺寸减去相配合的轴的尺寸之代数差为正时,此差值为间隙,以 S 表示。间隙数值前应标" + "号。

2) 过盈。孔的尺寸减去相配合的轴的尺寸之代数差为负时,此差值为过盈,以 δ 表示。过盈数值前应标" - "号。

因此,过盈就是负间隙,间隙也就是负过盈。

孔的实际尺寸 D_a 减去相配合的轴的实际尺寸 d_a,称为实际间隙 S_a 或实际过盈 δ_a,即

$$S_a(\delta_a) = D_a - d_a$$

在一对孔和轴的配合中,间隙的存在才能使相配合的孔和轴产生相对运动,而过盈的存在可使相配合的孔和轴的位置固定或能传递载荷。

(2) 配合的分类　根据相互结合的孔、轴公差带不同的相对位置关系,可以把配合分为三大类。

1) 间隙配合。保证具有间隙(包括最小间隙等于零)的配合,称为间隙配合。此时,孔的公差带在轴的公差带之上,如图 2-4 所示。

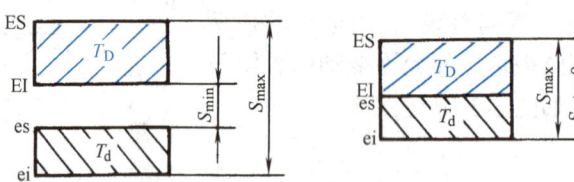

图 2-4　间隙配合

由于孔和轴都有公差,所以其配合的实际间隙大小随着孔和轴的实际尺寸而变化。孔的上极限尺寸减轴的下极限尺寸所得的差值为最大间隙,也等于孔的上极限偏差减轴的下极限偏差,此时配合处于"最松"状态,间隙最大。

同理,当孔为下极限尺寸而与其相配的轴为上极限尺寸时,配合处于"最紧"状态,间隙最小。此时的配合间隙也等于孔的下极限偏差减轴的上极限偏差。以 S 代表间隙,则

最大间隙:$S_{max} = D_{max} - d_{min} = ES - ei$

最小间隙:$S_{min} = D_{min} - d_{max} = EI - es$

2) 过盈配合。保证具有过盈(包括最小过盈等于零)的配合,称为过盈配合。此时,孔的公差带在轴的公差带之下,如图 2-5 所示。

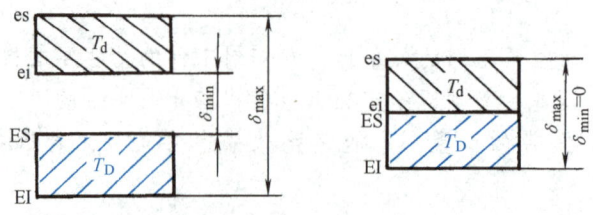

图 2-5　过盈配合

由于孔和轴都有公差,实际过盈的大小也随着孔和轴的实际尺寸而变化。孔的下极限尺寸减轴的上极限尺寸所得的差值为最大过盈,也等于孔的下极限偏差减轴的上极限偏差。此时,与其相配的轴为上极限尺寸,配合处于"最紧"状态,过盈最大。

同理,孔的上极限尺寸减轴的下极限尺寸所得的差值为最小过盈,也等于孔的上极限偏

差减轴的下极限偏差。此时配合处于"最松"状态,过盈最小。用 δ 代表过盈,则

$$最大过盈:\delta_{max} = D_{min} - d_{max} = EI - es$$
$$最小过盈:\delta_{min} = D_{max} - d_{min} = ES - ei$$

3)过渡配合。可能具有间隙也可能具有过盈的配合,称为过渡配合。此时,孔的公差带与轴的公差带相互交叠,如图 2-6 所示。

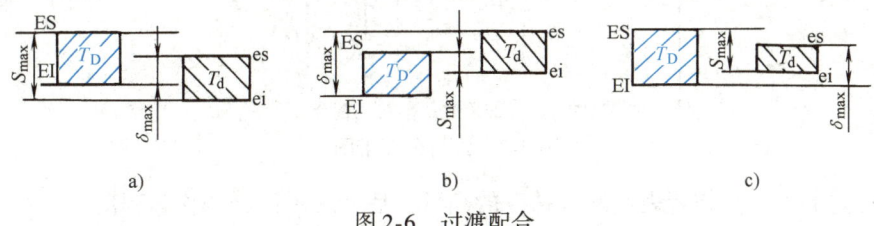

图 2-6 过渡配合

孔的上极限尺寸减轴的下极限尺寸所得的差值为最大间隙。孔的下极限尺寸减轴的上极限尺寸所得的差值为最大过盈。则

$$最大间隙:S_{max} = D_{max} - d_{min} = ES - ei$$
$$最大过盈:\delta_{max} = D_{min} - d_{max} = EI - es$$

(3)配合公差 T_f 配合公差指允许间隙或过盈的变动量。配合公差的大小表示配合松紧程度的变化范围。间隙配合、过盈配合和过渡配合的配合公差各表示为

$$间隙配合:T_f = |S_{max} - S_{min}| = T_D + T_d$$
$$过盈配合:T_f = |\delta_{max} - \delta_{min}| = T_D + T_d$$
$$过渡配合:T_f = |S_{max} - \delta_{max}| = T_D + T_d$$

由上式可知:

1)配合公差 T_f 都等于相配合的孔的公差和轴的公差之和,它是允许间隙或过盈的变动量。

2)配合公差皆为 $T_f = T_D + T_d$ 说明:配合件的装配精度与零件的加工精度有关。若要提高装配精度,使配合后的间隙或过盈的变化范围减小,则应减小零件的公差,就需要提高零件的加工精度,提高加工成本。

3)配合公差的大小是设计者按使用要求确定的,反映了配合精度、配合种类和配合性质。为了直观地表示相互结合的孔和轴的配合精度和配合性质,需掌握配合公差带及其图形。

三、配合公差带

与尺寸公差带相似,在配合公差带图中,由代表极限间隙或极限过盈的两条直线所限定的区域,称为配合公差带。

配合公差带图是以零间隙(零过盈)为零线,用适当的比例画出极限间隙或极限过盈,以表示间隙或过盈允许变动范围的图形,如图 2-7 所示。

由图可知,零线以上表示间隙,零线以下表示过盈。因此,配合公差带完全在零线之上为间隙配合;完全在零线以下为过盈配合;跨在零线上、下两侧,则为过渡配合。

配合公差带的大小取决于配合公差的大小,配合公差带相对于零线的位置取决于极限间

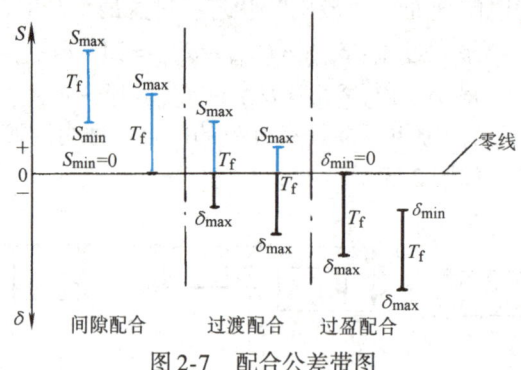

图 2-7 配合公差带图

隙或极限过盈的大小。前者表示配合精度的高低,后者表示配合的松紧程度。

由合格的孔、轴组成的配合一定合用,且具有互换性。而不合格的孔、轴也可能组成可用的配合,满足使用要求,但不具有互换性。

【例 2-3】 已知某配合的公称尺寸为 80mm,配合公差 $T_f = 49\mu m$,最大间隙 $S_{max} = 19\mu m$,孔的公差 $T_D = 30\mu m$,轴的下极限偏差 $ei = +11\mu m$,试画出该配合的尺寸公差带图和配合公差带图,并说明配合类别。

解: 因为 $T_f = T_D + T_d$,所以 $T_d = T_f - T_D = (49 - 30)\mu m = 19\mu m$

$ES = S_{max} + ei = [19 + (+11)]\mu m = +30\mu m$

$EI = ES - T_D = (+30)\mu m - (30)\mu m = 0$

因为 $ES > ei$,且 $EI < es$,所以此配合为过渡配合。

因为 $T_f = |S_{max} - \delta_{max}|$,所以 $\delta_{max} = S_{max} - T_f = (19 - 49)\mu m = -30\mu m$

该配合的尺寸公差带图和配合公差带图分别如图 2-8a、b 所示。

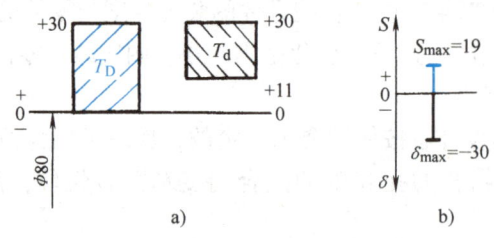

图 2-8 例 2-3 尺寸公差带和配合公差带图
a) 公差带图 b) 配合公差带图

第三节 极限制、配合制和基准制

知识要点

1. 掌握公差、标准公差和基本偏差的概念,熟练查对及使用标准公差和基本偏差数值表。

第二章 极限与配合基础（GB/T 1800 与 GB/T 1804）

2. 正确熟练地计算及标注极限偏差。
3. 标准规定的数值，为标准温度20℃时的数值，温度偏离时应进行修正。

一、标准公差系列与基本偏差系列

极限制是指经标准化的公差与偏差制度。它是一系列标准的孔、轴公差数值和极限偏差数值。

由于公差带是由大小和位置两个要素决定的，因此国家标准《极限与配合》中对这两个要素进行了标准化，从而得到了多种大小不一和位置不同的公差带，形成了标准公差系列和基本偏差系列。标准公差系列给出了标准化了的公差值，即标准公差。基本偏差系列给出了标准化了的基本偏差，简称为基本偏差。

因此，符合国家标准的公差带，其大小由标准公差决定，位置由基本偏差决定。

1. 标准公差系列

国家标准规定的标准公差计算公式及标准公差数值见表 2-1。标准公差的数值与标准公差等级及公称尺寸所在的尺寸段有关。

在公称尺寸至500mm 内规定了 IT01、IT0、IT1、…、IT18 共 20 个标准公差等级，精度依次降低。其中 IT 表示标准公差代号，数字表示公差等级代号。如 6 级标准公差表示为 IT6，读作公差等级 6 级。

同一公差等级、同一尺寸分段内，各公称尺寸的标准公差数值是相同的。同一公差等级对所有公称尺寸的一组公差也被认为具有同等的精确程度。

表 2-1 标准公差计算公式及标准公差数值（摘自 GB/T 1800.1—2009）

公称尺寸/mm		标准公差因子计算公式 $i=0.45\sqrt[3]{D}+0.001$	标准公差等级数值												
			IT5	IT6	IT7	IT8	IT9	IT10	IT11	IT12	IT13	IT14	IT15	IT16	IT17	IT18
			μm							mm						
至			7i	10i	16i	25i	40i	60i	100i	160i	250i	400i	640i	1000i	1600i	2500i
—	3	式中 i 的单位为 μm，D 为公称尺寸段的几何平均值(mm)。 标准公差大小为 IT = ai a——公差系数，反映加工难易程度	4	6	10	14	25	40	60	0.1	0.14	0.25	0.4	0.6	1	1.4
3	6		5	8	12	18	30	48	75	0.12	0.18	0.3	0.48	0.75	1.2	1.8
6	10		6	9	15	22	35	58	90	0.15	0.22	0.36	0.58	0.9	1.5	2.2
10	18		8	11	18	27	43	70	110	0.18	0.27	0.43	0.7	1.1	1.8	2.7
18	30		9	13	21	33	52	84	130	0.21	0.33	0.52	0.84	1.3	2.1	3.3
30	50		11	16	25	39	62	100	160	0.25	0.39	0.62	1	1.6	2.5	3.9
50	80		13	19	30	46	74	120	190	0.3	0.46	0.74	1.2	1.9	3	4.6
80	120		15	22	35	54	87	140	220	0.35	0.54	0.87	1.4	2.2	3.5	5.4
120	180		18	25	40	63	100	160	250	0.4	0.63	1	1.6	2.5	4	6.3
180	250		20	29	46	72	115	185	290	0.46	0.72	1.15	1.85	2.9	4.6	7.2
250	315		23	32	52	81	130	210	320	0.52	0.81	1.3	2.1	3.2	5.2	8.1
315	400		25	36	57	89	140	230	360	0.57	0.89	1.4	2.3	3.6	5.7	8.9
400	500		27	40	63	97	155	250	400	0.63	0.97	1.55	2.5	4	6.3	9.7

注：公称尺寸小于等于1mm 时，无 IT14 ~ IT18。

2. 基本偏差系列

为了满足不同性质的需要，国家标准《极限与配合》对孔、轴公差带的位置予以标准化后，形成了基本偏差系列。

3. 基本偏差代号及其特点

基本偏差是本标准极限与配合制中，用以确定公差带相对于零线位置的极限偏差（上极限偏差或下极限偏差），一般指靠近零线的那个偏差。

1）公差带在零线以上时，下极限偏差为基本偏差；公差带在零线以下时，上极限偏差为基本偏差，如图 2-9 所示。

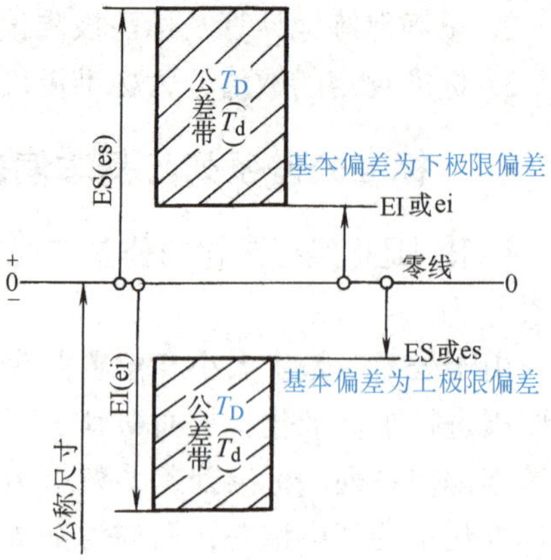

2）国家标准中已将基本偏差标准化，规定了孔、轴各 28 种公差带位置，分别用除去 I、L、O、Q、W（i、l、o、q、w）以外的拉丁字母，同时增加 CD、EF、FG、JS、ZA、ZB、ZC（cd、ef、fg、js、za、zb、zc）七个双字母表示。基本偏差系列如图 2-10 所示。

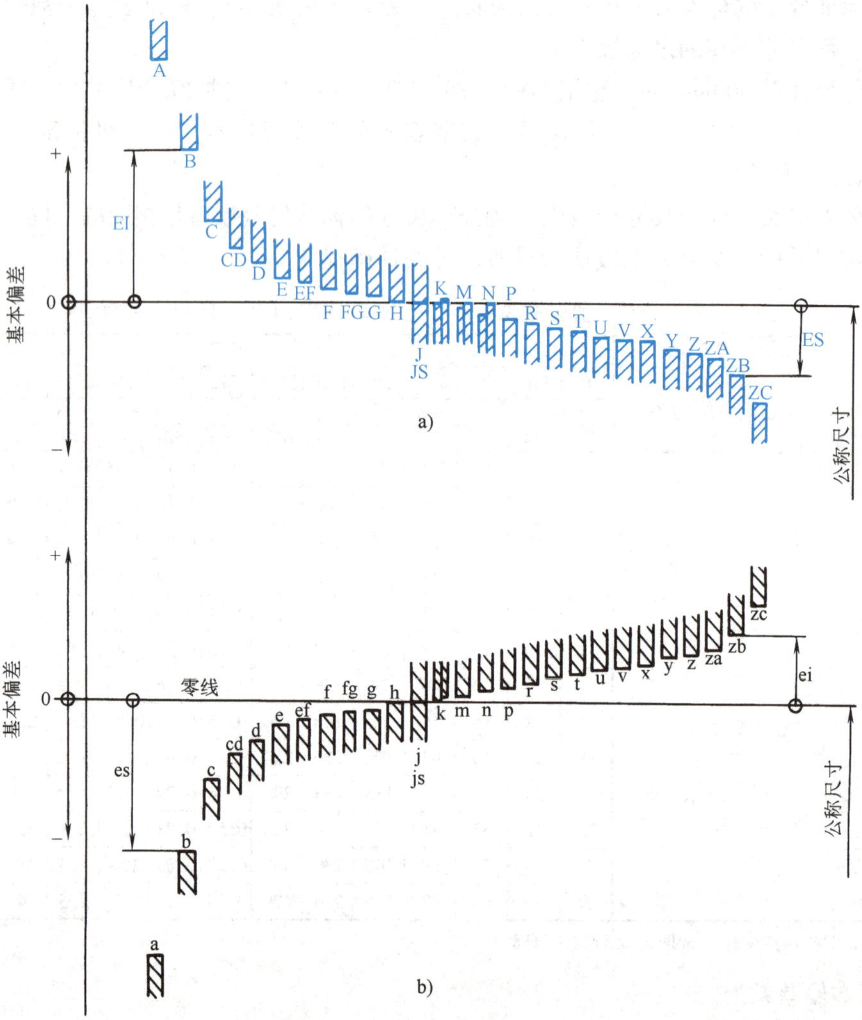

图 2-9 基本偏差示意图

图 2-10 基本偏差系列
a）孔的基本偏差系列　b）轴的基本偏差系列

国家标准对孔、轴公差带的大小和位置做出统一规定，对孔、轴尺寸公差带的大小和公差带的位置也进行了标准化。

3）基本偏差系列中的 H（h），其基本偏差为零。

4）JS（js）与零线对称，上极限偏差 ES(es) = +IT/2，下极限偏差 EI(ei) = −IT/2，上、下极限偏差均可作为基本偏差。

5）孔的基本偏差系列中，A~H 的基本偏差为下极限偏差，J~ZC 的基本偏差为上极限偏差；轴的基本偏差中，a~h 的基本偏差为上极限偏差，j~zc 的基本偏差为下极限偏差。

6）孔、轴的绝大多数基本偏差数值不随公差等级变化，只有极少数基本偏差（js、k、j）的数值随公差等级变化。

7）当公差带的另一极限偏差"开口"时，表示其公差等级未定。因为另一个极限偏差的大小，取决于公差等级和基本偏差的组合。

4. 公差带及配合的表示方法

1）孔、轴公差代号用基本偏差代号与公差等级代号组成，如 H7、F8 等为孔的公差带代号；h6、f7 等为轴的公差带代号。

具体表示方法可用以下示例之一。

$$孔: \phi 50H8 、 \phi 50^{+0.039}_{0} 、 \phi 50H8(^{+0.039}_{0})$$

$$轴: \phi 50f7 、 \phi 50^{-0.025}_{-0.050} 、 \phi 50f7(^{-0.025}_{-0.050})$$

2）配合代号用孔、轴公差带的组合表示，分子为孔、分母为轴，如 H8/f7 或 $\dfrac{H8}{f7}$。具体表示方法可用以下示例之一。

$$\phi 50H8/f7 \text{ 或 } \phi 50\dfrac{H8}{f7}; \phi 10H7/n6 \text{ 或 } \phi 10\dfrac{H7}{n6}$$

二、公差带中极限偏差值的确定

确定极限偏差值的步骤如下：

1）根据公差等级代号，查表 2-1 确定标准公差数值 IT。

2）根据基本偏差代号，查表 2-2 确定轴的基本偏差 ei 或 es 的数值；查表 2-3 确定孔的基本偏差 EI 或 ES 数值。

3）确定公差带中另一个极限偏差的数值。

4）分析孔、轴公差带或公差带图，验证零件或整机是否满足设计性能要求，或进行调整。

可由公式：IT = ES − EI = es − ei 查表确定极限偏差值。

【**例 2-4**】 试查表确定孔 $\phi 50H8$ 及尺寸 50f7 的极限偏差（即 $\phi 50H8/f7$ 的配合）。

解：① 由孔的基本偏差数值表（表 2-3）查得：基本偏差 H 是下极限偏差，且 EI = 0。IT 值由标准公差数值表（表 2-1）查得：当公称尺寸 D = 50mm 时，IT8 = 0.039mm。

则　　　　　　　　ES = EI + IT = (0 + 0.039)mm = +0.039mm

孔标注为：$\phi 50^{+0.039}_{0}$

表 2-2 轴的极限偏差

公称尺寸 /mm	上极限偏差 es											基 本 偏				
	a	b	c	cd	d	e	ef	f	fg	g	h	js	j			k
	所有公差等级												5~6	7	8	4~7 / ≤3 / >7
≤3	−270	−140	−60	−34	−20	−14	−10	−6	−4	−2	0		−2	−4	−6	0 / 0
>3~6	−270	−140	−70	−46	−30	−20	−14	−10	−6	−4	0		−2	−4	—	+1 / 0
>6~10	−280	−150	−80	−56	−40	−25	−18	−13	−8	−5	0		−2	−5	—	+1 / 0
>10~14 / >14~18	−290	−150	−95	—	−50	−32	—	−16	—	−6	0		−3	−6	—	+1 / 0
>18~24 / >24~30	−300	−160	−110	—	−65	−40	—	−20	—	−7	0		−4	−8	—	+2 / 0
>30~40 / >40~50	−310 / −320	−170 / −180	−120 / −130	—	−80	−50	—	−25	—	−9	0		−5	−10	—	+2 / 0
>50~65 / >65~80	−340 / −360	−190 / −200	−140 / −150	—	−100	−60	—	−30	—	−10	0	偏差等于 ±IT/2	−7	−12	—	+2 / 0
>80~100 / >100~120	−380 / −410	−220 / −240	−170 / −180	—	−120	−72	—	−36	—	−12	0		−9	−15	—	+3 / 0
>120~140 / >140~160 / >160~180	−460 / −520 / −580	−260 / −280 / −310	−200 / −210 / −230	—	−145	−85	—	−43	—	−14	0		−11	−18	—	+3 / 0
>180~200 / >200~225 / >225~250	−660 / −740 / −820	−340 / −380 / −420	−240 / −260 / −280	—	−170	−100	—	−50	—	−15	0		−13	−21	—	+4 / 0
>250~280 / >280~315	−920 / −1050	−480 / −540	−300 / −330	—	−190	−110	—	−56	—	−17	0		−16	−26	—	+4 / 0
>315~355 / >355~400	−1200 / −1350	−600 / −680	−360 / −400	—	−210	−125	—	−62	—	−18	0		−18	−28	—	+4 / 0
>400~450 / >450~500	−1500 / −1650	−760 / −840	−440 / −480	—	−230	−135	—	−68	—	−20	0		−20	−32	—	+5 / 0

注：1. 公称尺寸小于或等于1mm时，各级的 a 和 b 均不采用。

2. js 的数值：对 IT7~IT11，若 ITn 的数值（μm）为奇数，则取 $js = \pm \dfrac{ITn-1}{2}$。

第二章 极限与配合基础（GB/T 1800 与 GB/T 1804）

数值（$d \leqslant 500$mm）（GB/T 1800.2—2009）

差 /μm

下极限偏差 ei

m	n	p	r	s	t	u	v	x	y	z	za	zb	zc
所有公差等级													
+2	+4	+6	+10	+14	—	+18	—	+20	—	+26	+32	+40	+60
+4	+8	+12	+15	+19	—	+23	—	+28	—	+35	+42	+50	+80
+6	+10	+15	+19	+23	—	+28	—	+34	—	+42	+52	+67	+97
+7	+12	+18	+23	+28	—	+33	—/+39	+40/+45	—	+50/+60	+64/+77	+90/+108	+130/+150
+8	+15	+22	+28	+35	—/+41	+41/+48	+47/+55	+54/+64	+63/+75	+73/+88	+98/+118	+136/+160	+188/+218
+9	+17	+26	+34	+43	+48/+54	+60/+70	+68/+81	+80/+97	+94/+114	+112/+136	+148/+180	+200/+242	+274/+325
+11	+20	+32	+41/+43	+53/+59	+66/+75	+87/+102	+102/+120	+122/+146	+144/+174	+172/+210	+226/+274	+300/+360	+405/+480
+13	+23	+37	+51/+54	+71/+79	+91/+104	+124/+144	+146/+172	+178/+210	+214/+254	+258/+310	+335/+400	+445/+525	+585/+690
+15	+27	+43	+63/+65/+68	+92/+100/+108	+122/+134/+146	+170/+190/+210	+202/+228/+252	+248/+280/+310	+300/+340/+380	+365/+415/+465	+470/+535/+600	+620/+700/+780	+800/+900/+1000
+17	+31	+50	+77/+80/+84	+122/+130/+140	+166/+180/+196	+236/+258/+284	+284/+310/+340	+350/+385/+425	+425/+470/+520	+520/+575/+640	+670/+740/+820	+880/+960/+1050	+1150/+1250/+1350
+20	+34	+56	+94/+98	+158/+170	+218/+240	+315/+350	+385/+425	+475/+525	+580/+650	+710/+790	+920/+1000	+1200/+1300	+1550/+1700
+21	+37	+62	+108/+114	+190/+208	+268/+294	+390/+435	+475/+530	+590/+660	+730/+820	+900/+1000	+1150/+1300	+1500/+1650	+1900/+2100
+23	+40	+68	+126/+132	+232/+252	+330/+360	+490/+540	+595/+660	+740/+820	+920/+1000	+1100/+1250	+1450/+1600	+1850/+2100	+2400/+2600

表 2-3 孔的极限偏差

公称尺寸 /mm	下极限偏差 EI										基本上极限偏差 ES					
	A	B	C	CD	D	E	EF	F	FG	G	H	JS	J		K		M	
	所有的公差等级												6	7	8	≤8	>8	≤8	>8
≤3	+270	+140	+60	+34	+20	+14	+10	+6	+4	+2	0		+2	+4	+6	0	0	−2	−2
>3~6	+270	+140	+70	+46	+30	+20	+14	+10	+6	+4	0		+5	+6	+10	−1+Δ	—	−4+Δ	−4
>6~10	+280	+150	+80	+56	+40	+25	+18	+13	+8	+5	0		+5	+8	+12	−1+Δ		−6+Δ	−6
>10~14 >14~18	+290	+150	+95	—	+50	+32	—	+16	—	+6	0		+6	+10	+15	−1+Δ		−7+Δ	−7
>18~24 >24~30	+300	+160	+110	—	+65	+40	—	+20	—	+7	0		+8	+12	+20	−2+Δ		−8+Δ	−8
>30~40 >40~50	+310 +320	+170 +180	+120 +130	—	+80	+50	—	+25	—	+9	0	偏差等于 ±IT/2	+10	+14	+24	−2+Δ		−9+Δ	−9
>50~65 >65~80	+340 +360	+190 +200	+140 +150	—	+100	+60	—	+30	—	+10	0		+13	+18	+28	−2+Δ		−11+Δ	−11
>80~100 >100~120	+380 +410	+220 +240	+170 +180	—	+120	+72	—	+36	—	+12	0		+16	+22	+34	−3+Δ		−13+Δ	−13
>120~140 >140~160 >160~180	+460 +520 +580	+260 +280 +310	+200 +210 +230	—	+145	+85	—	+43	—	+14	0		+18	+26	+41	−3+Δ		−15+Δ	−15
>180~200 >200~225 >225~250	+660 +740 +820	+340 +380 +420	+240 +260 +280	—	+170	+100	—	+50	—	+15	0		+22	+30	+47	−4+Δ		−17+Δ	−17
>250~280 >280~315	+920 +1050	+480 +540	+300 +330	—	+190	+110	—	+56	—	+17	0		+25	+36	+55	−4+Δ		−20+Δ	−20
>315~355 >355~400	+1200 +1350	+600 +680	+360 +400	—	+210	+125	—	+62	—	+18	0		+29	+39	+60	−4+Δ		−21+Δ	−21
>400~450 >450~500	+1500 +1650	+760 +840	+440 +480	—	+230	+135	—	+68	—	+20	0		+33	+43	+66	−5+Δ		−23+Δ	−23

注:1. 公称尺寸小于或等于 1mm 时,各级的 A 和 B 及大于 8 级的 N 均不采用。

2. JS 的数值:对 IT7~IT11,若 ITn 的数值(μm)为奇数,则取 $JS = \pm \frac{ITn-1}{2}$。

3. 特殊情况:当公称尺寸大于 250~315mm 时,M6 的 ES 等于 −9μm(不等于 −11μm)。

4. 对小于或等于 IT8 的 K、M、N 和小于或等于 IT7 的 P~ZC,所需 Δ 值从表内右侧栏选取。例如:大于 6~

第二章 极限与配合基础（GB/T 1800 与 GB/T 1804）

数值（$D \leq 500\text{mm}$）（GB/T 1800.1—2009）

偏差 /μm													Δ/μm				
						上极限偏差 ES											
N	P~ZC	P	R	S	T	U	V	X	Y	Z	ZA	ZB	ZC					
≤8	>8	≤7					>7							3	4	5	6	7	8
-4	-4	-6	-10	-14	—	-18	—	-20	—	-26	-32	-40	-60	0				
-8+Δ	0	-12	-15	-19	—	-23	—	-28	—	-35	-42	-50	-80	1	1.5	1	3	4	6
-10+Δ	0	-15	-19	-23	—	-28	—	-34	—	-42	-52	-67	-97	1	1.5	2	3	6	7
-12+Δ	0	-18	-23	-28	—	-33	—	-40 -45	—	-50 -60	-64 -77	-90 -108	-130 -150	1	2	3	3	7	9
-15+Δ	0	-22	-28	-35	— -41	-41 -48	-47 -55	-54 -64	-63 -75	-73 -88	-98 -118	-136 -160	-188 -218	1.5	2	3	4	8	12
-17+Δ	0	-26	-34	-43	-48 -54	-60 -70	-68 -81	-80 -97	-94 -114	-112 -136	-148 -180	-200 -242	-274 -325	1.5	3	4	5	9	14
-20+Δ	0	-32	-41 -43	-53 -59	-66 -75	-87 -102	-102 -120	-122 -146	-144 -174	-172 -210	-226 -274	-300 -360	-405 -480	2	3	5	6	11	16
-23+Δ	0	-37	-51 -54	-71 -79	-91 -104	-124 -144	-146 -172	-178 -210	-214 -254	-258 -310	-335 -400	-445 -525	-585 -690	2	4	5	7	13	19
-27+Δ	0	-43	-63 -65 -68	-92 -100 -108	-122 -134 -146	-170 -190 -210	-202 -228 -252	-248 -280 -310	-300 -340 -380	-365 -415 -465	-470 -535 -600	-620 -700 -780	-800 -900 -1000	3	4	6	7	15	23
-31+Δ	0	-50	-77 -80 -84	-122 -130 -140	-166 -180 -196	-236 -258 -284	-284 -310 -340	-350 -385 -425	-425 -470 -520	-520 -575 -640	-670 -740 -820	-880 -960 -1050	-1150 -1250 -1350	3	4	6	9	17	26
-34+Δ	0	-56	-94 -98	-158 -170	-218 -240	-315 -350	-385 -425	-475 -525	-580 -650	-710 -790	-920 -1000	-1200 -1300	-1550 -1700	4	4	7	9	20	29
-37+Δ	0	-62	-108 -114	-190 -208	-268 -294	-390 -435	-475 -530	-590 -660	-730 -820	-900 -1000	-1150 -1300	-1500 -1650	-1900 -2100	4	5	7	11	21	32
-40+Δ	0	-68	-126 -132	-232 -252	-330 -360	-490 -540	-595 -660	-740 -820	-920 -1000	-1100 -1250	-1450 -1600	-1850 -2100	-2400 -2600	5	5	7	13	23	34

(P~ZC 列注：在 >7 级的相应数值上增加一个Δ值)

10mm 的 P6，$\Delta = 3$，所以 ES = $(-15+3)$μm = -12μm。

② 确定尺寸 50f7 的极限偏差。

解：由轴的基本偏差数值表（表 2-2）查得：基本偏差 f 是上极限偏差，且 es = -0.025mm。IT 值由标准公差数值表（表 2-1）查得：当公称尺寸为 50mm 时，其 IT7 = 0.025mm。

则 $ei = es - IT = -0.025mm - 0.025mm = -0.050mm$

轴标注为：$50^{-0.025}_{-0.050}$

第四节 公差带和配合的选择

知识要点

1. 掌握配合制的概念。
2. 初步掌握使用教材中表格选择公差和配合的方法。
3. 掌握间隙配合、过渡配合和过盈配合的选用原则与方法。

零件的尺寸精度及配合类别与精度等级的确定，主要包括三方面的内容。
1. 基准制的选择与应用。
2. 尺寸精度的选择。
3. 配合的选择与应用目标。

正确选择配合的目的是使零件及整机满足制造及其性能的要求，是课程的核心内容。

一、孔、轴公差带与配合的选择

配合制是指同一极限制的孔和轴组成配合的一种制度，即公差带与配合（公差等级和配合种类）的选择就是配合制。

为了以尽可能少的标准公差带形成最多种的配合，标准规定了两种基准制：基孔制和基轴制。如有特殊需要，允许将任一孔、轴公差带组成非基准制配合。

基准配合制的选择原则是：优先采用基孔制配合，其次采用基轴制配合，特殊场合应用非基准制，即混合配合。

1. 配合制的选择

国家标准规定了两种配合制，基孔制配合和基轴制配合。在一般情况下，无论选用基孔制还是基轴制配合，均可满足同样的使用要求。因此，配合制的选择基本上与使用要求无关，主要应从生产、工艺的经济性和结构的合理性等方面综合考虑。

（1）基孔制配合 基孔制配合是基本偏差为一定的孔的公差带，与不同基本偏差的轴的公差带形成各种配合的一种制度，如图 2-11a 所示。

在基孔制中，孔是基准件，称为基准孔；轴是非基准件，称为配合轴。同时规定，基准孔的基本偏差是下极限偏差，且等于零，即 EI = 0，并以基本偏差代号 H 表示，应优先选用。

若在机械产品的设计中采用基孔制配合，可以最大限度地减少孔的尺寸种类，随之减少

第二章 极限与配合基础（GB/T 1800 与 GB/T 1804）

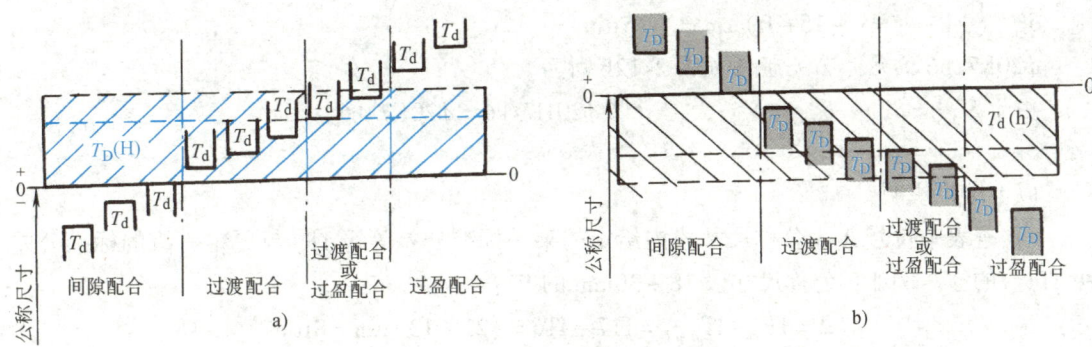

图 2-11 配合制
a）基孔制配合 b）基轴制配合

了定尺寸刀具和量具（钻头、铰刀、拉刀、塞规等）的规格，从而获得了显著的经济效益，也利于刀具和量具的标准化和系列化，将给经济合理地使用它们带来方便。

（2）基轴制配合 基轴制配合是基本偏差为一定的轴的公差带，与不同基本偏差的孔的公差带形成各种配合的一种制度，如图 2-11b 所示。

在基轴制配合中，轴是基准件，称为基准轴；孔是非基准件，称为配合孔。同时规定，基准轴的基本偏差是上极限偏差，且等于零，即 es = 0，并以基本偏差代号 h 表示。

【例 2-5】 查表确定 $\phi 20H7/k6$ 和 $\phi 20K7/h6$ 两种配合的孔、轴极限偏差，画出尺寸公差带图，并进行比较。

解：由表 2-1 可得，公称尺寸 >18~30mm 时，IT6 = 13μm，IT7 = 21μm。

对于 H7，查表 2-3，知其 EI = 0，则 ES = EI + IT7 = (0 + 21)μm = +21μm；

对于 k6，由表 2-2 可得，ei = +2μm，则 es = ei + IT6 = [(+2) + 13]μm = +15μm。

所以：S_{max} = ES − ei = [(+21) − (+2)]μm = +19μm

δ_{max} = EI − es = (0 − 15)μm = −15μm

$\phi 20H7/k6$ 的尺寸公差带图如图 2-12a 所示。

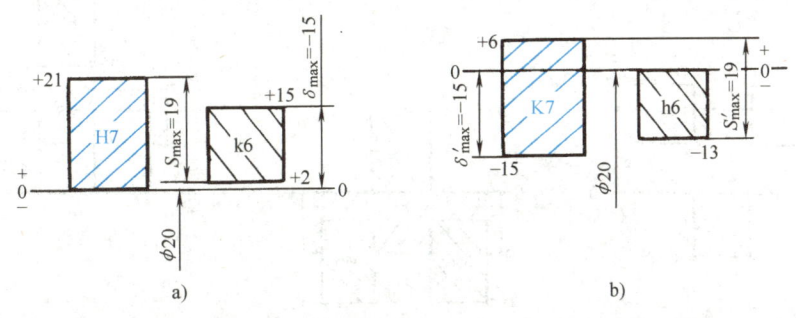

图 2-12 例 2-5 中 $\phi 20H7/k6$ 和 $\phi 20K7/h6$ 的尺寸公差带图

对于 K7，由表 2-3 得，ES = −2 + Δ，且 Δ = 8μm（IT7 − IT6 = 21μm − 13μm），

则 ES = (−2 + 8)μm = +6μm，EI = ES − IT7 = [(+6) − 21]μm = −15μm

对于 h6，es = 0，则 ei = es − IT6 = (0 − 13)μm = −13μm

所以 S'_{max} = ES − ei = [(+6) − (−13)]μm = +19μm

$\delta'_{max} = EI - es = (-15 - 0)\mu m = -15\mu m$

$\phi 20K7/h6$ 的尺寸公差带图如图 2-12b 所示。

由于 $S_{max} = S'_{max}$，$\delta_{max} = \delta'_{max}$， 所以 $\phi 20H7/k6 = \phi 20K7/h6$。

以上结果说明：

1）查表中符号 Δ 为公称尺寸段内给定的某一标准公差等级 IT_n 与更精一级的标准公差级 IT_{n-1} 的值。例如：公称尺寸段 18～30mm 的 P7：

$$\Delta = IT_n - IT_{n-1} = IT7 - IT6 = (21 - 13)\mu m = 8\mu m$$

2）这是由于标准规定的基本偏差是按照它与高一级的轴（IT6）相配时，基轴制配合与相应的基孔制配合的性质相同的要求，由相应代号的轴的基本偏差（k7）换算得来的（ES = -ei + Δ），而本例中 $\phi 20H7/k6$ 与 $\phi 20K7/h6$ 两配合的孔、轴的公差等级关系正好符合这种条件（轴比孔高一级）。

在下列情况下采用基轴制则经济合理。

1）在农业和纺织机械中，经常使用具有精度 IT8 级的冷拔光轴，不必切削加工，这时应采用基轴制。

2）与标准件配合时，必须按标准件来选择基准制。如滚动轴承的外圈与壳体孔的配合必须采用基轴制。

3）一根轴和多个孔相配时，考虑结构需要，宜采用基轴制。如图 2-13a 所示，活塞销 1 同时与活塞 2 和连杆 3 上的孔配合，连杆要转动，故活塞销与连杆上孔的配合采用间隙配

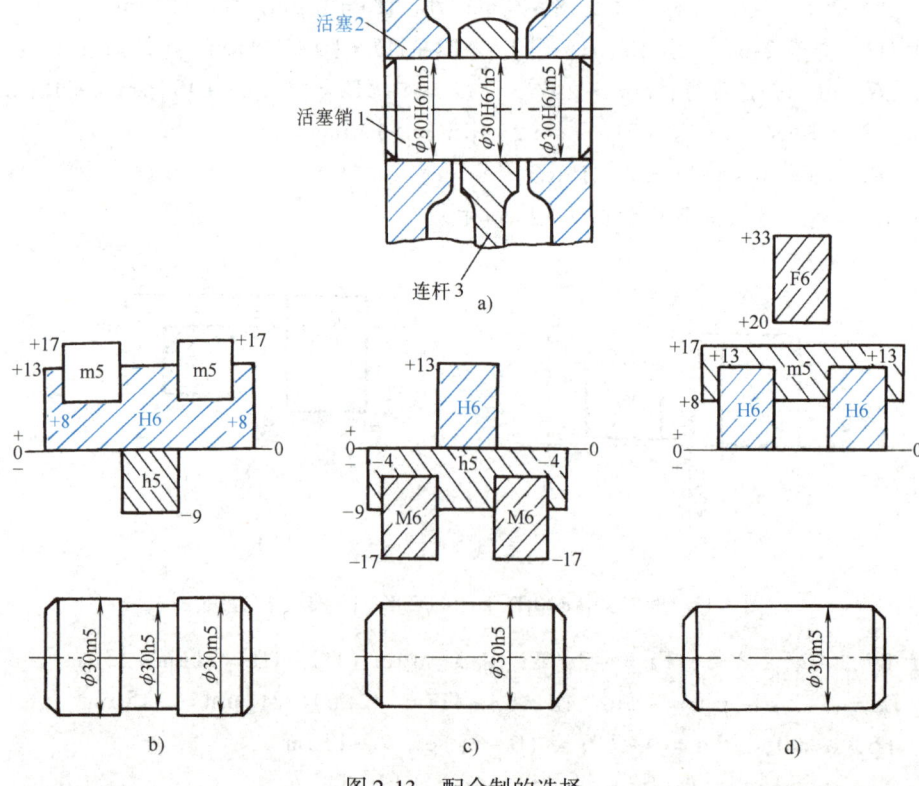

图 2-13 配合制的选择

合，活塞销与活塞孔的配合应紧一些，故采用过渡配合。如采用基孔制，则如图 2-13b 所示，活塞销需做成中间小、两头大的形状。这既不便于加工，也不便于装配。若采用基轴制，如图 2-13c 所示，活塞销制成光轴，则便于加工和装配，可降低成本。

当然，还可采用活塞销 1 与活塞 2 仍为基孔制配合（ϕ30H6/m5），为不使活塞销形成台阶，又与连杆形成间隙配合，将连杆 3 选用基轴制配合的孔（ϕ30F6），则它与基孔制配合的轴（ϕ30m5）形成所需的间隙配合，如图 2-13d 所示。其中 ϕ30F6/m5 就形成不同基准制的配合或称为非基准制的配合。

在某些特殊场合，基孔制与基轴制的配合均不适宜，如轴承盖与孔的配合为 J7/f9、挡环与轴的配合为 F8/k6 等；又如为保证电镀后 ϕ50H9/f8 的配合，且保证其镀层厚度为 10 ± 2μm，则电镀前孔、轴必须分别按 ϕ50F9 和 ϕ50e8 加工。以上均是不同基准制的配合在生产中的应用实例。

（3）优先、常用和一般用途的公差带　在 GB/T 1801—2009 中，为了简化标准和使用方便，根据实际需要对公称尺寸至 500mm 范围内的孔、轴规定了优先、常用和一般用途三类公差带，见表 2-4，应按顺序选用。

（4）优先和常用配合　在 GB/T 1801—2009 中，推荐的公称尺寸≤500mm 范围内，基孔制优先和常用配合见表 2-5，基轴制优先和常用配合见表 2-6，供选择使用。

表 2-4　公称尺寸≤500mm 孔、轴优先、常用和一般用途公差带（摘自 GB/T 1801—2009）

孔公差带								H1		JS1												
								H2		JS2												
								H3		JS3												
								H4		JS4	K4	M4										
							G5	H5		JS5	K5	M5	N5	P5	R5	S5						
						F6	G6	H6	J6	JS6	K6	M6	N6	P6	R6	S6	T6	U6	V6	X6	Y6	Z6
				D7	E7	F7	G7	H7	J7	JS7	K7	M7	N7	P7	R7	S7	T7	U7	V7	X7	Y7	Z7
			C8	D8	E8	F8	G8	H8	J8	JS8	K8	M8	N8	P8	R8	S8	T8	U8	V8	X8	Y8	Z8
	A9	B9	C9	D9	E9	F9		H9		JS9			N9	P9								
	A10	B10	C10	D10	E10			H10		JS10												
	A11	B11	C11	D11				H11		JS11												
	A12	B12	C12					H12		JS12												
								H13		JS13												
轴公差带								h1		js1												
								h2		js2												
								h3		js3												
							g4	h4		js4	k4	m4	n4	p4	r4	s4						
						f5	g5	h5	j5	js5	k5	m5	n5	p5	r5	s5	t5	u5	v5	x5	y5	z5
					e6	f6	g6	h6	j6	js6	k6	m6	n6	p6	r6	s6	t6	u6	v6	x6	y6	z6
				d7	e7	f7	g7	h7	j7	js7	k7	m7	n7	p7	r7	s7	t7	u7	v7	x7	y7	z7
			c8	d8	e8	f8	g8	h8		js8	k8	m8	n8	p8	r8	s8	t8	u8	v8	x8	y8	z8
	a9	b9	c9	d9	e9	f9		h9		js9												
	a10	b10	c10	d10	e10			h10		js10												
	a11	b11	c11	d11				h11		js11												
	a12	b12	c12					h12		js12												
	a13	b13	c13					h13		js13												

注：带○的公差带为优先选用公差带，方框中的为常用公差带，其他为一般用途公差带。

表 2-5 基孔制优先和常用配合（GB/T 1801—2009）

基准孔	轴																			
	a	b	c	d	e	f	g	h	js	k	m	n	p	r	s	t	u	v	x	y	z
	间 隙 配 合								过渡配合			过 盈 配 合									
H6						$\frac{H6}{f5}$	$\frac{H6}{g5}$	$\frac{H6}{h5}$	$\frac{H6}{js5}$	$\frac{H6}{k5}$	$\frac{H6}{m5}$	$\frac{H6}{n5}$	$\frac{H6}{p5}$	$\frac{H6}{r5}$	$\frac{H6}{s5}$	$\frac{H6}{t5}$					
H7						$\frac{H7}{f6}$	▼$\frac{H7}{g6}$	$\frac{H7}{h6}$	$\frac{H7}{js6}$	▼$\frac{H7}{k6}$	$\frac{H7}{m6}$	▼$\frac{H7}{n6}$	$\frac{H7}{p6}$	$\frac{H7}{r6}$	▼$\frac{H7}{s6}$	$\frac{H7}{t6}$	▼$\frac{H7}{u6}$	$\frac{H7}{v6}$	$\frac{H7}{x6}$	$\frac{H7}{y6}$	$\frac{H7}{z6}$
H8					$\frac{H8}{e7}$	▼$\frac{H8}{f7}$	$\frac{H8}{g7}$	$\frac{H8}{h7}$	$\frac{H8}{js7}$	$\frac{H8}{k7}$	$\frac{H8}{m7}$	$\frac{H8}{n7}$	$\frac{H8}{p7}$	$\frac{H8}{r7}$	$\frac{H8}{s7}$	$\frac{H8}{t7}$	$\frac{H8}{u7}$				
				$\frac{H8}{d8}$	$\frac{H8}{e8}$	$\frac{H8}{f8}$		$\frac{H8}{h8}$													
H9			$\frac{H9}{c9}$	▼$\frac{H9}{d9}$	$\frac{H9}{e9}$	▼$\frac{H9}{f9}$		▼$\frac{H9}{h9}$													
H10			$\frac{H10}{c10}$	$\frac{H10}{d10}$				$\frac{H10}{h10}$													
H11	$\frac{H11}{a11}$	$\frac{H11}{b11}$	▼$\frac{H11}{c11}$	$\frac{H11}{d11}$				▼$\frac{H11}{h11}$													
H12		$\frac{H12}{b12}$						$\frac{H12}{h12}$													

注：1. $\frac{H6}{n5}$、$\frac{H7}{p6}$ 在公称尺寸≤3mm 和 $\frac{H8}{r7}$ 在≤100mm 时，为过渡配合。
2. 标注 ▼ 的配合为优先配合。

表 2-6 基轴制优先和常用配合（GB/T 1801—2009）

基准轴	孔																			
	A	B	C	D	E	F	G	H	JS	K	M	N	P	R	S	T	U	V	X	Y	Z
	间 隙 配 合								过渡配合			过 盈 配 合									
h5						$\frac{F6}{h5}$	$\frac{G6}{h5}$	$\frac{H6}{h5}$	$\frac{JS6}{h5}$	$\frac{K6}{h5}$	$\frac{M6}{h5}$	$\frac{N6}{h5}$	$\frac{P6}{h5}$	$\frac{R6}{h5}$	$\frac{S6}{h5}$	$\frac{T6}{h5}$					
h6						▼$\frac{F7}{h6}$	▼$\frac{G7}{h6}$	▼$\frac{H7}{h6}$	$\frac{JS7}{h6}$	▼$\frac{K7}{h6}$	$\frac{M7}{h6}$	▼$\frac{N7}{h6}$	▼$\frac{P7}{h6}$	$\frac{R7}{h6}$	▼$\frac{S7}{h6}$	$\frac{T7}{h6}$	▼$\frac{U7}{h6}$				
h7					$\frac{E8}{h7}$	▼$\frac{F8}{h7}$		▼$\frac{H8}{h7}$	$\frac{JS8}{h7}$	$\frac{K8}{h7}$	$\frac{M8}{h7}$	$\frac{N8}{h7}$									
h8				$\frac{D8}{h8}$	$\frac{E8}{h8}$	$\frac{F8}{h8}$		$\frac{H8}{h8}$													
h9				▼$\frac{D9}{h9}$	$\frac{E9}{h9}$	$\frac{F9}{h9}$		▼$\frac{H9}{h9}$													
h10				$\frac{D10}{h10}$				$\frac{H10}{h10}$													
h11	$\frac{A11}{h11}$	$\frac{B11}{h11}$	▼$\frac{C11}{h11}$	$\frac{D11}{h11}$				▼$\frac{H11}{h11}$													
h12		$\frac{B12}{h12}$						$\frac{H12}{h12}$													

注：标注 ▼ 的配合为优先配合。

2. 公差等级的选择

在满足使用要求的前提下，应尽量将公差级别选低，以取得较好的经济效益。但要准确地选定公差等级却是十分困难的。公差等级过低，将不能满足使用性能和保证产品质量；若公差等级过高，生产成本将成倍增加，显然不符合经济性要求。因此，综合考虑才能正确合理地确定公差等级，公差等级的应用参见表 2-7。

对初学者来说，应多采用类比法。此法主要是通过查阅有关的参考资料和手册，并进行分析比较后确定公差等级。类比法多用于一般要求的配合，如确定孔、轴的公差等级，并应综合考虑以下诸方面。

表 2-7 公差等级的应用

应用场合		公差等级 (IT)
量块		01—1
量规	高精度量规	1—4
	低精度量规	5—7
配合尺寸	个别特别重要的精密配合	2
	特别重要的精密配合 孔	3—5
	特别重要的精密配合 轴	2—4
	精密配合 孔	6—7
	精密配合 轴	5—6
	中等精度配合 孔	8—10
	中等精度配合 轴	7—9
	低精度配合	10—12
非配合尺寸，一般公差尺寸		12—16
原材料公差		8—13

注："—"表示应用的公差等级。

1) 如考虑孔、轴的工艺等价性，即加工难易程度相同。对各类配合：$IT_D ≤ IT8$ 时，T_D 比 T_d 低一级；$IT_D > IT8$ 时，T_D 与 T_d 取同级。

2) 考虑相关件和相配件的精度。如齿轮孔与轴的配合，其公差等级取决于齿轮的精度等级；滚动轴承与轴和外壳孔的公差等级取决于轴承的精度等级。

3) 考虑加工件的经济性。如轴承盖和隔套孔与轴颈的配合，允许选用较大的间隙和较低的公差等级，因此可分别比外壳孔和轴径的公差等级低 2~3 级。

3. 配合种类的选择

选择配合种类的主要根据是使用要求，应该按照工作条件要求的松紧程度，在保证机器正常工作的情况下来选择适当的配合。但是除动压轴承的间隙配合和在弹性变形范围内由过盈传递力矩或轴向力的过盈配合外，工作条件要求的松紧程度很难用量化指标衡量表示。在实际工作中，除少数可用计算法进行配合选择的设计计算外，多数都采用类比法和试验法选择配合种类。

用类比法选择配合种类时，要先由工作条件确定配合类别，再进一步选择配合的松紧程度。配合性质主要取决于基本偏差，同时还与公差等级及公称尺寸有关。

(1) 配合类别的选择

1) 过盈配合具有一定的过盈量，主要用于结合件间无相对运动、不需要拆卸的静连接。当过盈量较小时，只作精确定心用，如需传递力矩，需要加键、销等紧固件；过盈量较大时，可直接用于传递力矩。

2) 过渡配合可能具有间隙也可能具有过盈，因其量值小，主要用于精确定心、结合件间无相对运动和可拆卸的静连接，要传递力矩时则需要紧固件。

3) 间隙配合具有一定的间隙,间隙小时主要用于精确定心又便于拆卸的静连接,或结合件间只有缓慢移动或转动的动连接;间隙较大时主要用于结合件间有转动、移动或复合运动的动连接。

(2) 孔、轴基本偏差的选择

配合类别确定后,非基准件基本偏差的选择有以下三种方法。

1) 计算法。根据液体润滑和弹塑性理论计算出所需间隙或过盈的最佳值,而后选择接近的配合种类。

2) 实验法。对产品性能影响重大的某些配合,往往需用试验法来确定最佳间隙或最佳过盈。因其成本高,故不常用。

3) 经验法。由平时实践积累的经验和通过类比法确定出配合种类,这是最常用的方法。经验法选用的技术参考资料,多选自《机械设计手册》,其优先配合选用说明见表2-8。

表2-8 优先配合选用说明

配合	优先配合		选用说明
	基孔制	基轴制	
间隙配合	$\dfrac{H11}{e11}$	$\dfrac{C11}{h11}$	间隙极大。用于转速很高,轴、孔温度差很大的滑动轴承;要求大公差、大间隙的外露部分;要求装配极方便的配合
	$\dfrac{H9}{d9}$	$\dfrac{D9}{h9}$	具有明显的间隙。用于转速较高、轴颈压力较大、精度要求不高的滑动轴承
	$\dfrac{H8}{f7}$	$\dfrac{F8}{h7}$	间隙适中。用于中等转速、中等轴颈压力、有一定精度要求的一般滑动轴承;要求装配方便的中等定位精度的配合
	$\dfrac{H7}{g6}$	$\dfrac{G7}{h6}$	间隙很小。用于低速转动或轴向移动的精密定位的配合;需要精确定位又经常装拆的不动配合
	$\dfrac{H7}{h6}$ $\dfrac{H8}{h7}$ $\dfrac{H9}{h9}$ $\dfrac{H11}{h11}$	$\dfrac{H7}{h6}$ $\dfrac{H8}{h7}$ $\dfrac{H9}{h9}$ $\dfrac{H11}{h11}$	装配后多少有点间隙,但在最大实体状态下间隙为零。用于间隙定位配合,工作时一般无相对运动;也用于高精度低速轴向移动的配合,公差等级由定位精度决定
过渡配合	$\dfrac{H7}{k6}$	$\dfrac{K7}{h6}$	平均间隙接近于零。用于要求装拆的精密定位配合(约有30%的过盈)
	$\dfrac{H7}{n6}$	$\dfrac{N7}{h6}$	较紧的过渡配合。用于一般不拆卸的更精密定位配合(约有40%~60%的过盈)
过盈配合	$\dfrac{H7}{p6}$	$\dfrac{P7}{h6}$	过盈很小。用于要求定位精度很高、配合刚性好的配合。不能只靠过盈传递载荷
	$\dfrac{H7}{s6}$	$\dfrac{S7}{h6}$	过盈适中。用于靠过盈传递中等载荷的配合
	$\dfrac{H7}{u6}$	$\dfrac{U7}{h6}$	过盈较大。用于靠过盈传递较大载荷的配合。装配时需加热孔或冷却轴

二、配合应用实训

配合读图实训:识读常用配合应用实例,如图2-14所示。

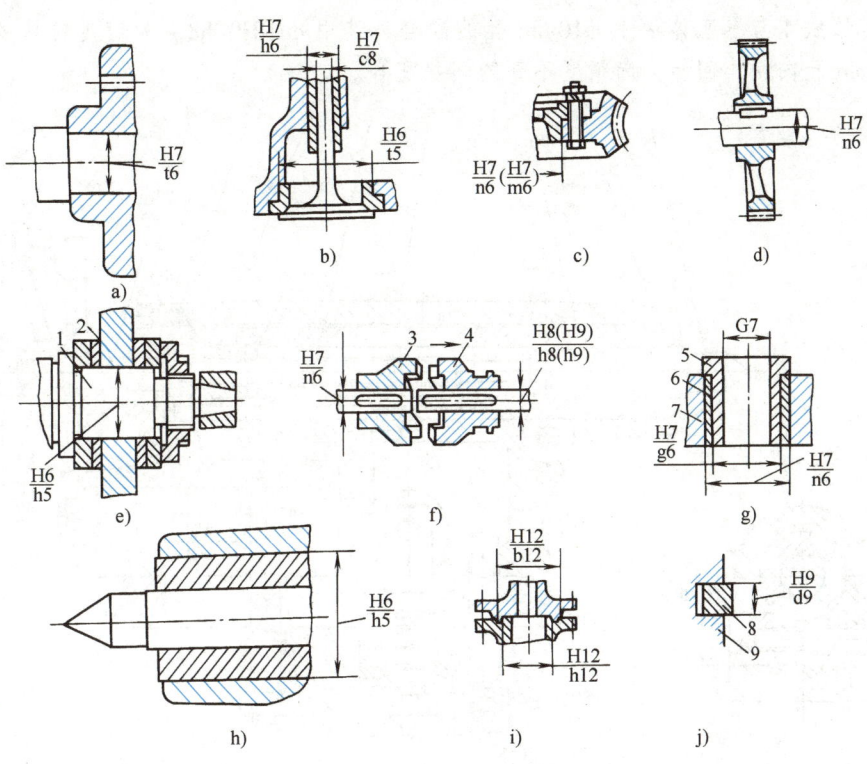

图 2-14 配合应用实例

a) 联轴器和轴配合 b) 内燃机排气阀杆和座配合 c) 蜗轮轮缘和轮辐的配合
d) 压力机齿轮与轴的配合 e) 剃齿刀与刀杆的配合 f) 爪形离合器的配合
g) 钻套及衬套的配合 h) 车床尾座配合 i) 管道法兰配合 j) 活塞环配合
1—刀杆主轴 2—剃齿刀 3—固定爪 4—移动爪 5—钻套 6—衬套
7—钻模板 8—活塞环 9—活塞

【例 2-6】 分析确定图 2-15 所示的 C6132 车床尾座有关部位的极限与配合的选用，结果如下：

1) 顶尖套筒 3 的外圆柱面与尾座体 2 上孔的配合选用 $\phi 60H6/h5$。这是因为套筒要求能在孔中沿轴向移动，且不能晃动，故应选高精度的小间隙配合。

2) 螺母 6 与顶尖套筒 3 上 $\phi 32mm$ 内孔的配合选用 $\phi 32H7/h6$。因为 $\phi 32mm$ 尺寸起径向定位作用，为装配方便，宜选用间隙不大的间隙配合，保证螺母与套筒同心和丝杠转动的灵活性。

3) 后盖 8 的凸肩与尾座体 2 上 $\phi 60mm$ 孔的配合选用 $\phi 60H6/js6$，后盖 8 要求能沿径向挪动，补偿其与丝杠轴装配后可能产生的偏心误差，从而保证丝杠的灵活性，需用小间隙配合。

4) 后盖 8 与丝杠 5 上 $\phi 20mm$ 轴颈的配合选用 $\phi 20H7/g6$，要求能在低速转动，间隙比轴向移动时稍大即可。

5) 手轮 9 与丝杠 5 右端 $\phi 18mm$ 轴颈的配合选用 $\phi 18H7/js6$。手轮通过半圆键带动丝杠转动，要求装卸方便且不产生相对晃动。

6) 手柄 10 与手轮 9 上 $\phi 10mm$ 孔的配合，可用 $\phi 10H7/js6$ 或 $\Phi 10H7/k6$。因手轮为铸铁件，过盈不能太大，装后无拆卸要求。

7) 定位块 4 与尾座体 2 上 φ10mm 孔的配合，选用 φ10H9/h8。为使定位块安装方便，轴在 φ10mm 孔内稍作回转，选精度不高的间隙配合。

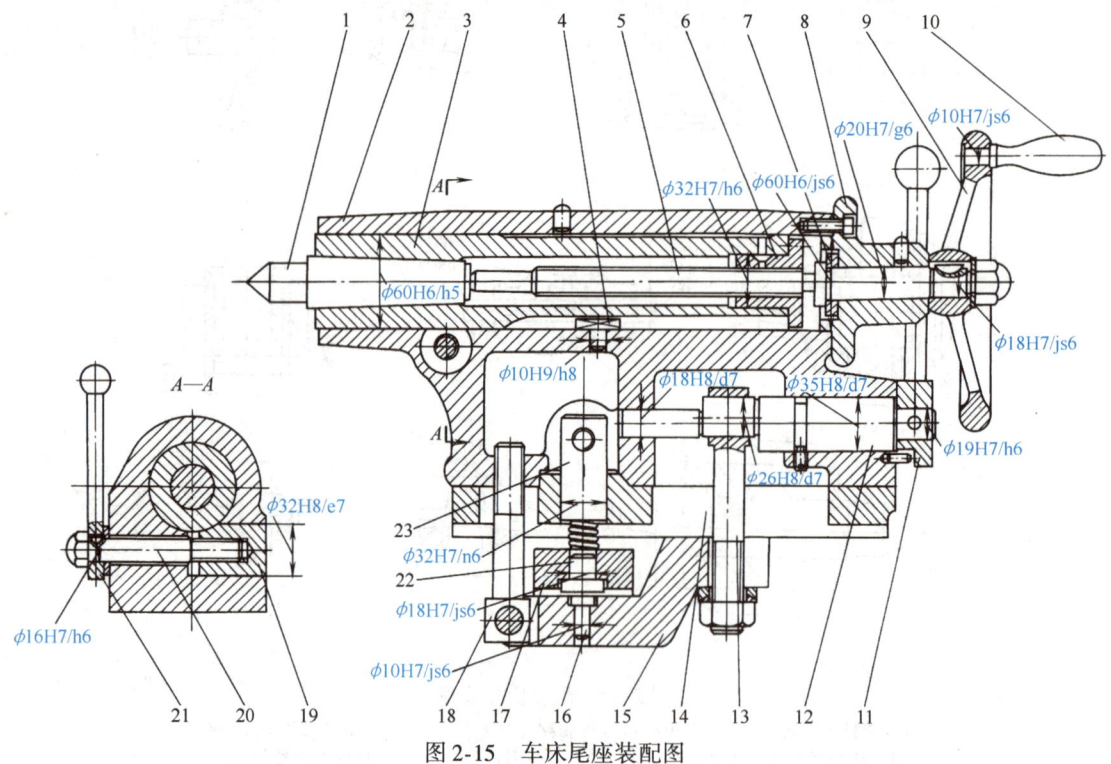

图 2-15 车床尾座装配图

1—顶尖 2—尾座体 3—顶尖套筒 4—定位块 5—丝杠 6—螺母 7—挡圈 8—后盖 9—手轮 10—手柄 11—扳手 12—偏心轴 13—拉紧螺钉 14—底板 15—杠杆 16—小压块 17—压板 18—螺钉 19—夹紧套 20—螺杆 21—小扳手 22—压块 23—柱

8) 偏心轴 12 与尾座体 2 上 φ18mm 和 φ35mm 两支承孔的配合分别选 φ18H8/d7 和 φ35H8/d7。应使偏心轴能顺利回转且能补偿偏心轴两轴颈与两支承孔的同轴度误差，故分别应选间隙较大的配合。

9) 偏心轴 12 与拉紧螺钉 13 上 φ26mm 孔的配合，选用 φ26H8/d7，功能要求与 8) 相近。

10) 偏心轴 12 与扳手 11 的配合选用 φ19H7/h6。装配时销与偏心轴配作，调整手柄处于紧固位置时，偏心轴也处于偏心向上位置，因此不能选有过盈的配合。

11) 杠杆 15 上 φ10mm 孔与小压块 16 的配合选用 φ10H7/js6。为装配方便，且装配时不易掉出，故选过盈很小的过渡配合。

12) 压板 17 上 φ18mm 孔与压块 22 的配合选 18φH7/js6，其要求同 (1)。

13) 底板 14 上 φ32mm 孔与柱 23 的配合选 φ32H7/n6。因要求在有横向力时不松动，装配时可用锤击。

14) 夹紧套 19 与尾座体 2 上 φ32mm 孔的配合选 φ32H8/e7。要求当小扳手 21 松开后，夹紧套能很容易地退出，故选间隙较大的配合。

15) 小扳手 21 上 φ16mm 孔与螺杆 20 的配合选 φ16H7/h6。因两者通过半圆键联接，功能与 5) 相近，但间隙可稍大于 5)。

三、一般公差——线性尺寸未注公差的应用（GB/T 1804—2000）

1）一般公差是指在车间通常加工条件下可保证的公差，是机床设备在正常维护和操作情况下能达到的经济加工精度。采用一般公差时，在该尺寸后不标注极限偏差或其他代号，所以也称未注公差。

2）一般公差主要用于较低精度的非配合尺寸。当功能上允许的公差等于或大于一般公差时，均应采用一般公差。当要素的功能允许比一般公差大，且注出更为经济时，如装配所钻不通孔的深度，则要在尺寸后注出相应的极限偏差值。在正常情况下，未注公差一般可不必检验，而由加工工艺保证，如工艺基准与设计及检测基准统一，冲压件的一般公差由模具保证等。

3）一般公差适用于金属切削加工的尺寸和一般冲压加工的尺寸，对非金属材料和其他工艺方法加工的尺寸也可参照采用。

4）一般公差分精密 f、中等 m、粗糙 c、最粗 v 共 4 个公差等级。线性尺寸一般公差的公差等级及其极限偏差数值见表 2-9，其倒圆半径与倒角高度尺寸一般公差的公差等级及其极限偏差数值见表 2-10，未注公差角度尺寸的极限偏差见表 2-11。

5）在图样上、技术文件或相应的标准中，使用本标准的表示方法为：

GB/T 1804—m（m 表示用中等级）

表 2-9 线性尺寸一般公差的公差等级及其极限偏差数值　　　　　（单位：mm）

公差等级	公称尺寸分段							
	0.5~3	>3~6	>6~30	>30~120	>120~400	>400~1000	>1000~2000	>2000~4000
精密 f	±0.05	±0.05	±0.1	±0.15	±0.2	±0.3	±0.5	—
中等 m	±0.1	±0.1	±0.2	±0.3	±0.5	±0.8	±1.2	±2
粗糙 c	±0.2	±0.3	±0.5	±0.8	±1.2	±2	±3	±4
最粗 v	—	±0.5	±1	±1.5	±2.5	±4	±6	±8

表 2-10 倒圆半径与倒角高度尺寸一般公差的公差等级及其极限偏差数值　　　　　（单位：mm）

公差等级	公称尺寸分段			
	0.5~3	>3~6	>6~30	>30
精密 f	±0.2	±0.5	±1	±2
中等 m				
粗糙 c	±0.4	±1	±2	±4
最粗 v				

注：倒圆半径和倒角高度的含义参见 GB/T 6403.4。

表 2-11 未注公差角度尺寸的极限偏差

公差等级	长度分段/mm				
	~10	>10~50	>50~120	>120~400	>400
精密 f	±1°	±30′	±20′	±10′	±5′
中等 m					
粗糙 c	±1°30′	±1°	±30′	±15′	±10′
最粗 v	±3°	±2°	±1°	±30′	±20′

注：1. 本标准适用于金属切削加工件的角度，也适用于一般冲压加工的角度尺寸。
　　2. 图样上未注公差角度的极限偏差，按本标准规定的公差等级选取，并由相应的技术文件做出规定。
　　3. 未注公差角度的极限偏差规定，其值按角度短边长度确定。对圆锥角，按圆锥素线长度确定。
　　4. 未注公差角度的公差等级在图样或技术文件上用标准号和公差等级符号表示。例如选中等级时，表示为：GB/T 1804—m。

小　结

1. 公称尺寸是指设计（图样上）给定的尺寸，实际尺寸是通过测量获得的尺寸，极限尺寸是允许尺寸变动的最大或最小尺寸两个极限值。

2. 公差是尺寸允许的变动范围，其值无正负，且不能为零。

3. 偏差是实际尺寸减其公称尺寸的代数差，其值可为正数、负数或零。

4. 配合是指公称尺寸相同的相互结合的孔与轴公差带之间的关系。配合的种类有三种：具有间隙的配合称间隙配合；具有过盈的配合称过盈配合；可能具有间隙或过盈的配合称过渡配合。

5. 配合公差是允许间隙或过盈的变动量，是配合部位松紧程度的允许值。

习题与练习二

2-1 利用标准公差和基本偏差数值表，查出下面几个公差带的上、下极限偏差。

（1）$\phi 28K7$　　（2）$\phi 40M8$　　（3）$\phi 30js6$　　（4）$\phi 60J6$

2-2 查出下列配合中孔和轴的上、下极限偏差，说明配合性质，画出公差带图和配合公差带图，标明其公差和上、下极限尺寸（或过盈）。

（1）$\phi 40H8/f7$　　（2）$\phi 40H8/js7$　　（3）$\phi 40H8/t7$

2-3 判断下面叙述是否正确，正确的打（√），错误的打（×）。

（1）不论公称尺寸是否相同，只要孔与轴能装配就称配合。（　　）

（2）尺寸要求为 $\phi 50_{-0.050}^{-0.025}$ mm，实测值为 $\phi 50.000$ mm，该工件是合格的。（　　）

（3）公差等级的高低决定公差带的大小。大小相同而位置不同的公差带，对工件的精度要求相同，而只是对尺寸大小的要求不同。（　　）

（4）工件在满足使用要求相同的前提下，应尽量选低的公差等级。（　　）

（5）有相对运动的配合，只有选间隙配合，工件无相对运动的配合只有选过盈配合。（　　）

（6）相配合零件的尺寸精度越高，势必其配合间隙越小。（　　）

（7）未注公差尺寸，说明该尺寸无公差要求，在图样上不必标出。（　　）

（8）过渡配合可能产生间隙或过盈，因此在某一过渡配合的工件中，就能形成间隙与过盈同时存在于此工件中的情况。（　　）

第三章 几何公差（GB/T 1182-2008）

公差配合与技术测量 第2版

内容构架

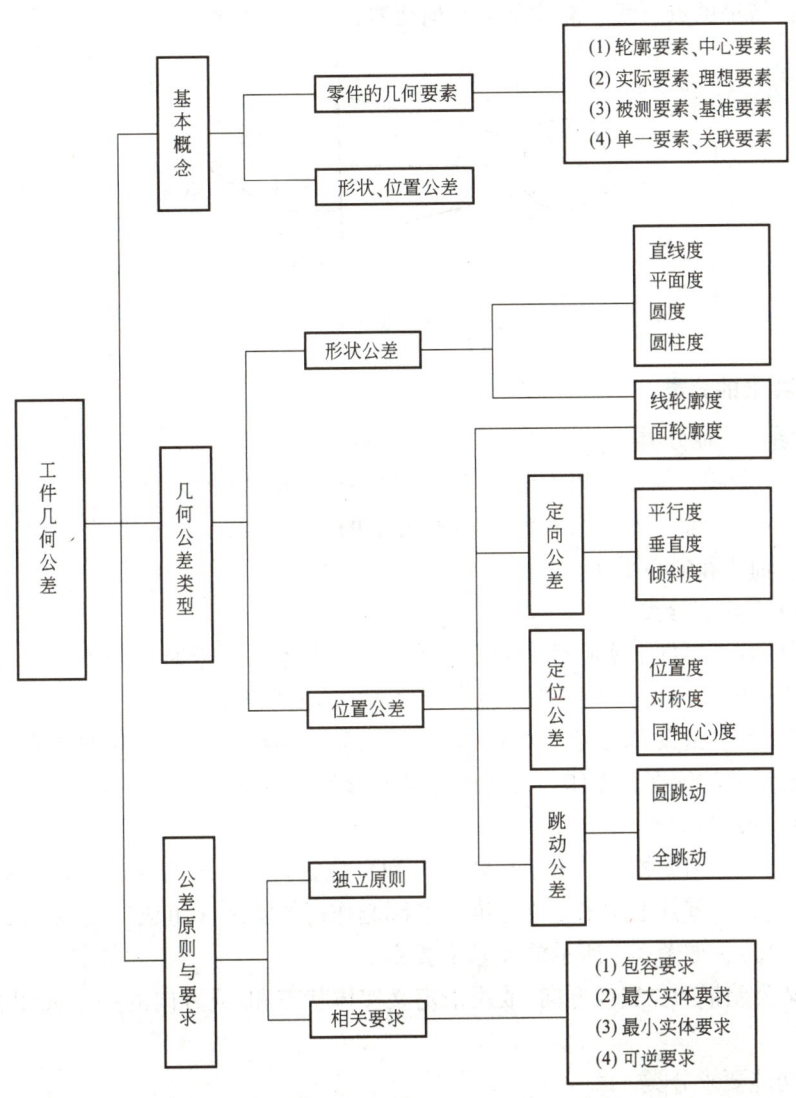

第一节　形状和位置公差概述

知识要点

1. 识读各项形状、定向、位置和跳动公差符号及其公差带的含义。
2. 掌握几何公差标注的基本要求和方法。
3. 掌握一般零件的形状、定向、位置和跳动误差的检测原则及检测方法。

一、工件的几何要素术语

1. 几何要素的构成

零件几何特征的点、线、面均称为几何要素，如图 3-1 所示。

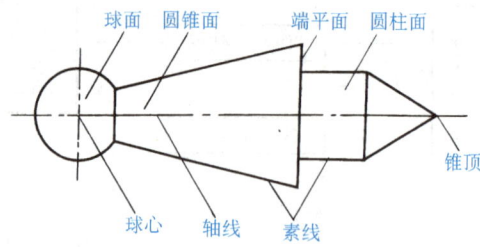

图 3-1　几何要素

2. 几何要素的分类

（1）按结构特征分类

1）组成（轮廓）要素。指构成零件内、外表面外形的具体要素。

2）导出（中心）要素。指对称中心所表示的（点、线、面）要素。此要素属抽象要素，如球心、轴线和中心平面。

（2）按存在状态分类

1）实际要素。零件上实际存在的要素称为实际要素，测量时由测得要素代替。由于存在测量误差，提取（测得）要素并非该实际要素的真实状况。

2）理想要素。指具有几何学意义无误差的要素，是绝对正确的几何要素。理想要素是评定实际要素误差的依据，即作为几何公差带的形状。

（3）按所处地位分类

1）被测要素。为图样上给出了形状或（和）位置公差要求的要素，如图 3-2 所示。

2）基准要素。零件上用来建立基准并实际起作用的实际（组成）要素（如一条边、一个表面或一个孔），如图 3-2 所示的 A 基准要素。

用来定义公差带的位置或方向/或用来定义实体状态和/或方向的一个（组）方位要素，称为基准。

（4）按功能要求分类

1）单一要素。指仅对其本身给出形状公差要求，或仅涉及其形状公差要求时的要素，

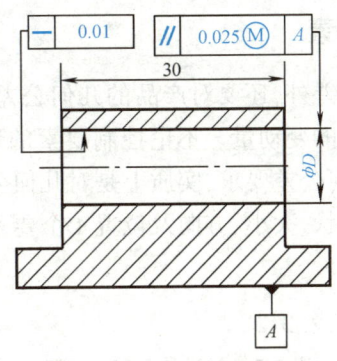

图 3-2 基准要素和被测要素

与基准要素无关。

2）关联要素。指相对其他要素有功能要求而给出位置公差的要素，与基准相关。

二、几何公差项目及符号

国家标准规定了 14 项几何公差，其名称、符号以及分类见表 3-1。

表 3-1 几何公差的分类与基本符号（GB/T 1182—2008）

公差类别	项目特征名称	被测要素	符号	有无基准
形状公差	直线度 平面度 圆度 圆柱度 线轮廓度 面轮廓度	单一要素	─ ▱ ○ ⌭ ⌒ ⌓	无
方向公差（定向）	平行度 垂直度 倾斜度 线轮廓度 面轮廓度	关联要素	∥ ⊥ ∠ ⌒ ⌓	有
位置公差（定位）	位置度 同心度（用于中心点） 同轴度（用于轴线） 对称度 线轮廓度 面轮廓度	关联要素	⌖ ◎ ◎ ═ ⌒ ⌓	有或无 有
跳动公差	圆跳动 全跳动	关联要素	↗ ⌮	有

三、几何公差的意义和要素

对产品的功能要求除尺寸公差外,还要对产品的几何公差提出要求。几何公差是图样中对要素的形状和位置的最大允许的变动量。不论控制要素的形状或位置如何,均是对整个要素的控制。因此,设计给出的几何公差要求,实质上是对几何公差带的要求。

确定几何公差带应考虑其形状、大小、方向及位置 4 个要素。

1. 几何公差带的形状

常用的几何公差带有 9 种,见表 3-2。

表 3-2 常用的几何公差带

特 征	公 差 带	特 征	公 差 带
圆内的区域	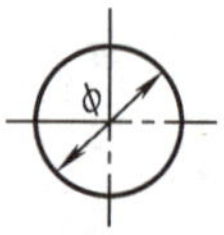	两等距曲线之间的区域	
两同心圆间的区域	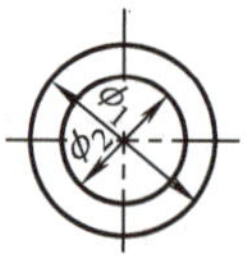	两平行平面之间的区域	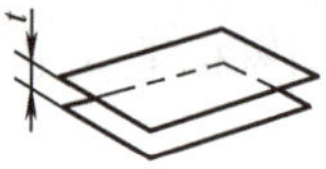
	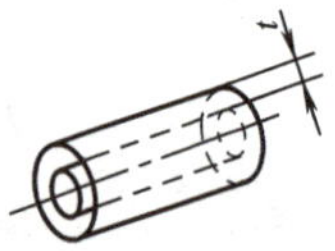	两等距曲面之间的区域	
两同轴圆柱面间的区域		圆柱面内的区域	
两平行直线之间的区域		球内的区域	

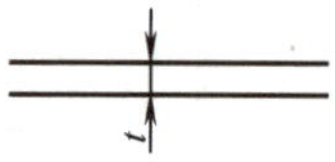

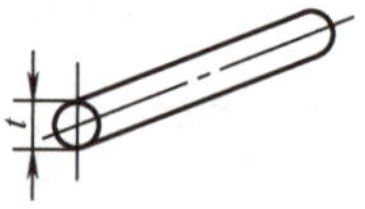

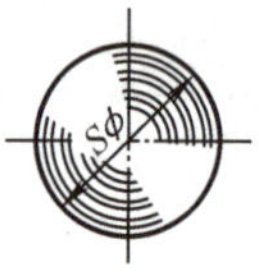

2. 几何公差带的大小

几何公差带的大小指公差带的宽度或直径 ϕt,见表 3-2,t 为公差值,其取值大小取决于被测要素的形状和功能要求。

3. 几何公差带的方向

几何公差带的方向即评定被测要素误差的方向。几何公差带的放置方向直接影响到误差评定的准确性。

4. 几何公差带的位置

形状公差带没有位置要求,只用来限制被测要素的形状误差。但形状公差带要受到相应的尺寸公差带的制约,在尺寸公差内浮动或由理论正确尺寸固定。

对于位置公差带,其位置由相对于基准的尺寸公差或理论正确尺寸确定。

检测后得出的形状与位置误差,是实际被测要素对理想被测要素的变动量。

四、几何公差的标注

几何公差代号包括几何公差有关项目的符号、几何公差框格和指引线、几何公差数值和其他有关符号和基准符号,如图3-3所示。

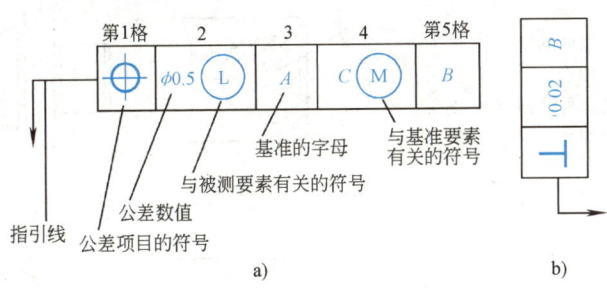

图 3-3 几何公差代号
a) 水平放置 b) 垂直放置

1. 几何公差框格

几何公差框格有两格或多格,可以水平放置,也可以垂直放置,自左至右依次填写公差项目符号、公差数值(单位为 mm)和基准符号字母,第2格及其后各格中还可能填写其他有关符号。

2. 指引线与被测要素

指引线用细实线表示,可从框格的任一端引出,引出段必须垂直于框格,指向被测要素。引向被测要素时允许弯折,但不得多于两次,如表3-3、图3-3所示。

表 3-3 被测要素的标注

序号	解 释	图 例
1	当被测要素是轮廓要素时,箭头应指向轮廓线,也可指向轮廓线的延长线,但必须与尺寸线明显地错开	
2	当被测要素是中心要素时,箭头应对准尺寸线,即与尺寸线的延长线重合 被测要素指引线的箭头可代替一个尺寸箭头 公差带为圆形或圆柱形时,在公差前加"ϕ";为圆球形时加"$s\phi$"	
3	受图形限制,需表示图样中某要素的几何公差要求时,可由黑点处作引出线,箭头指向引出线的水平线	

(续)

序号	解 释	图 例
4	当被测要素是圆锥体的轴线时,指引线应对准圆锥体的大端或小端的尺寸线 如图样中仅有任意处的空白尺寸线,则可与该尺寸线相连 如需给出某要素几种几何特征公差,可将公差框格放在另一个的下面	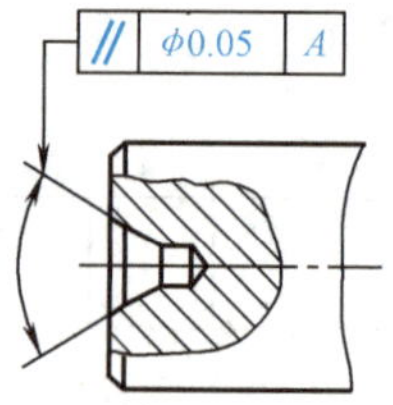 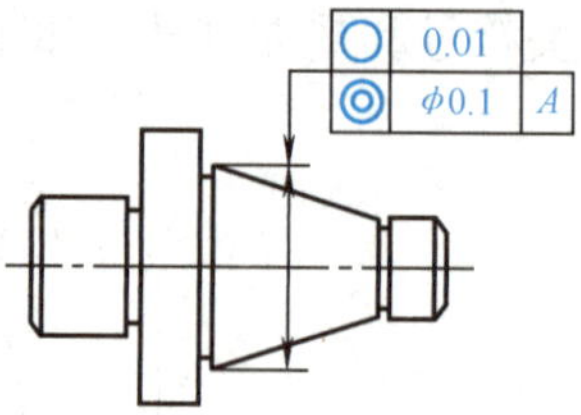
5	仅对被测要素的局部提出几何公差要求,可用粗点画线画出其范围,并标注尺寸	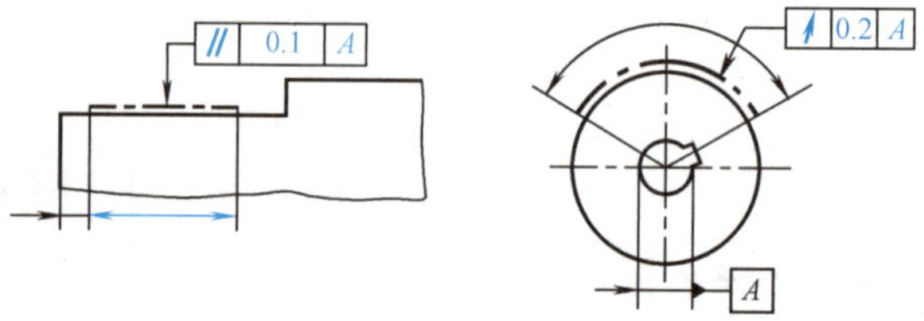

3. 基准符号与基准要素

基准要素需用基准符号示出,基准用一个(或几个)大写字母表示。字母注在基准方格内,与一个涂黑或空白的三角形相连以表示基准(见表3-4)。

表3-4 基准要素的常用标注方法

序号	解 释	图 例
1	当基准要素是轮廓线或面时,基准三角形应放在基准要素的轮廓线或轮廓面,也可靠近轮廓的延长线上,但必须与尺寸线明显地分开	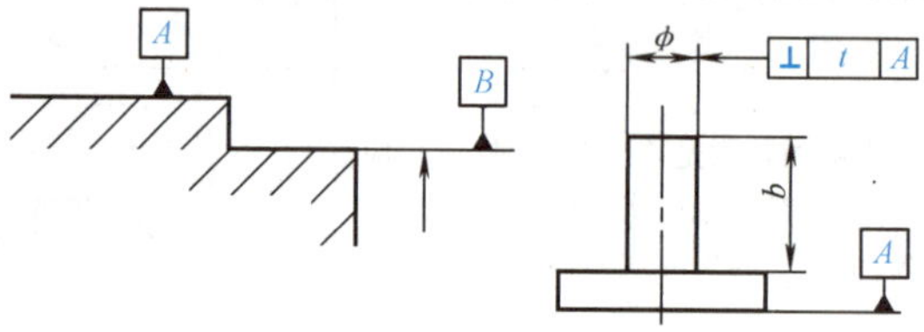
2	当基准要素是中心要素轴线、中心或中心点时,基准三角形应放在尺寸线的延长线上	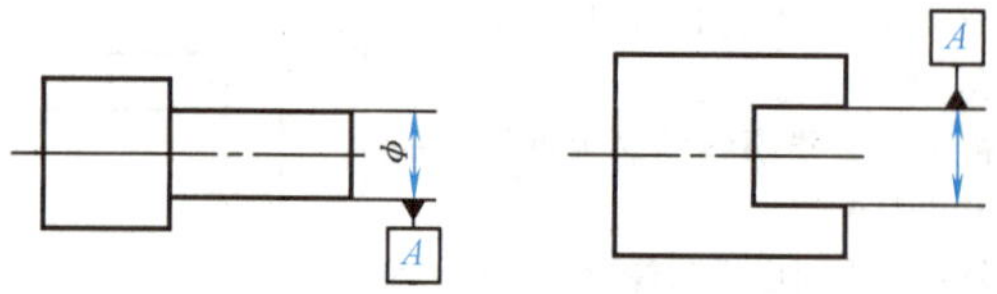
3	受图形限制,需表示某要素为基准要素时,可由黑点处作引出线,基准三角形可置于引出线的水平线上	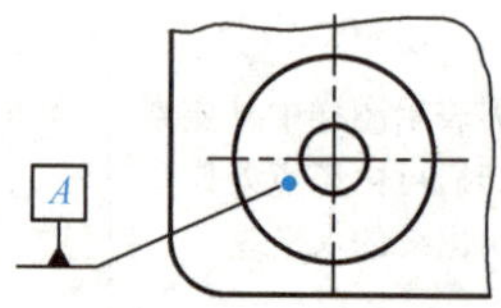

(续)

序号	解　释	图　例
4	当基准要素与被测要素相似而不易分辨时,应采用任选基准 任选基准符号,将基准三角形改为箭头即可	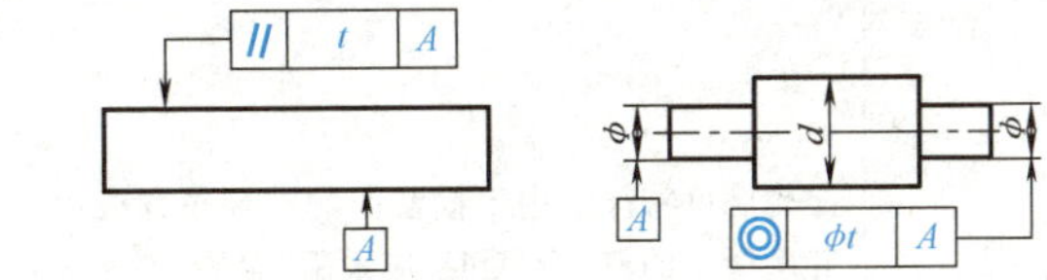
5	仅用要素的局部而不是整体作为基准要素时,可用粗点画线画出其范围,并标注尺寸	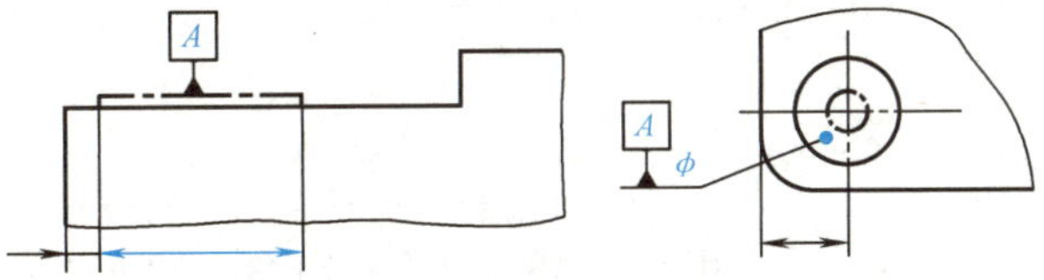
6	当被测要素的形式是线而不是面时,应在公差框格附近注明,如线素符号"LE"	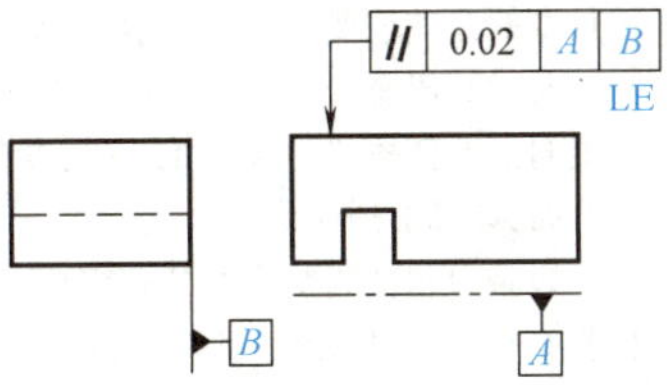

4. 各类几何公差之间的关系

限定要素某种类型几何误差的几何公差,也能限制该要素其他类型的几何误差即:

1)要素的形状公差,只能控制该要素的形状误差。
2)要素的定向公差,可同时控制该要素的定向误差和形状误差。
3)要素的位置公差,可同时控制该要素的位置误差、定向误差和形状误差。

被测要素的标注见表 3-3,基准要素的常用标注方法见表 3-4,几何公差的特殊标注方法见表 3-5,几何误差值的限定符号见表 3-6。

表 3-5 几何公差的特殊标注方法

序号	名称	标注规定	示　例
1	公共公差带	1. 图 a 为若干个分离要素给出单一公差带时,在公差框格内公差值的后面加注公共公差带的符号 CZ(表示 3 个平面的公差带相同) 2. 图 b 为一个公差框格用于具有相同几何特征和公差值的若干个分离要素(说明有数个公差类别和数值相同,但为分离的被测要素)	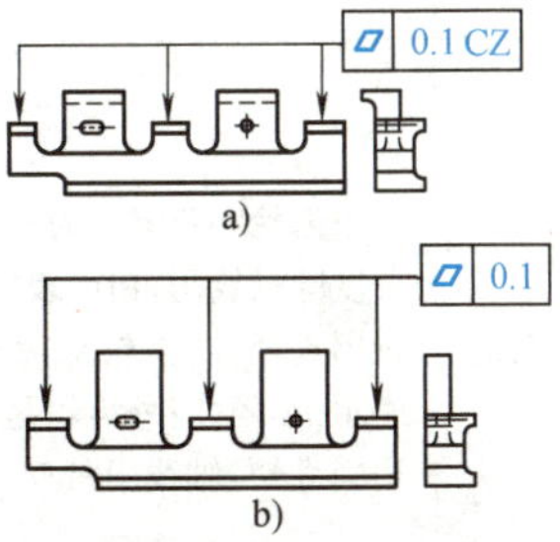 a) b)

(续)

序号	名称	标注规定	示例
2	全周符号	轮廓度特征适用于横截面的整周轮廓或由该轮廓所示的整周表面时,应采用"全周"符号表示 1. 图 a 为外轮廓线的全周统一要求 2. 图 b 为外轮廓面的全局统一要求	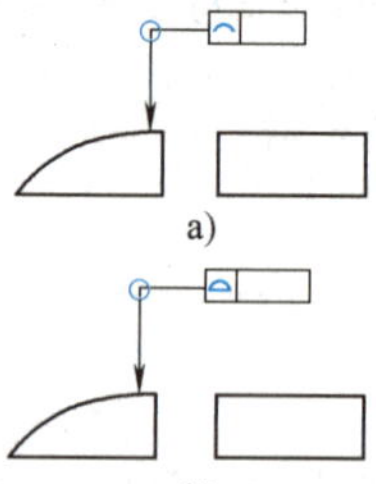 a) b)
3	对误差值的进一步限制	对同一被测要素,如在全长上给出公差值的同时,又要求在任一长度上进行进一步的限制,可同时给出全长上和任意长度上的两项要求,任一长度的公差值要求用分数表示,如图 a 所示 同时给出全长和任一长度上的公差值时,全长上的公差值框格并置于任一长度的公差值框格上面,如图 b 所示 如需限制被测要素在公差带内的形状,应在公差框格下方注明符号 NC,如图 c 所示,表示不凸起	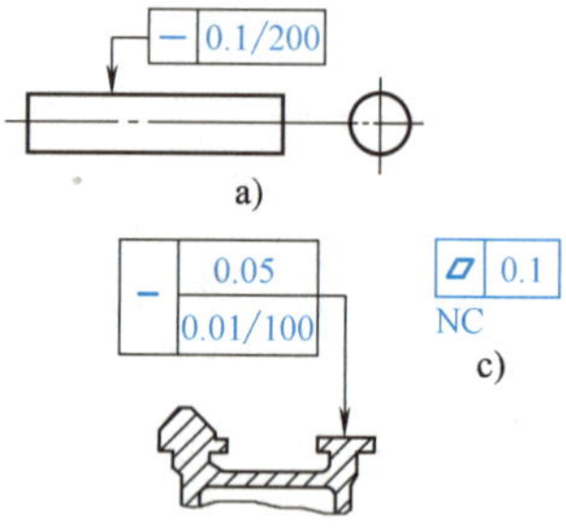 — 0.1/200 a) — 0.05 0.01/100 b) ⌭ 0.1 NC c)
4	说明性内容	表示被测要素的数量,应注在框格的上方。其他说明性内容,如检测的要求和公差带控制范围,应注在框格的下方。但也允许例外的情况,如上方或下方没有位置标注时,可注在框格的周围或指引线上	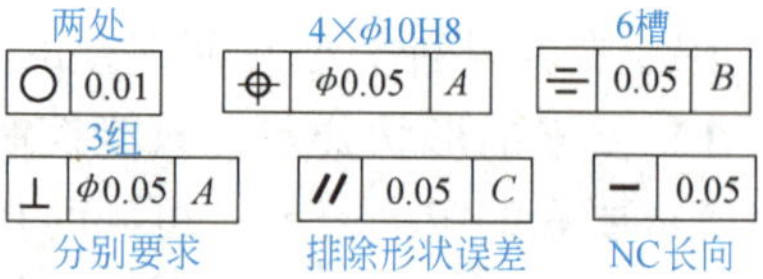 两处 4×φ10H8 6槽 ◎ 0.01 ⌖ φ0.05 A = 0.05 B 3组 ⊥ φ0.05 A ∥ 0.05 C — 0.05 分别要求 排除形状误差 NC长向
5	螺纹	一般情况下,以螺纹的中径轴线作为被测要素或基准要素时,不需另加说明 如需以螺纹大径或小径作为被测要素或基准要素时,应在框格下方或基准符号中的方格下方加注"MD"(大径)或"LD"(小径),如图所示	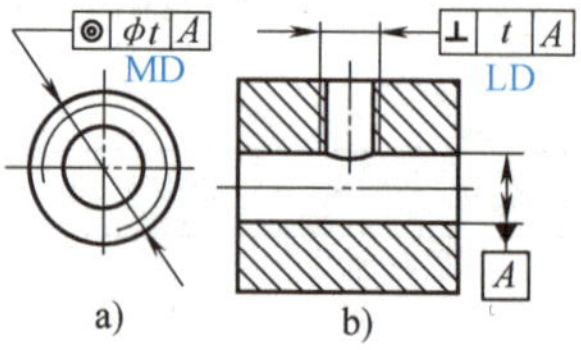 ◎ φt A ⊥ t MD LD a) b)
6	齿轮、花键	由齿轮和花键作为被测要素或基准要素时,其分度圆轴线用"PD"表示。大径(对外齿轮是齿顶圆直径,内齿轮是齿根圆直径)轴线用"MD"表示,小径(对外齿轮是齿根圆直径,内齿轮是齿顶圆直径)轴线用"LD"表示,如图所示	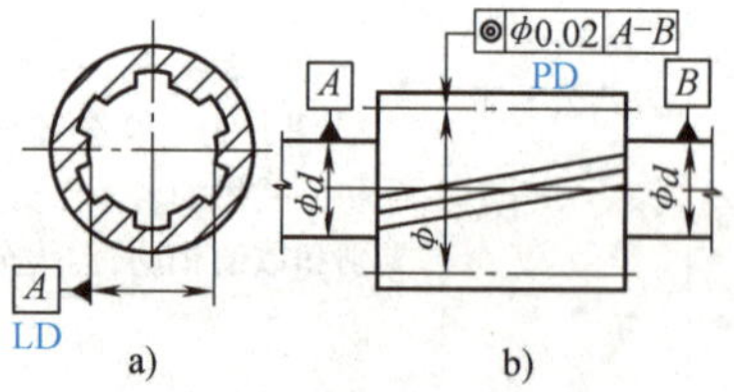 ◎ φ0.02 A-B PD LD a) b)

表 3-6 几何误差值的限定符号

序号	对误差限定	符号	标注示例
1	只许实际要素的中间部位向材料内凹下	(−) $\boxed{-\ \ t(-)}$	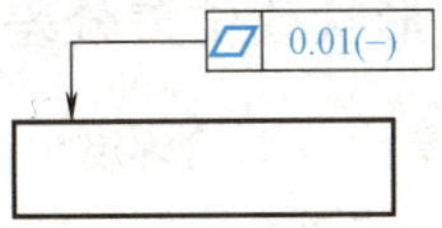
2	只许实际要素的中间部位向材料外凸起	(+) $\boxed{\square\ \ t(+)}$	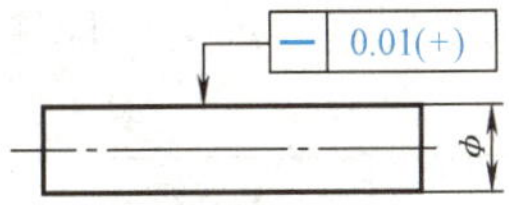
3	只许实际要素从左至右逐渐减小	(▷) $\boxed{\not\!\!\!\!\!/\ \ t(\triangleright)}$	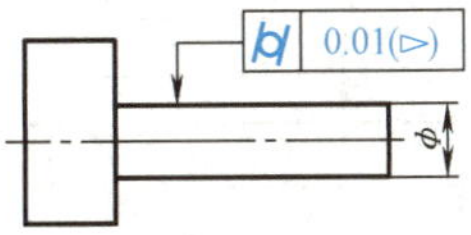
4	只许实际要素从右至左逐渐减小	(◁) $\boxed{\not\!\!\!\!\!/\ \ t(\triangleleft)}$	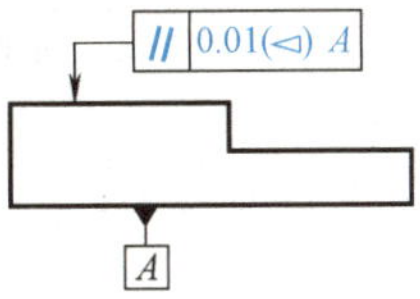

注：本表摘自 GB/T 1182—1996。

GB/T 1182—2008 中无本表的规定，其规定为：如果需要限制被测要素在公差带内的形状，应在公差框格下方注明，如 ▱ 0.1 / NC，NC 表示不凸起。

第二节　几何公差

内容要点

1. 正确识读几何公差表达的意义与相互间的相关性，在实践中初步达到正确运用的目的。

2. 与尺寸公差带相比，几何公差带的内容难度较大，必须充分识读和明确公差带的四个要素——形状、大小、方向和位置，才能理解和掌握几何公差的功能要求。

3. 为正确识读、标注、检测几何误差，正确判断几何公差项目的合格性，为实现互换性生产打好基础。

一、形状公差

形状公差有直线度、平面度、圆度、圆柱度、线轮廓度和面轮廓度 6 个项目。形状公差是单一被测要素的形状对其理想要素允许的变动量。形状公差带是限制单一实际被测要素变动的区域。形状公差没有基准要求，所以公差带是浮动的。

形状公差带的定义及标注示例见表3-7。

二、形状或位置公差（轮廓度公差）

线轮廓度或面轮廓度公差是对零件表面的要求（非圆曲线和非圆曲面），可以仅限定其形状误差，也可在限制形状误差的同时，还对基准提出要求。前者属于形状公差，后者属于位置公差，属于关联要素。

轮廓度公差的定义、标注及示例见表3-8。

表3-7 形状公差带的标注、识读、定义及典型示例

符号	标注和解释	公差带定义	典型示例
1.直线度 —	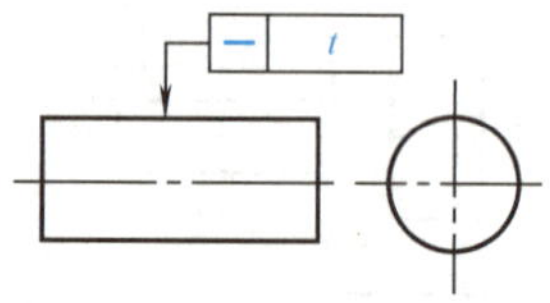 被测要素:圆柱表面素线 读法:母线的直线度公差限定为 t 值	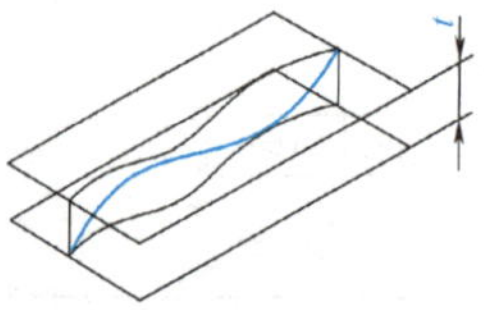 在给定方向上公差带是间距为公差值 t 的两平行直线所限定的区域	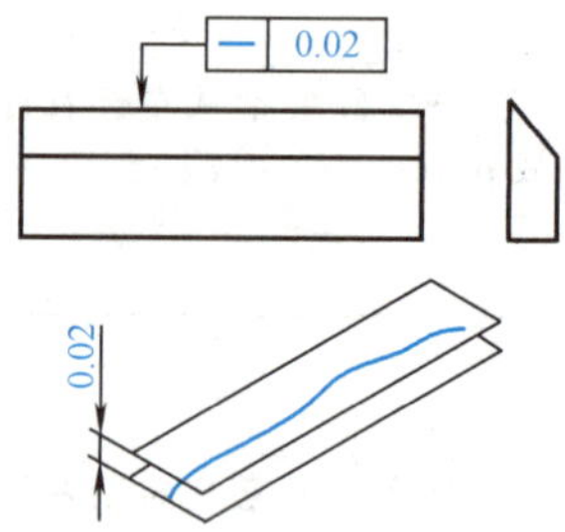 0.02
	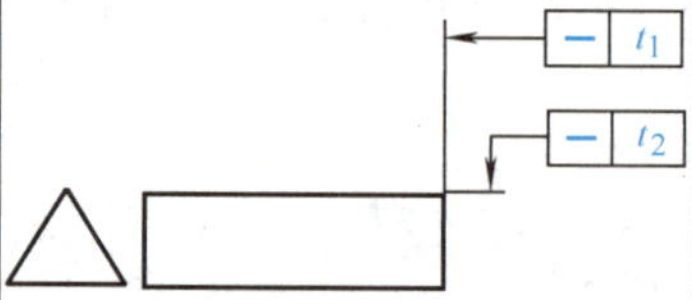 被测要素:三棱体角线直线度 读法:三棱边直线度限定在 t_1 及 t_2 区域内	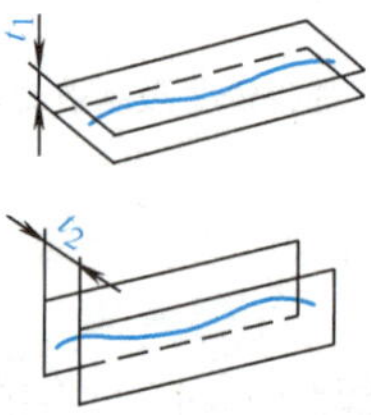 公差带为相互垂直的间距等于公差值 t_1 及 t_2 区域内的两平行平面所限定的区域	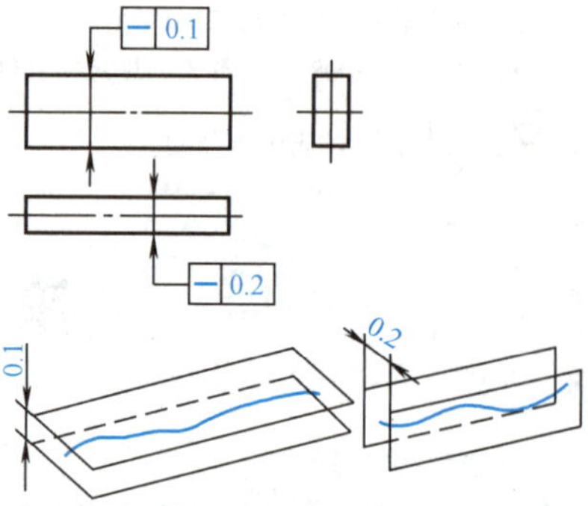 0.1 / 0.2
	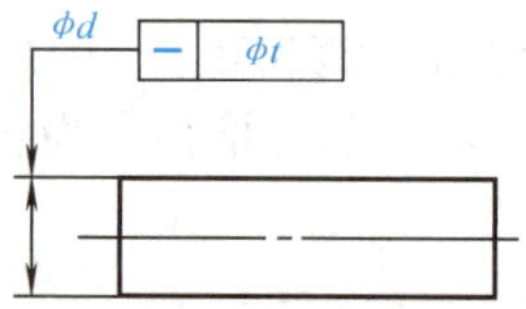 被测要素:圆柱体的轴线 读法:轴线直线度公差值为 t	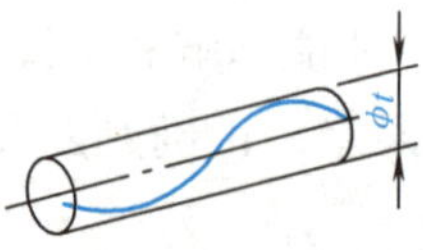 在任意方向上,公差带是直径为 ϕt 的圆柱面内的区域	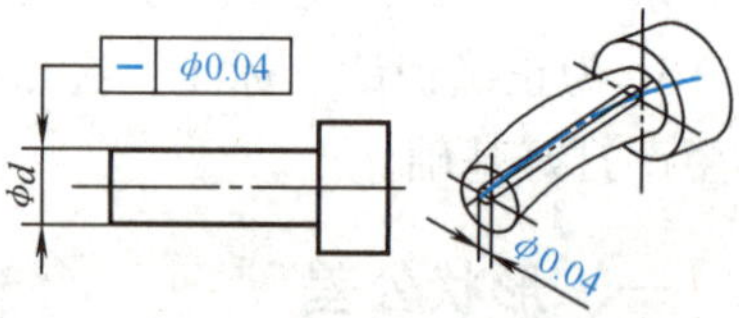 $\phi 0.04$

(续)

符号	标注和解释	公差带定义	典型示例
2. 平面度 ⌷	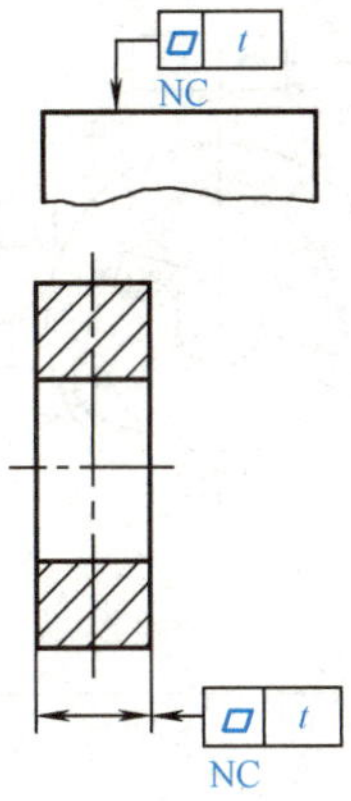 被测要素：上表面及左右表面 读法：被测平面不凸起(标 NC)，并且公差值为 t	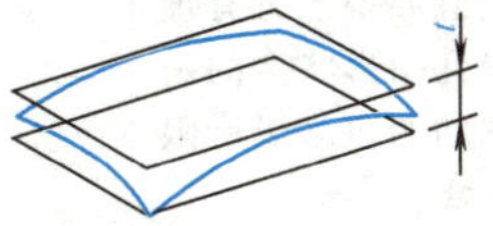 公差带为间距等于公差值 t 的两平行平面所限定的区域	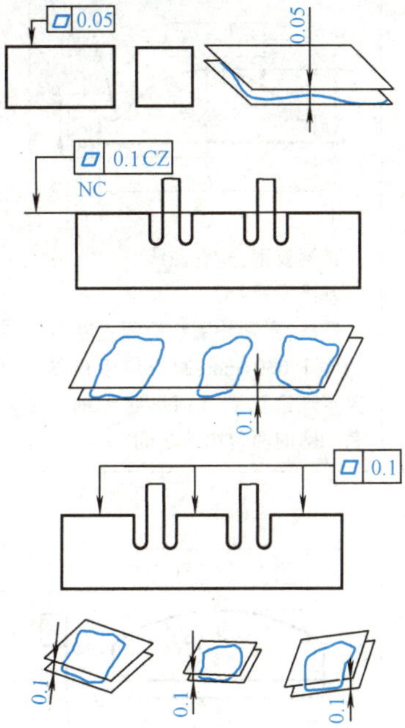
3. 圆度 ○	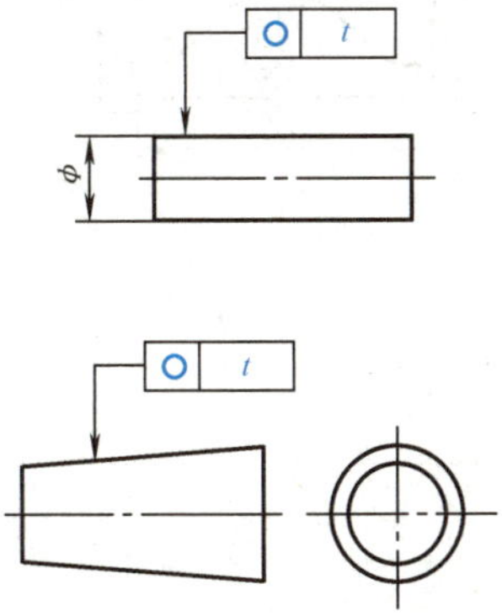 被测要素：圆柱(圆锥)任意正截面内半径差等于 t 限定的同心圆 读法：圆柱(圆锥)任意正截面的圆度公差为 t 值	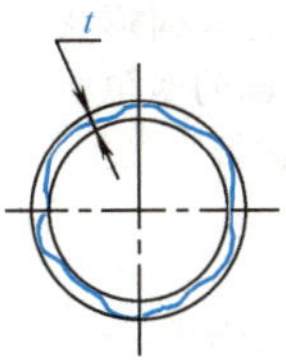 公差带为在给定横截面内、半径差等于公差值 t 的两同心圆所限定的区域	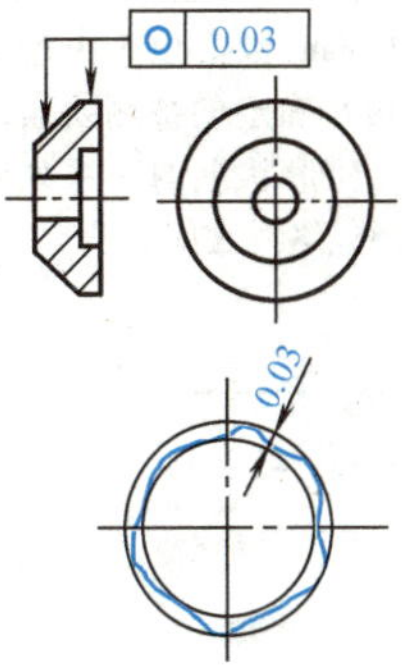
4. 圆柱度 ⌭	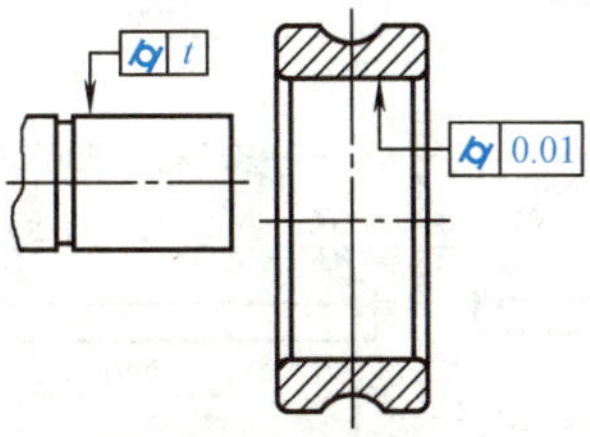 被测要素：圆柱面应限定在半径差等于 t 的两同轴圆柱面之间 读法：圆柱面的公差为 t 值	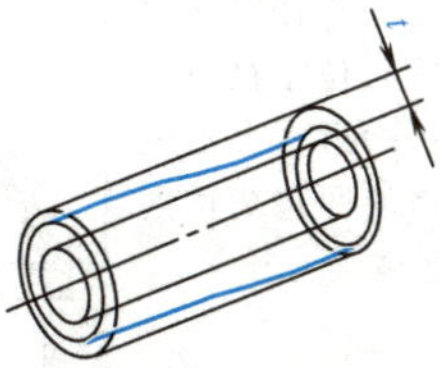 公差带为半径差等于公差值 t 的两同轴圆柱面所限定的区域	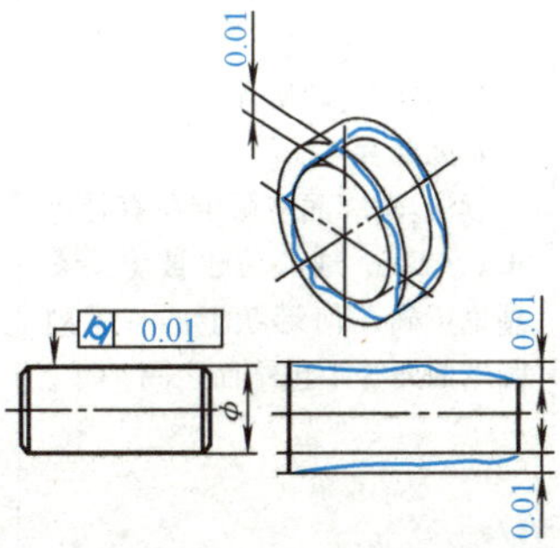

表 3-8　轮廓度公差的定义、标注及示例

符号	标注和解释	公差带定义	典型示例
1. 线轮廓度 ⌒	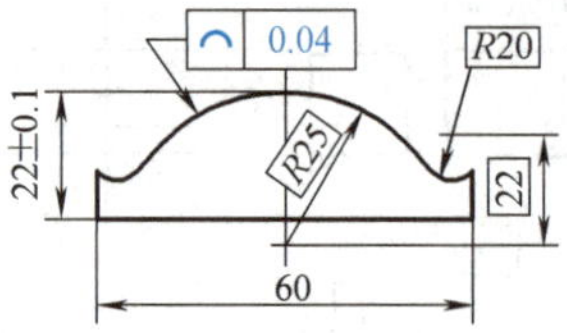 被测要素:轮廓曲线 基准要素:无 读法:实际轮廓线应限定在直径等于 0.04mm、圆心位于被测要素理论正确几何形状上的一系列圆的两包络线之间	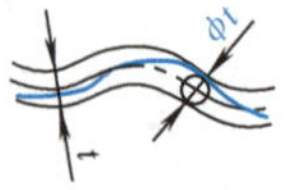 公差带为直径等于公差值 t、圆心位于具有理论正确几何形状上的一系列圆的两包络线所限定的区域	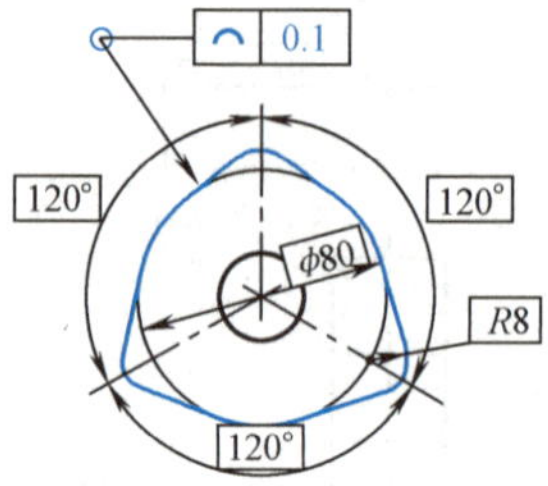
	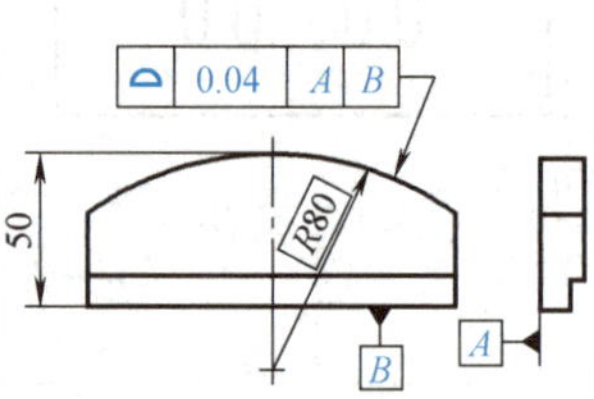 被测要素:轮廓曲线 基准要素:A、B 面基准体系 读法:轮廓线应限定在直径等于 0.04mm、圆心位于由基准平面 A 和 B 确定的被测要素理论正确几何形状上的一系列圆的两等距包络线之间	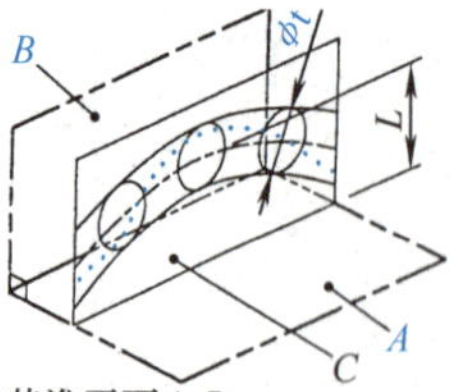 基准平面 A、B 公差带为直径等于公差值 t、圆心位于由基准平面 A 和 B 确定的被测要素理论正确几何形状上的一系列圆的两包络线所限定的区域	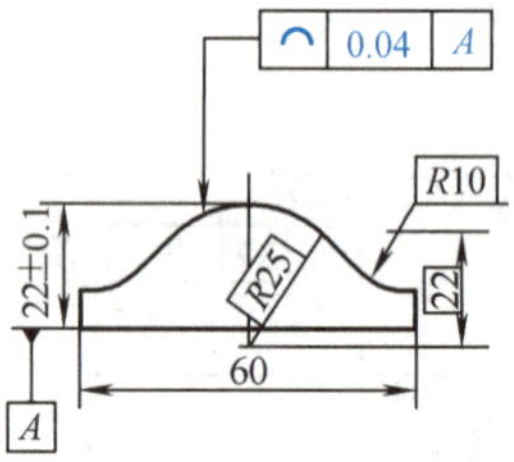
2. 面轮廓度 ⌓	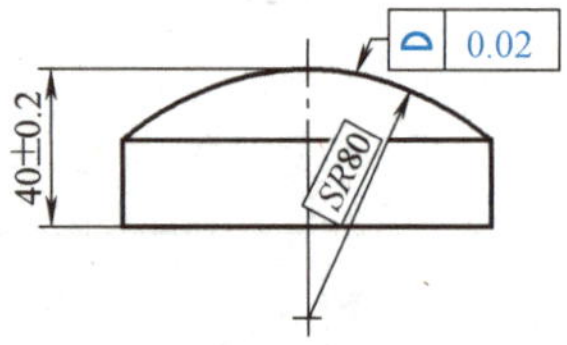 被测要素:轮廓曲面 基准要素:无 读法:轮廓面应限定在直径等于 0.02mm、球心位于被测要素理论正确几何形状上的一系列圆球的两等距包络面之间	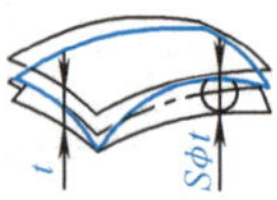 公差带为直径等于公差值 t、球心位于被测要素理论正确形状上的一系列圆球的两包络面所限定的区域	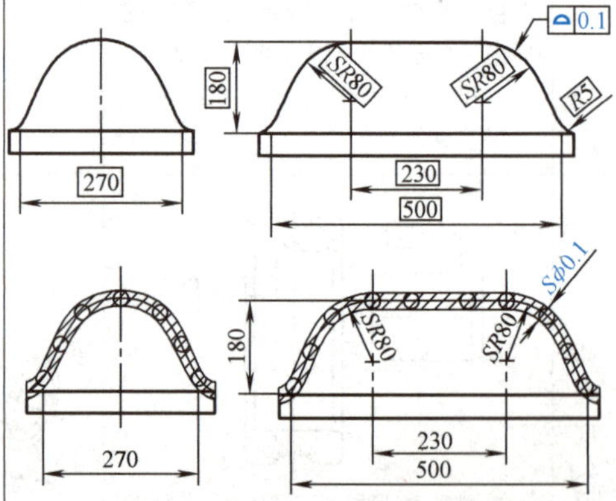

（续）

符号	标注和解释	公差带定义	典型示例
2.面轮廓度 ⌒	被测要素：轮廓曲面 基准要素：有 读法：轮廓面应限定在直径等于0.1mm，球心位于由基准平面A确定的被测要素理论正确几何形状上的一系列圆球的两等距包络面之间	公差带为直径等于公差值t、球心位于由基准平面确定的被测要素理论正确几何形状上的一系列圆球的两包络面所限定的区域	

三、位置公差

位置公差是指关联实际要素的位置对基准所允许的变动全量，分为定向、位置和跳动公差。

1. 基准

基准是确定要素间几何关系、方向或（和）位置的依据。根据关联被测要素所需基准的个数及构成某基准的零件上要素的个数，图样上标出的基准可归纳为三种，如图 3-4 所示。

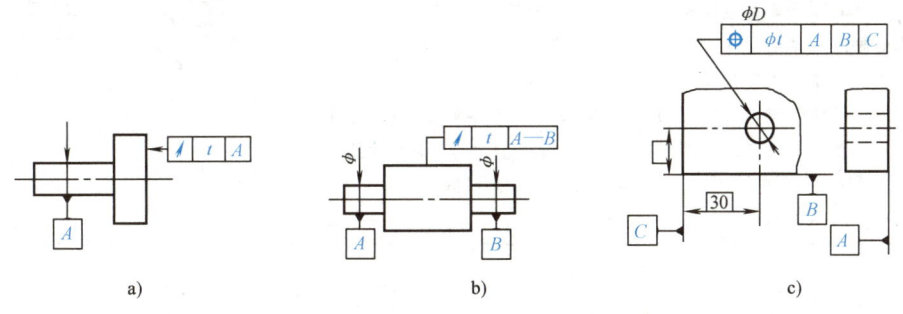

图 3-4 基准的种类
a）单一基准 b）组合基准 c）基准体系

（1）单一基准 由一个要素建立的基准称为单一基准。如一个平面、中心线或轴线等，如图 3-4a 所示。

（2）组合基准（或称公共基准） 由两个或两个以上要素（理想情况下这些要素共线或共面）共同构成、起单一基准作用的基准称为组合基准。在公差框格中标注时，将各个基准字母用短横相连并写在同一格内，以表示作为单一基准使用，如图 3-4b 所示。

（3）基准体系 若某被测要素需由两个或三个相互间具有确定关系的基准共同确定，这种基准称为基准体系。应用基准体系时，要特别注意应按功能重要性排列基准的顺序，填在框格第三格的称为第一基准,填在其后的依次称为第二、第三(如果有)基准,如图3-4c所示。

2. 定向公差

定向公差有平行度、垂直度和倾斜度三个项目及线轮廓度和面轮廓度项目。因被测要素和基准要素有直线或平面之分,定向公差可有线对基准线(被测要素和基准要素均为直线)、线对基准面、面对基准线和面对基准面(被测要素和基准要素均为面)四种形式。

定向公差是关联被测要素对其具有确定方向的理想要素允许的变动量。

定向公差带有如下特点:相对于基准有方向要求(平行、垂直或倾斜、理论正确角度);在满足方向要求的前提下,公差带的位置可以浮动;能综合控制被测要素的形状误差。因此,当对某一被测要素给出定向公差后,通常不再对该要素给出形状公差,如果在功能上需要对形状精度有进一步要求,则可同时给出形状公差。当然,形状公差一定要小于定向公差。

定向公差带的定义及标注示例见表3-9。

表3-9 定向公差带的定义及标注示例

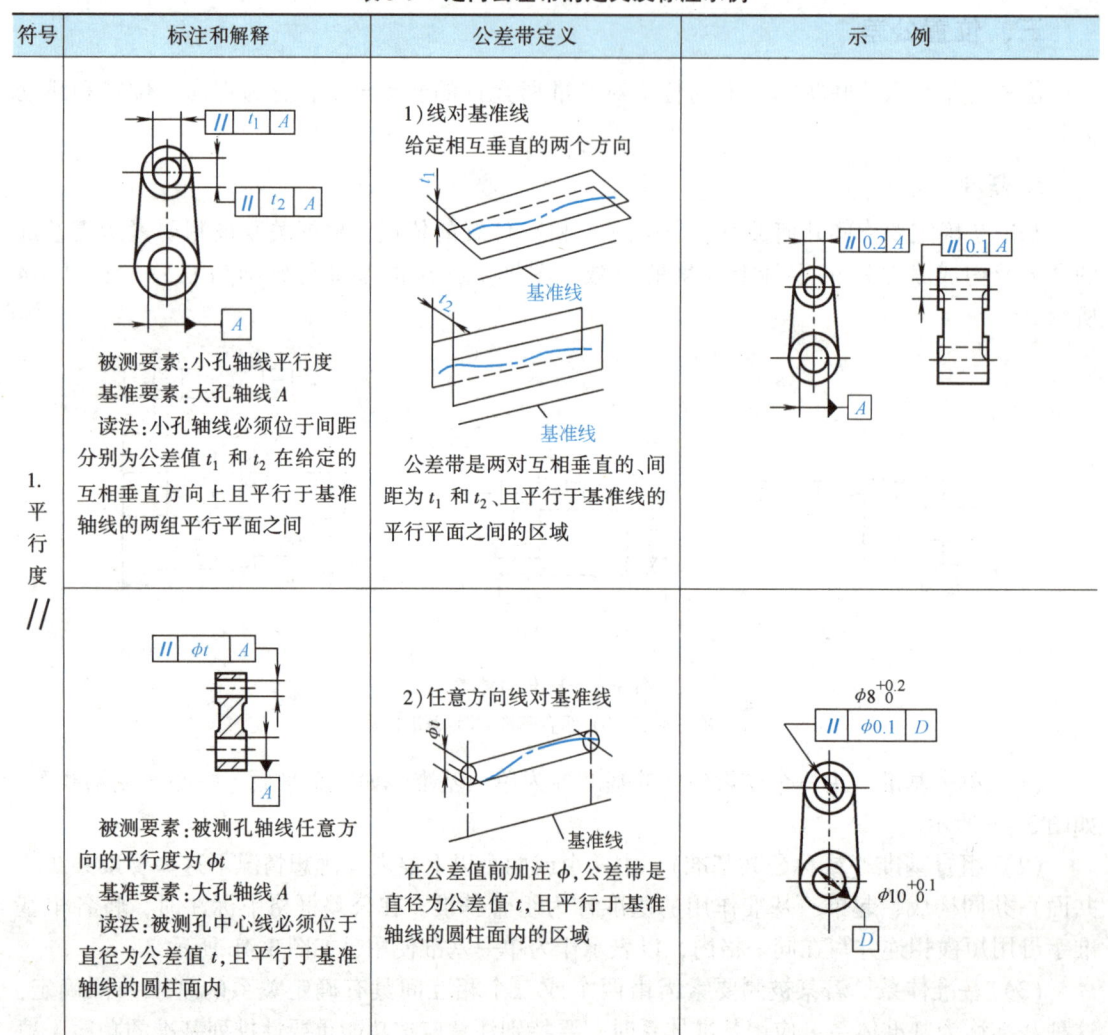

(续)

符号	标注和解释	公差带定义	示 例
1. 平行度 ∥	3）线对基准面 公差带是间距为公差值 t，且平行于基准平面的两平行平面之间的区域 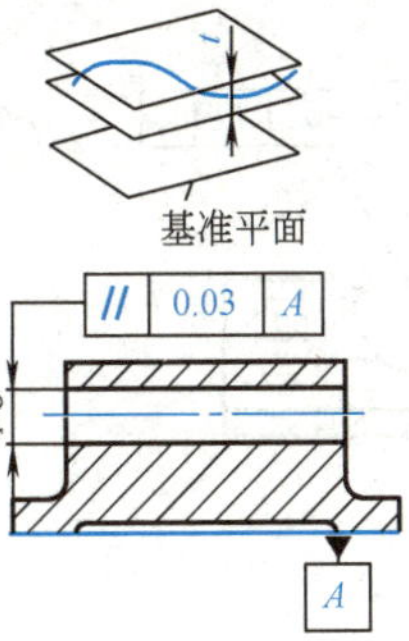	4）面对基准面 公差带是间距为公差值 t，且平行于基准面的两平行平面之间的区域 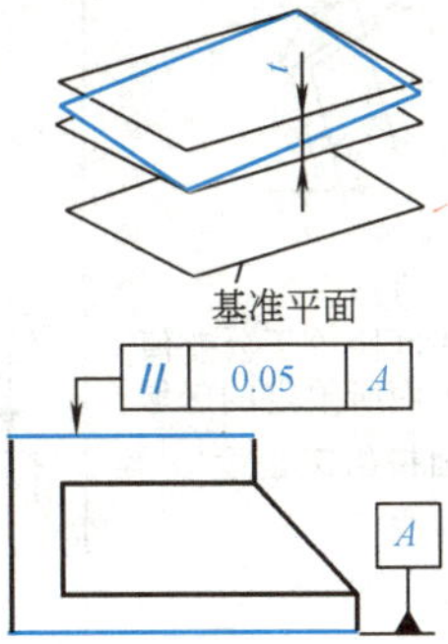	5）线对基准体系 公差带为间距等于公差值 t 的两平行直线所限定的区域，该两平行直线平行于基准平面 A 且处于平行于基准平面 B 的面内 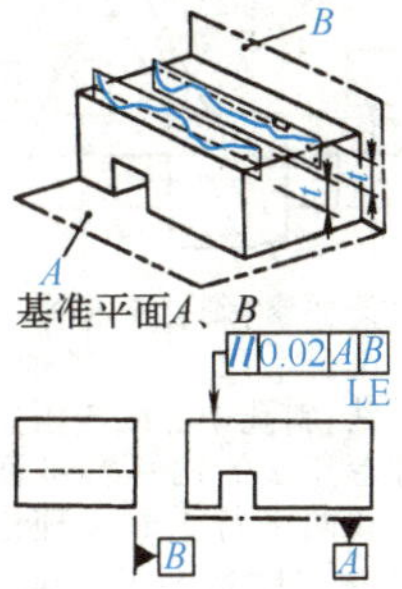
2. 垂直度 ⊥	被测要素：圆柱中心线的垂直度 基准要素：平面 A 读法：被测圆柱中心线必须位于间距为公差值 t、且垂直于基准表面 A 的两平行平面之间 2）任意方向线对基准面 被测圆柱 φ20mm 中心线应限定在直径等于 φ0.05mm 且垂直于基准 A 的平面内	1）线对基准面 在给定一个方向上，公差带是间距为公差值 t 且垂直于基准面的两平行平面之间的区域 3）面对基准线 被测表面应限定在间距等于 0.08mm 的两平行平面之间，两平行平面垂直于基准轴线 A	8条刻线 ※注意：1）在给定一个方向与给定任意方向时垂直度标注的区别 4）面对基准面 被测表面应限定在间距等于 t、且垂直于基准平面 A 的两平行平面之间

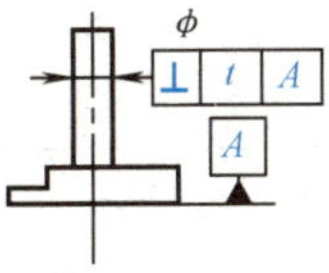

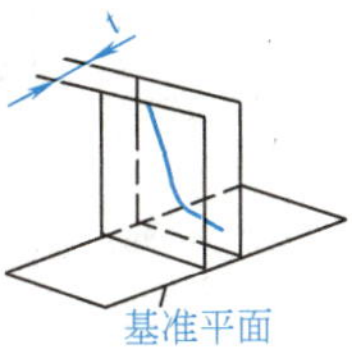

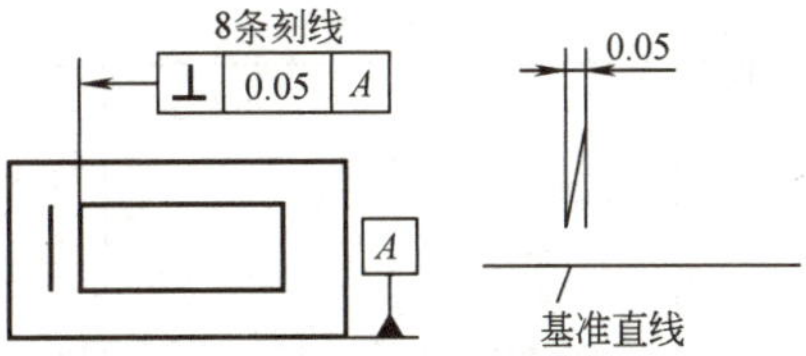

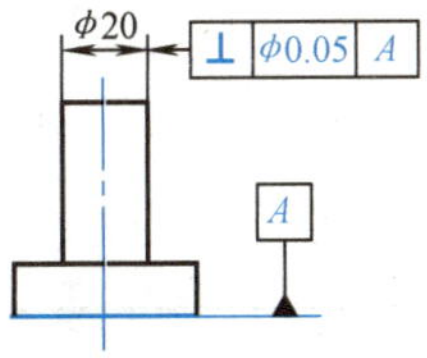

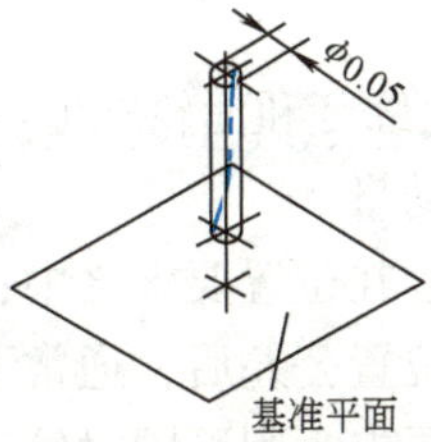

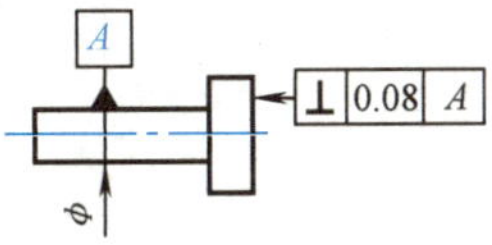

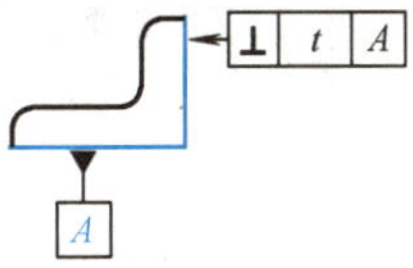

(续)

符号	标注和解释	公差带定义	示例
3. 倾斜度 ∠	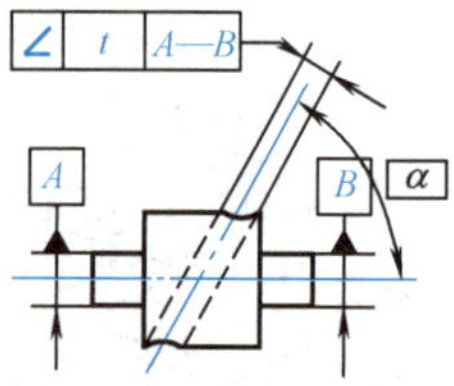 被测要素:斜孔中心线 基准要素:A—B 基准轴线 读法:斜孔中心线应限定在间距等于 t 的两平行平面之间。该两平行平面按理论正确角度 α 倾斜于公共基准轴线 A—B	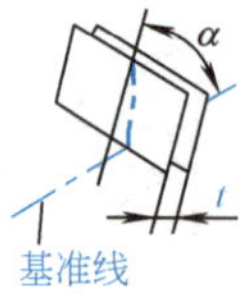 1) 线对基准线 公差带为间距等于公差值 t 的两平行平面所限定的区域,且平行平面按给定角度 α 倾斜于基准轴线	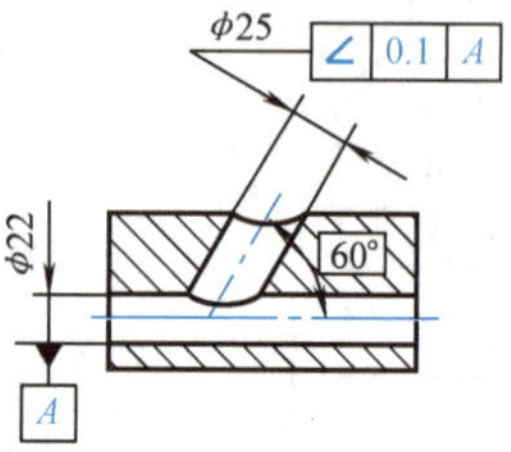 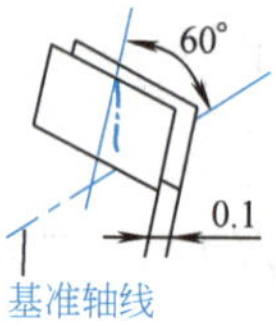
	2) 线对基准面 被测孔中心线必须位于直径为 t 的圆柱公差带内,该中心线按理论正确角度 α 倾斜于基准平面 A,且平行于基面 B 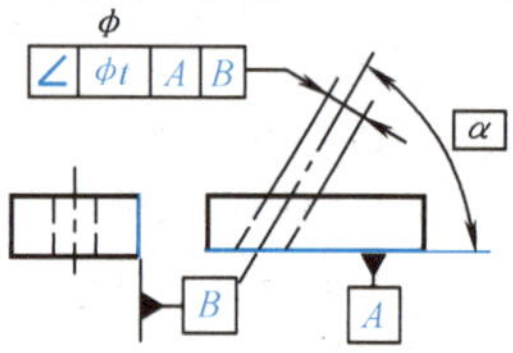	3) 面对基准线 被测斜面应限定在间距等于 t 的两平行平面之间,该两平行平面按理论正确角度 α = $75°$ 倾斜于基准轴线 A 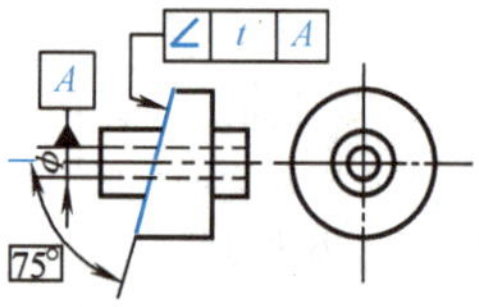	4) 面对基准面 被测表面应限定在间距等于 t 的两平行平面之间,该平行平面按理论正确角度 α 倾斜于基准平面 A 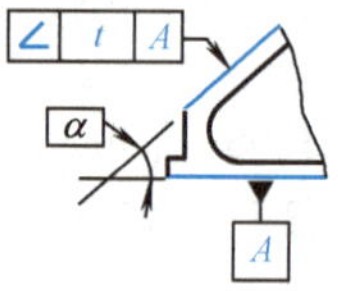

3. 位置公差

位置公差有同轴度（同心度）、对称度和位置度三个项目及线轮廓度和面轮廓度项目。位置公差是关联被测要素对其有确定位置的理想要素允许的变动量。

位置公差带有如下特点：相对于基准有位置要求，方向要求包含在位置要求之中；能综合控制被测要素的定向、位置和形状误差。当对某一被测要素给出位置公差后，通常不再对该要素给出定向和形状公差。如果在功能上对方向和形状有进一步要求，则可同时给出定向或形状公差。

位置公差带的定义及标注示例见表3-10。

表3-10 位置公差带的定义及标注示例

符号	标注和解释	公差带定义	示例
1. 位置度公差 ⊕	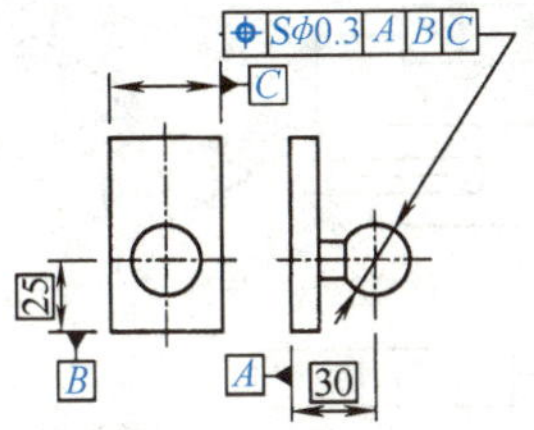 被测要素：球心的位置度 基准要素：基准平面 A、B、C 读法：球心应限定在直径等于 Sϕ0.3mm 的圆球面内，由基准平面 A、B、C 和理论正确尺寸 30 mm 和 25 mm 确定	1) 点的位置度 公差值前加注 Sϕ，公差带直径等于公差值 Sϕt 的球面内面所限定的区域。该圆球面中心的理论正确位置由基准 A、B、C 和理论正确尺寸确定 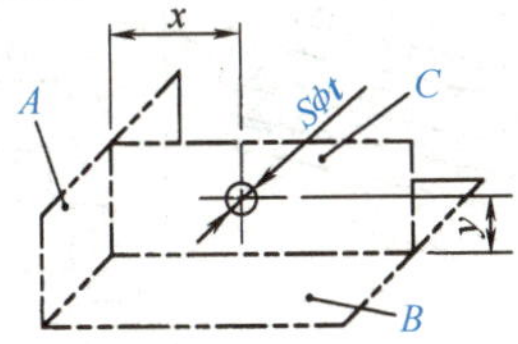	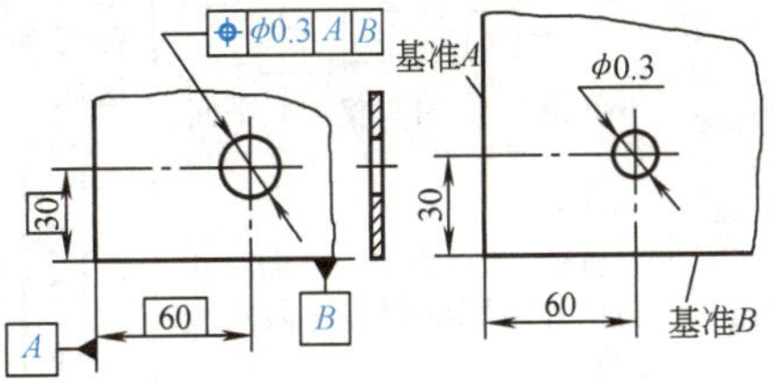
	被测要素：成组要素位置度 基准要素：基准平面 C、A、B 读法：以平面 C、A、B 为基准，其成组要素的位置度公差在两互相垂直方向应各自不大于 t_1 和 t_2 的数值要求 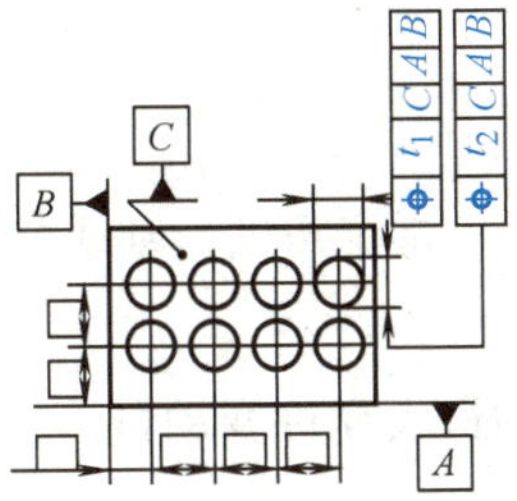	2) 线的位置度 各孔实际中心线应各自限定在直径等于 ϕ0.1mm 的圆柱面内。该圆柱面的轴线应处于由基准平面 C、A、B 和理论正确尺寸 20 mm、15 mm 和 30 mm 确定的各孔轴线的理论正确位置上	3) 轮廓平面或者中心平面的位置度公差 a) b) 注：有关8个缺口之间理论正确角度的默认规定见 GB/T 13319。
2. 同心度或同轴度公差 ◎	被测要素：ϕ1mm 圆柱的轴心线 基准要素：ϕ 圆柱的轴心线 读法：ϕ1mm 与 ϕ 圆柱的轴心线同轴度限定值为 ϕt	轴线的同轴度 公差带是公差值 ϕt 的圆柱面的区域，该圆柱面的轴线与基准轴线同轴 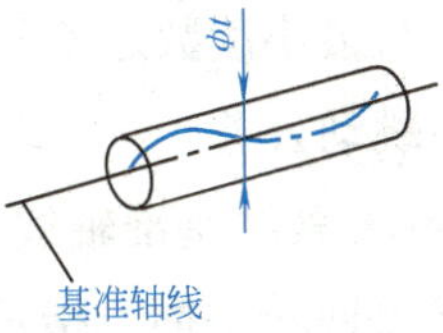	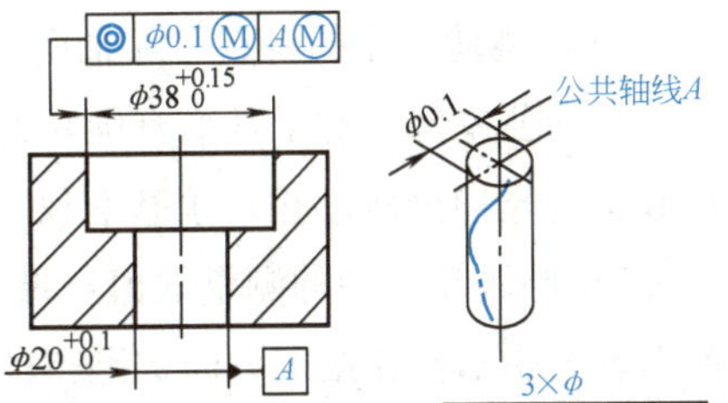 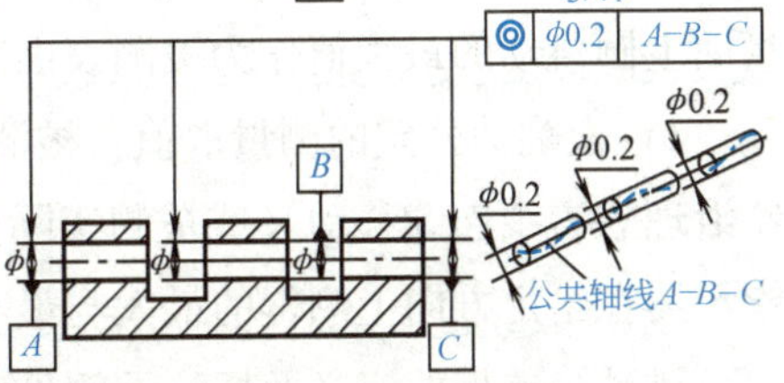

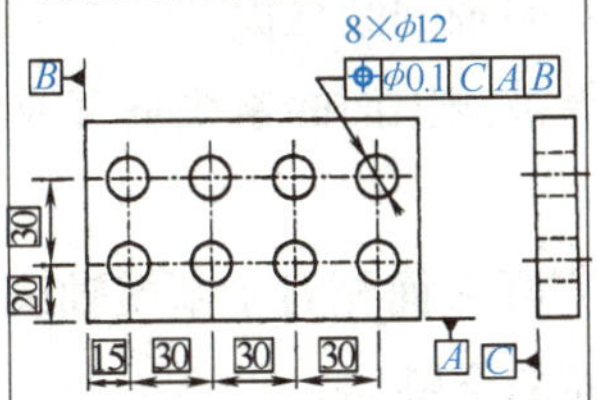

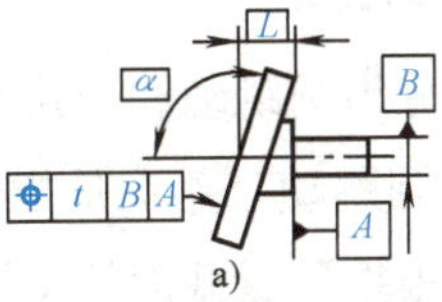

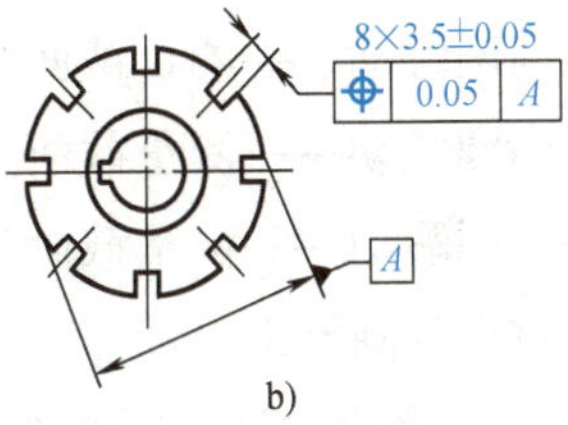

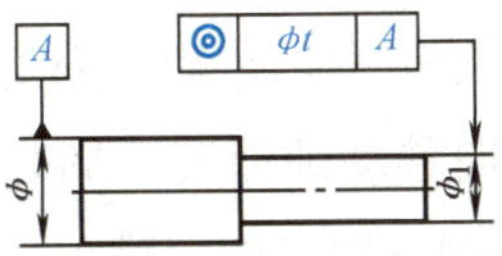

(续)

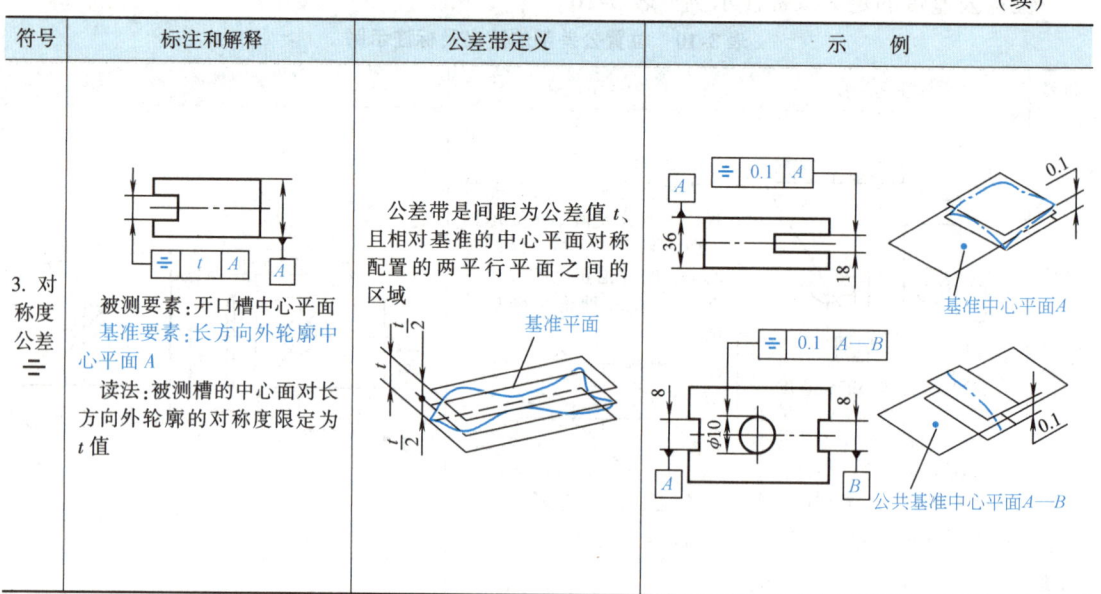

4. 跳动公差

跳动分为圆跳动和全跳动。

(1) 圆跳动公差　是指被测实际要素在某种测量截面内，相对于基准轴线的最大允许变动量。根据测量截面的不同，圆跳动公差分为以下几种。

径向圆跳动——测量截面为垂直于轴线的正截面。

轴向圆跳动——测量截面为与基准同轴的圆柱面。

斜向圆跳动——测量截面为素线与被测锥面的素线垂直或成一指定角度，轴线与基准轴线重合的圆锥面。

(2) 全跳动公差　是指整个被测实际表面相对于基准轴线的最大允许变动量。

径向全跳动——被测表面为圆柱面的全跳动。

轴向全跳动——被测表面为圆柱端平面的全跳动。

(3) 跳动公差的特点　除轴向全跳动外，跳动公差带有如下特点。

跳动公差带相对于基准有确定的位置；跳动公差带可以综合控制被测要素的位置、方向和形状（轴向全跳动相对于基准仅有确定的方向）。因此，测量取值时应注意以下两点。

1) 圆跳动公差的测量取值：被测实际要素绕基准轴线无轴向移动地回转一周时，由位置固定的指示器在给定方向上测得的最大与最小读数之差称为该测量面上的圆跳动，取各测量面上圆跳动的最大值作为被测表面的圆跳动公差。

2) 全跳动公差的测量取值：被测实际要素绕基准轴线作无轴向移动的回转，同时指示器沿理想素线连续移动（或被测实际要素每回转一周，指示器沿理想素线作间断移动），由指示器在给定方向上测得的最大与最小读数之差。

跳动公差带的定义及标注示例见表 3-11。

第三章 几何公差（GB/T 1182—2008）

表 3-11 跳动公差带的定义及标注示例

符号	标注和解释	公差带定义	示 例
1. 圆跳动 ╱	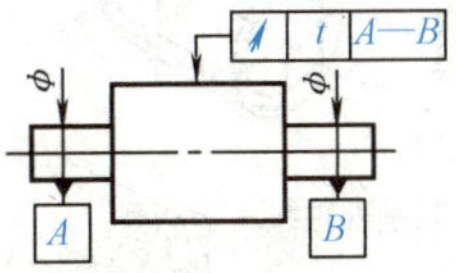 被测要素：圆柱面 基准要素：公共轴线 A—B 读法：被测圆柱面相对于基准轴线的圆跳动公差限定为 t	1）径向圆跳动 公差带为在任一垂直于基准轴线的横截面内、半径差等于公差值 t，圆心在基准轴线上的两同心圆所限定的区域 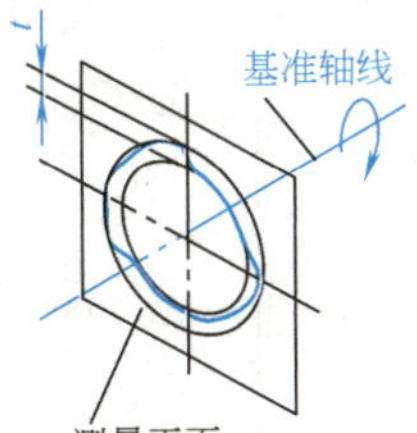	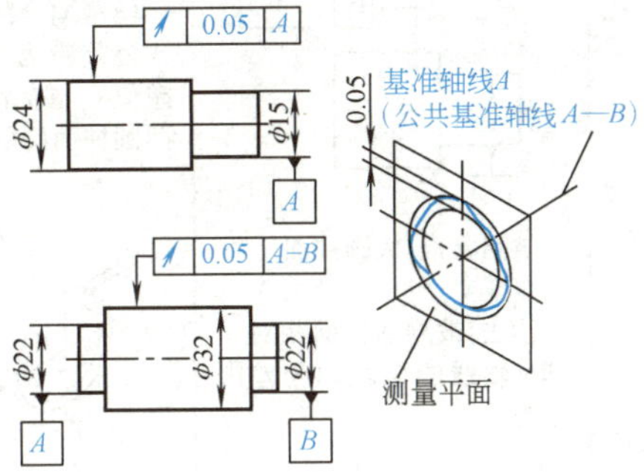
	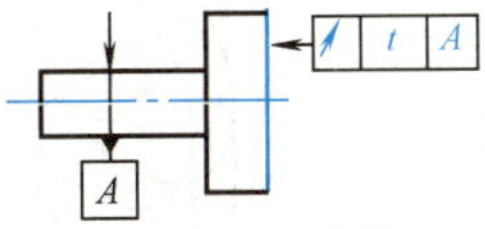 被测要素：大圆柱端面 基准要素：小圆轴线 A 读法：被测端面相对于基准轴线的圆跳动公差限定为 t	2）轴向圆跳动 公差带为与基准轴线同轴的任一半径的圆柱截面上、间距等于公差值 t 的两圆所限定的圆柱面区域 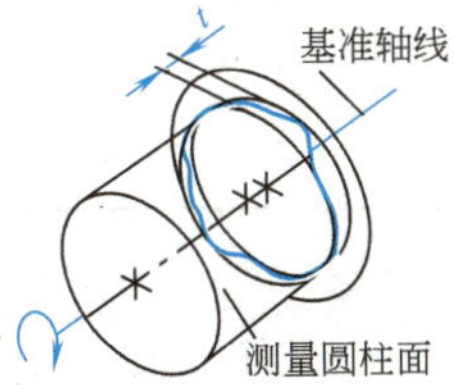	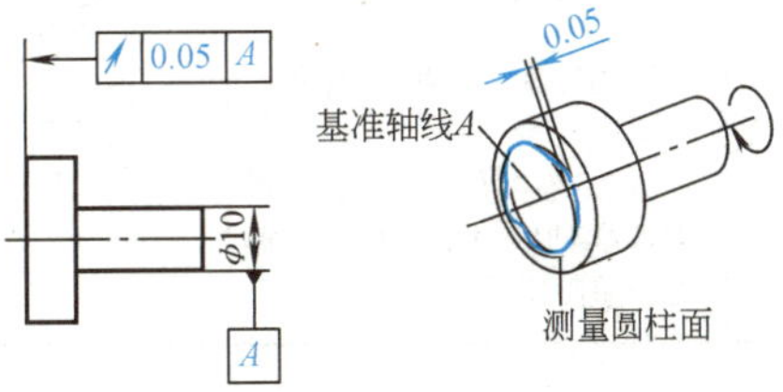
	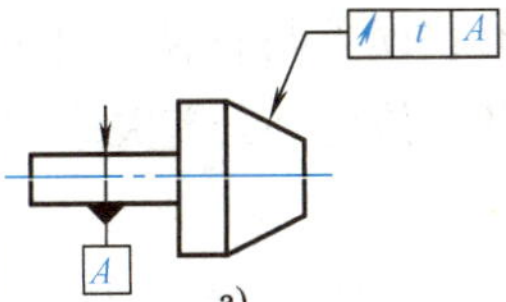 a) 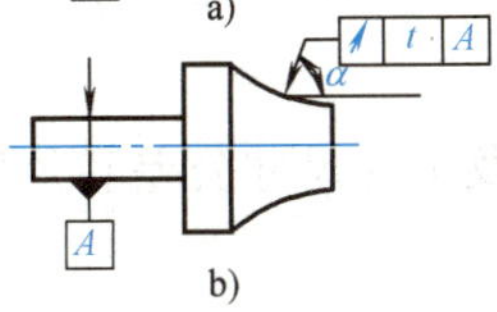 b) 被测要素：直（曲）圆锥面 基准要素：小圆轴线 A 读法：被测斜（曲）面相对于基准 A 轴线的圆跳动公差限定为 t	3）斜向圆跳动 公差带是在与基准同轴的任一测量圆锥面上、间距为 t 的两圆之间的区域 *除另有规定，其测量方向应与被测面垂直 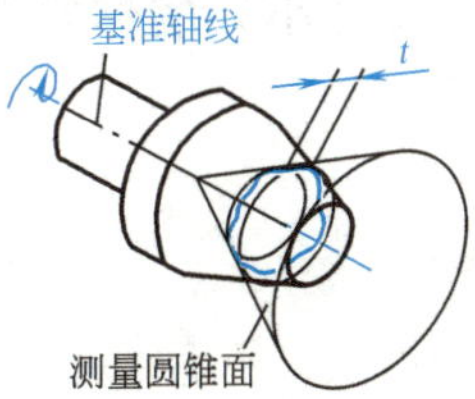	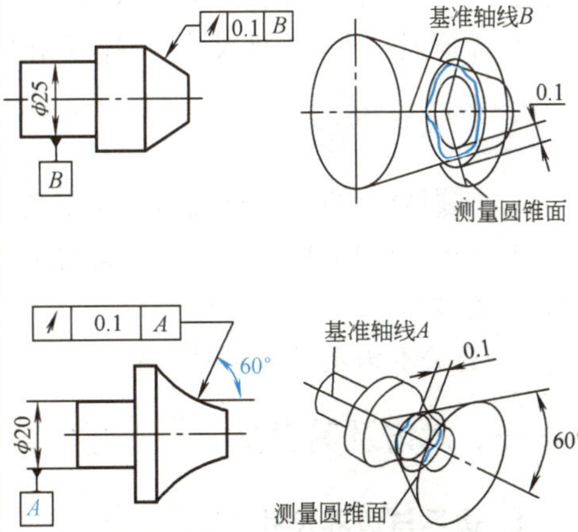

(续)

符号	标注和解释	公差带定义	示例
2. 全跳动 ↗↗	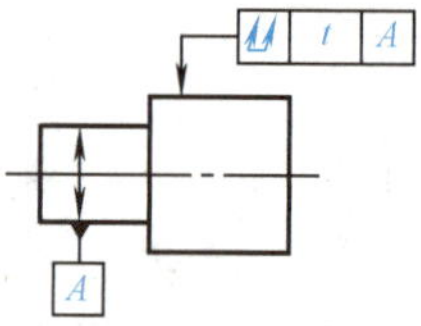 被测要素:大圆柱面 基准要素:小圆轴线 A 读法:被测圆柱面相对于基准轴线的全跳动公差限定为 t	1) 径向全跳动公差 公差带为半径差等于公差值 t、与基准轴线同轴的两圆柱面所限定的区域 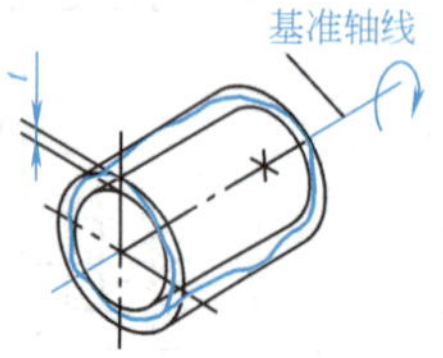	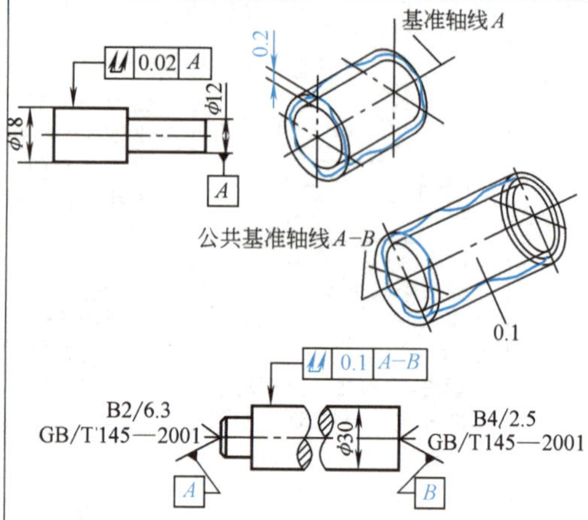
	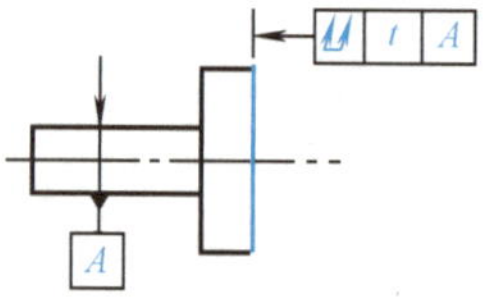 被测要素:大圆柱端面 基准要素:小圆轴线 A 读法:被测圆柱端面相对于基准轴线 A 的轴向全跳动公差限定为 t	2) 轴向全跳动公差 公差带为间距等于公差值 t、垂直于基准轴线的两平行平面所限定的区域 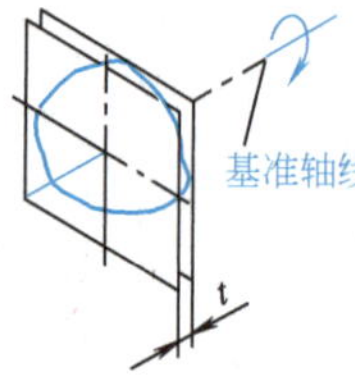	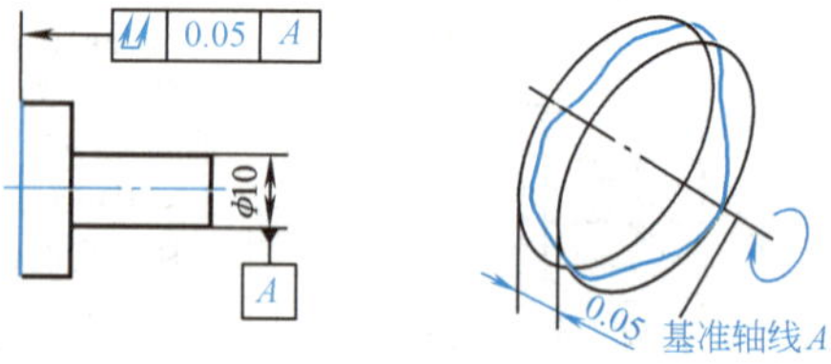

第三节 公差原则

工件均存在有几何误差和尺寸误差。有些几何误差和尺寸误差密切相关(如圆度误差与直径尺寸);有些几何误差和尺寸误差又相互无关(如轴线的形状误差与直径尺寸)。

公差原则——即处理尺寸(线性和角度尺寸)公差和几何(形状、位置)公差关系的原则。

内容要点

1. 掌握公差原则的有关术语及定义。
2. 识读与理解独立原则、包容要求、最大(小)实体要求及工件尺寸公差和几何公差的合格性要求。
3. 有关术语定义和符号。

一、术语及其意义

1. 边界与边界尺寸

边界——设计所给定的具有理想形状的极限包容面。

边界尺寸——极限包容面的直径或距离。

边界分为最大（最小）实体边界、最大（最小）实体实效边界。

2. 理论正确尺寸

理论正确尺寸是确定被测要素的理想形状、方向和位置的尺寸。该尺寸不带公差，如 $\boxed{100}$ mm 和 $\boxed{45°}$。

3. 动态公差图

动态公差图用来表示被测要素或（和）基准要素尺寸变化从而使几何公差值变化关系的图形。

4. 局部实际尺寸

局部实际尺寸指被测要素的任意正截面上，两对应点测得的距离。内表面的局部实际尺寸用 D_a 表示，外表面的局部实际尺寸用 d_a 表示。

5. 作用尺寸

作用尺寸表示在配合状态下的尺寸，如图 3-5 和图 3-6 所示。

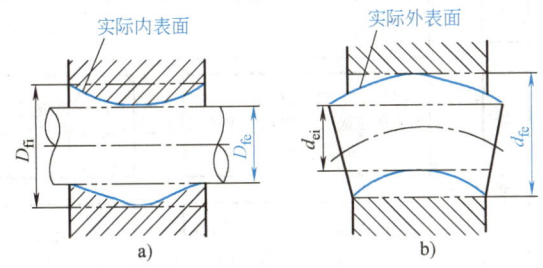

图 3-5　体外及体内作用尺寸

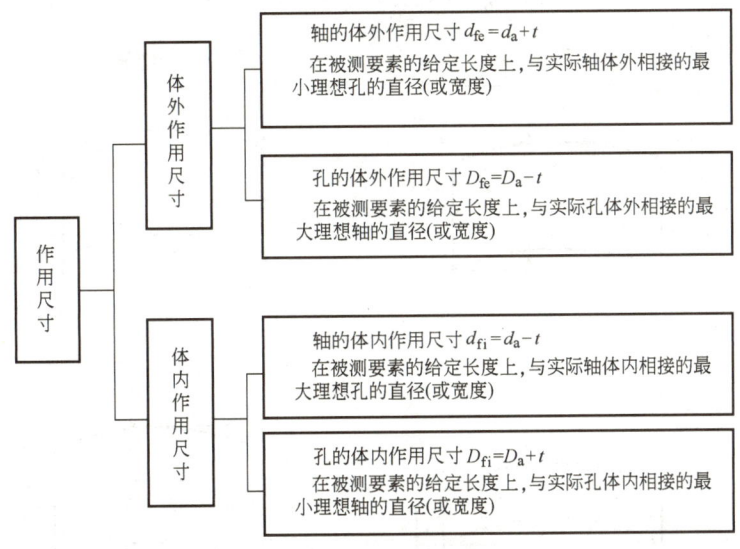

图 3-6　作用尺寸

对于关联要素，理想面的轴线或中心平面必须与基准保持图样给定的几何关系，如图 3-7 中的轴尺寸 ϕd_{fer}。

实体状态与极限实体尺寸及边界如图 3-8 和图 3-9 所示。

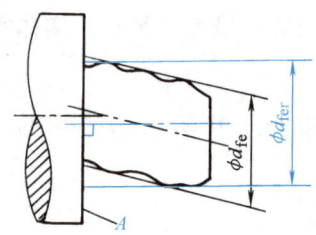

图 3-7　作用尺寸和关联作用尺寸

ϕd_{fe}—作用尺寸　ϕd_{fer}—关联作用尺寸

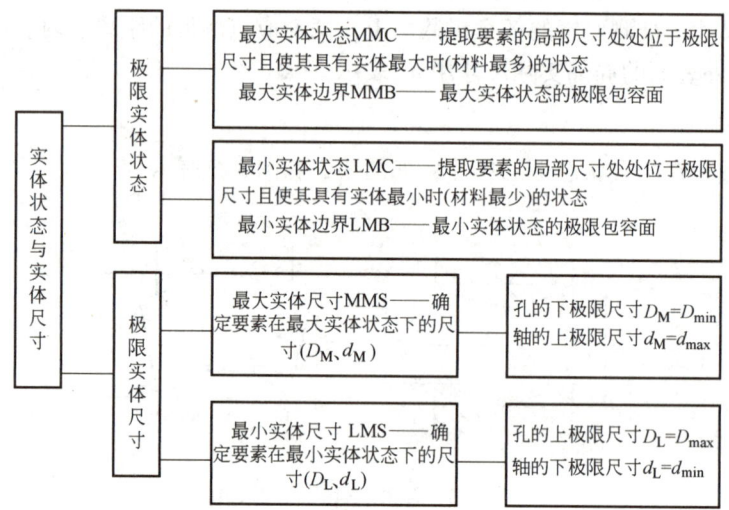

图 3-8　实体状态与极限实体尺寸

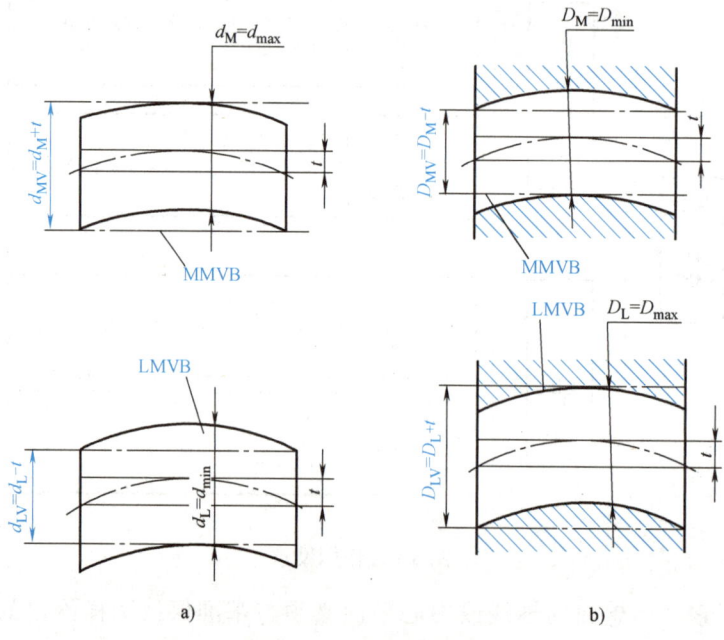

图 3-9　最大、最小实体实效尺寸及边界

a) 外表面　b) 内表面

实体实效状态与极限实体实效尺寸及边界如图3-9和图3-10所示。

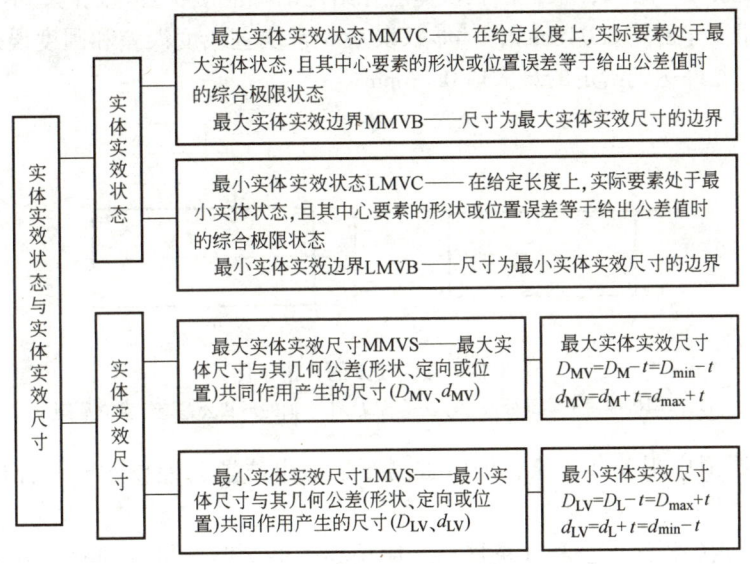

图3-10 实体实效状态与极限实体实效尺寸

二、公差原则（要求）

公差原则按几何公差是否与尺寸公差发生关系分为独立原则和相关要求。

相关要求则按应用的要素和使用要求的不同，又分为包容要求、最大实体要求、最小实体要求和可逆要求。

1. 独立原则

独立原则是指图样上给定的每一个尺寸和几何（形状、方向或位置）应分别满足要求。如果对尺寸和几何（形状、方向或位置）要求之间的相互关系有特定要求，应在图样上规定。

实际要素的尺寸由尺寸公差控制，与几何公差无关；几何误差由几何公差控制，与尺寸公差无关。

（1）图样标注　采用独立原则时，图样上不做任何附加标记文字说明它们的联系者，即无Ⓔ、Ⓜ、Ⓛ和Ⓡ符号，如图3-11所示。

（2）被测要素的合格条件　当被测要素应用独立原则时，被测要素的实际尺寸应在其两个极限尺寸之间，被测要素的几何误差应小于或等于几何公差。

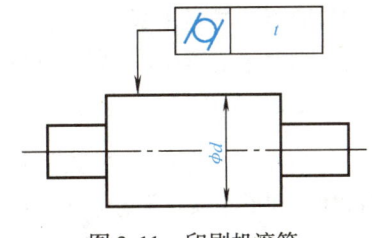

图3-11 印刷机滚筒

1）独立原则应用单一要素的合格条件如下：

① 尺寸公差要求。对轴：$d_{max} \geq d_a \geq d_{min}$；对孔：$D_{max} \geq D_a \geq D_{min}$。

② 几何公差要求。几何误差$f_{几何} \leq$几何公差$t_{几何}$。

如图3-12a所示，轴的局部实际尺寸必须位于149.96～150mm范围内，尺寸公差为0.04mm，不控制轴线直线度误差和圆度误差。轴线直线度误差和圆度误差由相应的未注形状公差控制。

2）独立原则应用于形状公差的合格条件。如图 3-12b 所示，轴的局部实际尺寸应在上极限尺寸与下极限尺寸之间，轴的形状误差应在给定的相应形状公差之内。不论轴的局部实际尺寸如何（即尺寸公差 0.04mm），其形状误差（素线直线度误差和圆度误差包括横截面奇数棱圆误差）允许达到给定的最大值 0.06mm。

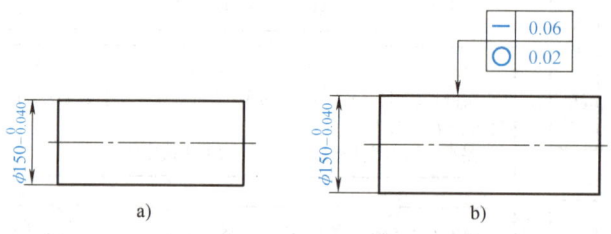

图 3-12 被测要素的合格条件
a）印刷机滚筒主体部分尺寸注法的含义 b）轴的形状公差遵守独立原则

3）当独立原则应用关联要素，即对被测要素给出位置公差要求时，合格条件的原则相同。

(3) 被测要素的检测方法和计量器具 应用独立原则时，采用的检测方法根据工件形状（内、外表面）特征、精度高低及尺寸大小选择通用计量器具测量被测要素的实际尺寸和几何误差。

如图 3-12a 中，可用外径千分尺或立式台架加比较仪组合等测量直径部位的实际尺寸。当工件无中心孔时，可用刀口形直尺（光隙法）或用千分表加高精度 V 形架测量轴线的直线度。当工件有两端面中心孔时，可用跳动检查仪、光学分度等支架起工件两中心孔轴线后，模拟理想轴线，再用千分表沿轴长上素线检测轴线的直线度误差。

(4) 应用场合 独立原则一般用于非配合的零件，或是对于零件的形状公差或位置公差要求较高的场合。

采用独立原则能经济合理地满足要求。如印刷机滚筒，为保证滚筒相对滚碾运动过程中紧密贴合，使印刷效果清晰，虽然其尺寸公差要求不高，但对滚筒的圆柱度公差要求较高；又如检验级的测量平板，其精密平面磨床工作台的厚度及长度、宽度等次要尺寸公差要求均不高，但对平面度形状误差要求极高，甚至只有几微米。

2. 相关要求

与图样上给定的尺寸公差和几何公差有关的公差要求，含包容要求、最大实体要求（MMR）和最小实体要求（LMR），还包括附加于最大及最小实体要求的可逆要求（RPR）。

(1) 包容要求 包容要求表示提取组成要素不得超越其最大实体边界（MMB），其局部尺寸不得超出最小实体尺寸（LMS）的一种公差原则。即被测实际轮廓要素应遵守最大实体边界，作用尺寸不超出最大实体尺寸。它仅适用于单一要素，如圆柱面或两平行对应表面。

当被测要素的实际状态偏离了最大实体实效状态时，可将被测要素的尺寸公差的一部分或全部补偿给形状或位置公差。

1）图样标注。采用包容要求的单一要素，应标注在其被测要素的尺寸极限偏差或公差带代号之后，加注符号Ⓔ，如图 3-13 所示。

2）被测实际轮廓遵守的理想边界。包容要求遵守的理想边界是最大实体边界。最大实

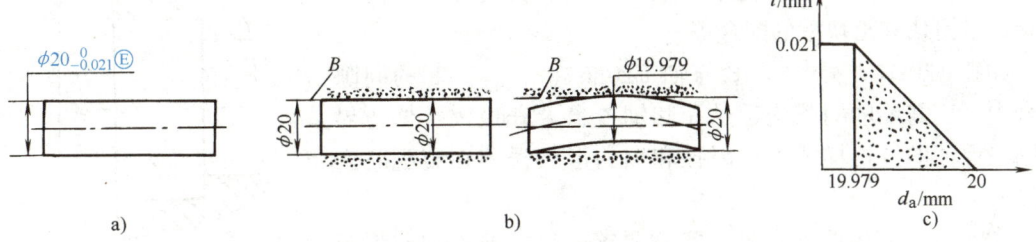

图 3-13 要素遵守包容要求
a) 图示　b) 最大实体边界 B　c) 补偿关系及合格区域（动态公差带图）

体边界是由最大实体尺寸（MMS）构成的具有理想形状的边界。例如，被测要素是轴或孔（圆柱面）时，则其最大实体边界是直径为最大实体尺寸、形状是理想的内或外圆柱面。

3）被测要素的合格条件。被测实际轮廓应处处不得超越最大实体边界，其局部实际尺寸不得超出最小实体尺寸。

> 轴：作用尺寸 $d_{fe} \leqslant d_M$ (d_{max}) 最大实体边界，其局部实际尺寸 $d_a \geqslant d_L$ (d_{min}) 最小实体尺寸；
> 孔：作用尺寸 $D_{fe} \geqslant D_M$ (D_{min}) 最大实体边界，其局部实际尺寸 $D_a \leqslant D_L$ (D_{max}) 最小实体尺寸。

4）工件被测要素遵守包容要求的方法及检测器具。由包容要求的合格条件可知，应根据工件尺寸大小和精度等级选用塞规和卡（环）规类无刻度的定值量具，满足对其最大实体边界及其局部实际尺寸为最小实体尺寸的要求。

对孔类零件：用塞规的通规"T"检验被测孔的 D_{min} 实际轮廓应通过；再用塞规的止规"Z"检验被测孔的 D_{max} 应不通过，为合格。

对轴类零件：用卡（环）规的通规"T"检验被测轴的 d_{max} 实际轮廓应通过；再用卡（环）规的止规"Z"检验被测轴的 d_{min} 应不通过，为合格。

当被测要素处于最大实体状态（$d_{max} = \phi 20.000 \text{mm}$）时，其形状公差值应为零；当被测要素的实体状态偏离了最大实体状态（$d_{max} < \phi 20.000 \text{mm}$）时，尺寸偏离量可以补偿给形状公差，如图 3-13c 所示。此图为反映其补偿关系的动态公差图，表达不同轴径实际尺寸所允许的几何误差值。实际尺寸对应允许的几何误差值见表 3-12。

表 3-12　实际尺寸对应允许的几何误差值

被测要素实际尺寸/mm	允许的直线度误差值/mm
φ20	φ0
φ19.99	φ0.01
φ19.98	φ0.02
φ19.97	φ0.03

当遵守包容要求而对形状公差需要进一步要求时，需另用公差框格注出形状公差。当然，形状公差值一定小于尺寸公差值，表明尺寸公差与形状公差彼此相关，如图 3-14 所示。

5）包容要求的应用特点：主要是为了保证配合性质，且特别是配合公差较小的单一要素，多用在圆柱面或两对应平行表面的精密配合中，如滑动轴承以及滑块和滑块槽的配合等。

如孔 $\phi20H7$ ($^{+0.021}_{0}$) Ⓔ 与轴 $\phi20h6$ ($^{0}_{-0.013}$) Ⓔ 的间隙配合中，所需要的间隙是通过孔和轴各自遵守最大实体边界原则来保证的，这样才不会因孔和轴的形状误差在装配时产生过盈。

（2）最大实体要求　最大实体要求是尺寸要素的非理想要素不得超越其最大实体实效边界（MMVB）的一种尺寸要素要求。即当实际尺寸偏离最大实体尺寸时，几何误差值可超出在最大实体状态下给出的几何公差值，即此时的几何公差值可以增大。

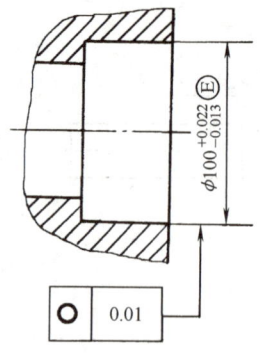

图 3-14　遵守包容要求且对形状公差有进一步要求

被测要素的几何公差值是在该要素处于最大实体状态时给出的。

1）图样标注。最大实体要求既可用于被测要素（包括单一要素和关联要素），又可用于基准中心要素。当应用于被测要素时，应在几何公差框格中的几何公差值后面加注符号 Ⓜ，如图 3-15 所示。

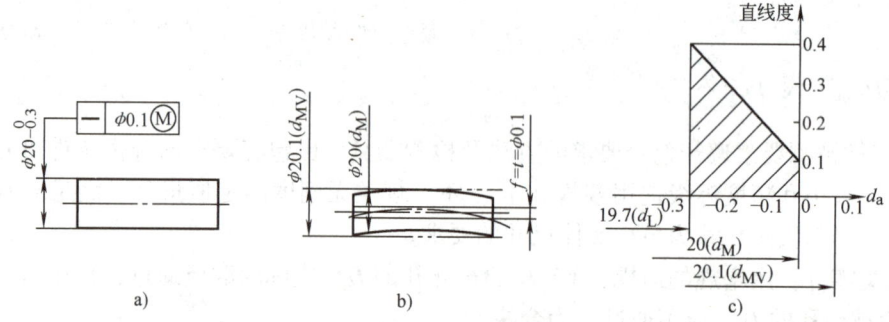

图 3-15　轴线直线度公差采用最大实体要求

当最大实体要求用于被测要素和基准要素时，应在几何公差框格中的基准字母后加注符号 Ⓜ，如图 3-16 所示。

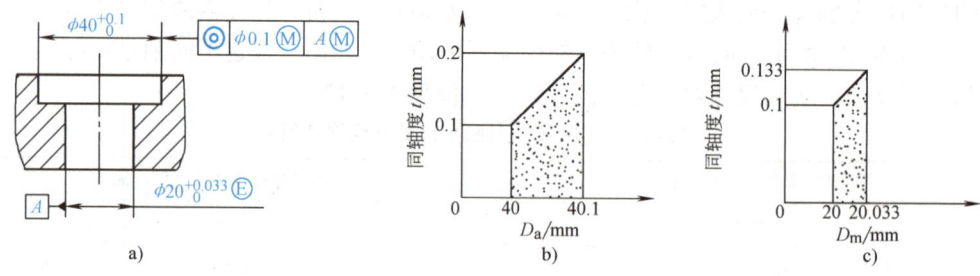

图 3-16　最大实体要求用于被测要素和基准要素
a）孔　b）仅被测要素之补偿关系　c）仅基准补偿之补偿关系（基准自身采用包容要求）

2）被测实际轮廓遵守的理想边界。最大实体要求遵守的理想边界是最大实体实效边界。此最大实体实效边界的尺寸为最大实体实效尺寸，形状为理想状态下的边界。

被测要素的最大实体实效尺寸 MMVS = 最大实体尺寸（MMS）± 公差值（t）

t——在最大实体状态下给定的公差值；

±——轴"+"，孔"-"。

3) 被测要素的合格条件。被测要素的实际轮廓在给定的长度上处处不得超出最大实体实效边界，即体外作用尺寸不应超出最大实体实效尺寸，且其局部实际尺寸不得超出最大实体尺寸和最小实体尺寸。

最大实体要求用于被测要素时，实际尺寸应为

对于轴：$d_M(d_{max}) \geq d_a \geq d_L(d_{min})$

对于孔：$D_M(D_{min}) \leq D_a \leq D_L(D_{max})$

如图 3-15 所示被测要素，其合格条件如下：

① 实际尺寸在 $\phi19.7 \sim \phi20$mm 范围内。

② 实际轮廓不超出最大实体实效边界，$d_{MV} = d_M + t = \phi(20+0.1)$mm $= \phi20.1$mm。

③ 最小实体状态时，轴线直线度误差达到最大值，为给定的 $t = \phi0.1$mm。

最大实体要求一般同时应用于被测要素和基准要素。如图 3-16 所示为最大实体要求用于被测要素和基准要素时的动态公差图，A 基准自身采用包容要求。如图 3-16b、c 所示，仅为两者同轴度各自的浮动量关系图。若被测要素与基准要素均为最小实体状态，估算其 $\phi40$mm 孔轴线与 $\phi20$mm 基准孔轴线的同轴度，其最大浮动量可达三项误差之和 $\phi0.233$mm（$= 0.1 + 0.1 + 0.033$）mm。

4) 被测要素的检测方法和计量器具。局部实际尺寸应用两点法测量，如游标卡尺和千分尺等；实体的实效边界应用位置量规检验。

5) 最大实体要求的应用特点。最大实体要求通常用于对机械零件配合性质要求不高，但要求可装配性高的场合。如法兰盘的连接孔或车轮钢圈孔组的穿孔直径。

需要强调的是：最大实体要求适用于中心要素，不能应用于轮廓要素。因为中心要素如轴线相对于其理论正确位置允许有浮动（偏移、倾斜或弯曲），而对于被测要素是轮廓要素的只有形状和位置要求，而无尺寸要求，也就无偏离量，所以不存在补偿问题，因此最大实体要求不能应用于轮廓要素。

6) 当被检测要素和基准要素为阶梯孔时（图 3-16），在大批量生产时的检验方法如下：

① 用同轴度（综合）量规通过被检工件的阶梯孔时，表示被测要素及基准要素均未超越其最大实体边界且同轴度误差合格。

② 用光滑极限量规塞规的"通"及"止"规检验基准孔是否超过基准要素的最大实体尺寸（$D_{min} = \phi20$mm）的理想圆柱面，"通"规应通过，孔实际尺寸（$D_a \leq \phi20.033$mm）不得大于上极限尺寸；"止"规应不通过。

③ 用塞规的"通"、"止"端检测被测孔 $\phi40$mm 是否满足最大实体实效边界（MMVB）时，关联体外作用尺寸不小于关联最大实体实效尺寸（$D_{MV} = 40$mm $- 0.1$mm $= \phi39.9$mm），"通"规应通过。

被测阶梯孔满足上述三项条件时，被检项目合格（用通用计量器具测量被测孔直径的实际尺寸方案从略）。

※ 最大实体要求应用于基准要素的示例如图 3-17 所示。

※ 解读：基准 A 为轮廓要素，不可作为最大实体要求下的基准，所以公差框格中 A 基准后无Ⓜ。基准 B 属于形状公差，是中心要素，因此基准符号 B 标注在其公差框格之下。

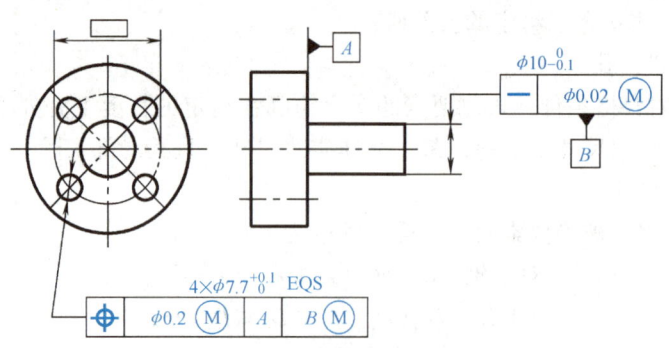

基准要素的边界尺寸为最大实体实效尺寸
$\phi 10.02\text{mm}=10\text{mm}+0.02\text{mm}$

图 3-17　基准要素本身采用最大实体要求

如图 3-18 所示为最大实体要求错误标注示例。因为基准要素是轮廓要素，A 是不能作为最大实体要求基准的，而现公差框格表示被测要素和基准要素均采用最大实体要求，所以为错误标注。

（3）最小实体要求　最小实体要求是尺寸要素的非理想要素不得超越其最小实体实效边界（LMVB）的一种尺寸要素要求。即其实际尺寸偏离最小实体尺寸时，几何误差值可超出在最小实体状态下给出的几何公差值，即此时几何公差值可以增大。

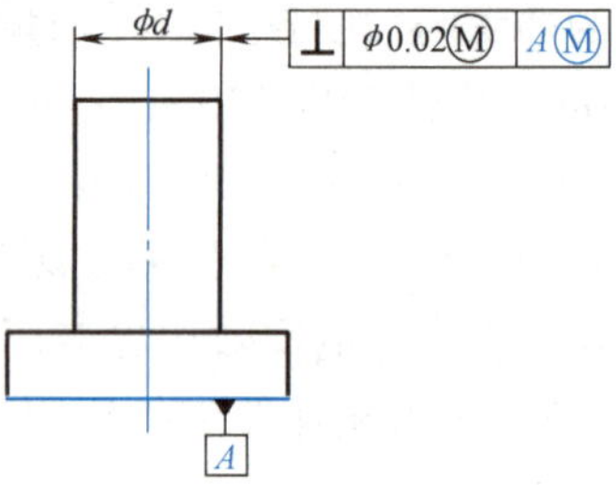

被测要素的几何公差值是在该要素处于最小实体状态时给出的。

图 3-18　错误标注示例

1）图样标注。在被测要素的几何公差框格中的公差数值后加注符号Ⓛ如图 3-19 所示。当应用于基准要素时，应在几何公差框格内的基准字母代号后标注符号Ⓛ。

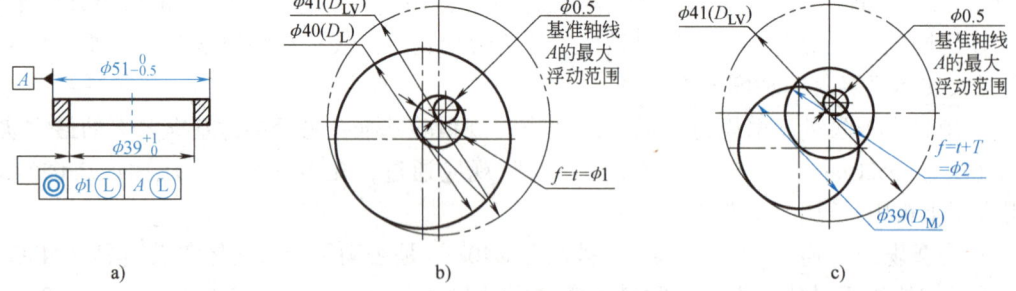

图 3-19　最小实体要求应用于同轴度公差和基准要素

2）被测实际轮廓遵守的理想边界。最小实体要求遵守的理想边界是最小实体实效边界。最小实体实效边界的尺寸是最小实体实效尺寸，形状为理想的边界。

最小实体实效尺寸为：LMVS = LMS ± t

式中　LMS——最小实体尺寸；
　　　　t——在最小实体状态下给定的公差值；轴为"-"，孔为"+"。

被测要素的几何公差值是在该要素处于最小实体状态时给出的。当被测要素的实际轮廓偏离其最小实体状态，即其实际尺寸偏离最小实体尺寸时，几何误差值可超出在最小实体状态下给出的几何公差值，即此时的几何公差值可以增大。

3) 被测要素的合格条件。被测实际轮廓应处处不得超越最小实体实效边界，其局部实际尺寸不得超出最大、最小极限尺寸。即

最小实体要求用于被测要素时：

$$对于轴：d_L(d_{\min}) \leqslant d_a \leqslant d_M(d_{\max})$$
$$对于孔：D_L(D_{\max}) \geqslant D_a \geqslant D_M(D_{\min})$$

如图 3-19 所示，最小实体要求既应用于被测孔轴线同轴度，同时也应用于基准要素。

当被测要素处于最小实体状态 $\phi 40$mm 时，其轴线对基准 A 的同轴度公差为 $\phi 1$mm，如图 3-19b 所示，该孔应满足下列要求。

① 孔实际尺寸应在 $\phi 39 \sim \phi 40$mm 之内。

② 孔的关联体内作用尺寸不大于关联最小实体实效尺寸，$D_{LV} = D_L + t = (40 + 1)$mm $= \phi 41$mm。

③ 孔处于最大实体状态时，其轴线对 A 基准的同轴度误差允许达到最大值，即等于图样给出的同轴度公差（$\phi 1$mm）与孔的尺寸公差（1mm）之和 $\phi 2$mm，如图 3-19c 所示。

当基准要素的实际轮廓偏离其最小实体边界，即允许基准要素浮动，其最大浮动范围是直径等于基准要素的尺寸公差 0.5mm 的圆柱形区域，如图 3-19b（孔被测要素处于最小实体状态）及图 3-19c（孔被测要素处于最大实体状态）所示。

4) 被测要素的检测方法和计量器具。对一般精度与尺寸大小的工件，均可根据实际情况用常规检测方法和一般计量器具进行测量。

5) 最小实体要求的应用特点。最小实体要求常用于保证机械零件必要的强度和最小壁厚的场合，如小型发动机安装孔组的位置度公差或带孔的薄壁垫圈同轴度公差。

※最小实体要求仅应用于中心要素，不能应用于轮廓要素。

(4) 可逆要求　可逆要求的含义是当中心要素的几何误差值小于给出的几何公差值时，允许在满足零件功能要求的前提下，扩大该中心要素的轮廓要素的尺寸公差。

因此，不存在单独使用可逆要求的情况。当它叠用于最大（或最小）实体要求时，保留了最大（或最小）实体要求时由于实际尺寸对最大（或最小）实体尺寸的偏离而对几何公差的补偿，且增加了由于几何误差值小于几何公差值而对尺寸公差的补偿（俗称反补偿），允许实际尺寸有条件地超出最大（或最小）实体尺寸（以实效尺寸为限）。也就是说，被测要素的实际尺寸可在最小实体尺寸和最大实体实效尺寸之间变动，但要保证其体外作用尺寸不超出最大实体实效尺寸。

1) 图样标注。在被测要素的几何公差框格中的公差数值后加注Ⓜ或Ⓛ和Ⓡ符号，如图 3-20 和图 3-21 所示为其两种标注形式。

2) 被测实际轮廓遵守的理想边界。

① 当被测要素同时应用最大实体要求和可逆要求时，被测要素遵守的边界仍是最大实体实效边界，与被测要素只应用最大实体要求时所遵守的边界相同。

② 当被测要素同时应用最小实体要求和可逆要求时，被测要素遵守的理想边界是最小实体实效边界，与被测要素只应用最小实体要求时所遵守的边界相同。

3）尺寸公差与几何公差的关系，如图 3-20c 和图 3-21c 所示。

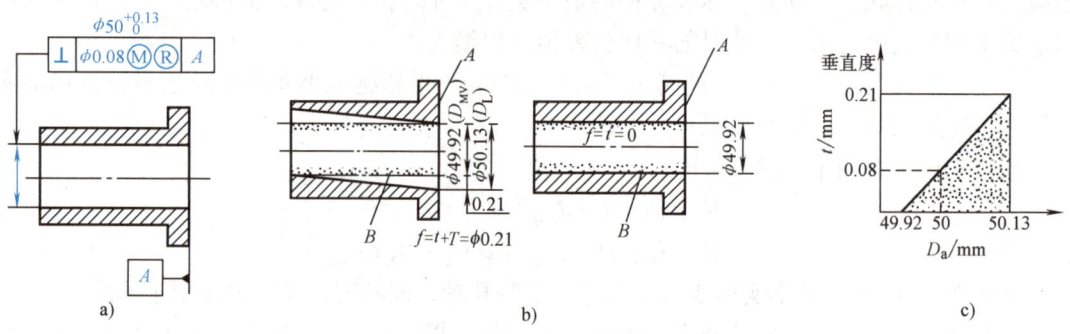

图 3-20 可逆要求
a）图示　b）补偿及反补偿　c）补偿关系及合格区域

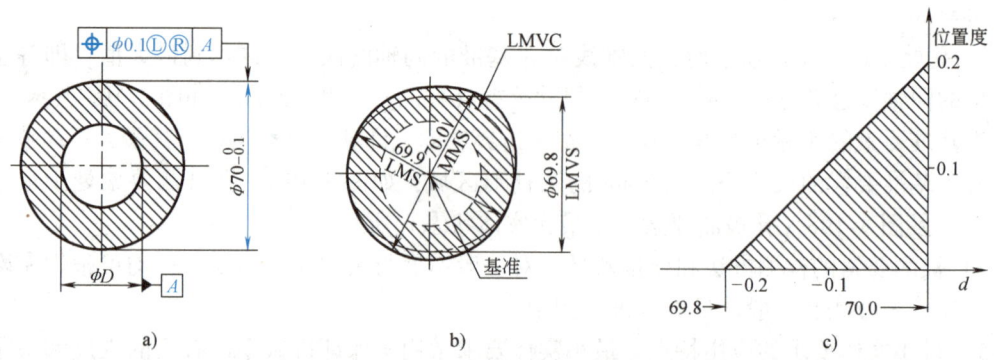

图 3-21 一个外尺寸要素与一个作为基准的同心内尺寸要素具有
位置度要求（LMR）和附加可逆要求（RPR）示例
a）图样标注　b）解释　c）动态公差图

① 最大（小）实体要求应用于被测要素时，其尺寸公差与几何公差的关系反映了当被测要素的实体状态偏离了最大（小）实体状态时，可将尺寸公差的一部分或全部补偿给几何公差的关系。

② 可逆要求与最大（小）实体要求同时应用时，不仅具有上述的尺寸公差补偿给几何公差的关系，还具有当被测轴线或中心面的几何误差值小于给出的几何公差值时，允许相应的尺寸公差增大的关系。

4）如图 3-20c 所示：根据可逆要求，当轴线相对于基准 A 的垂直度误差小于 0.08mm 时，垂直度公差值与垂直度误差值之差，补偿给被测要素的最大实体尺寸。例如，当垂直度误差值为 φ0.05mm 时，补偿值为 0.03mm。此时，孔的实体尺寸（即孔的上极限尺寸）变为 49.97mm。

如图 3-21c 所示：由于本例还附加了可逆要求，因此如果其轴线的位置度误差小于给定的公差值（φ0.1mm）时，该外径尺寸要素的尺寸公差允许大于 0.1mm，即其提取要素各处的局部直径均可小于它的最小实体尺寸（LMS = 69.9mm）。如果当其轴线的位置度误差为零时，则其局部外直径可允许减小至 69.8mm。

本图例可以用于位置度、同轴度或同心度标注，其意义均相同。

三、几何公差项目及公差值的选择

1. 几何公差项目的选择原则

应根据零件的结构特性、功能要求、加工设备（机床）和检测量仪条件、有关标准以及经济性能等多因素，进行综合分析，或再经总装及试生产后确定。

2. 几何公差值的选择原则

在保证零件功能的前提下，尽可能选用最经济的公差值。

3. 几何公差基准的选择原则

选择几何公差项目的基准时，主要根据零件的功能和设计要求，并兼顾基准统一原则和零件结构特征等几方面来考虑。即图样上的设计基准、加工过程中的工艺基准与质量检测基准、装配基准应达到统一，从而减少基准与定位误差的产生。

4. 公差原则的选择

根据被测要素的功能要求，及采用该种公差原则所能达到的目标可行性与经济性来选择公差原则。

（1）独立原则　独立原则是处理尺寸公差与几何公差关系的基本原则，主要应用在以下场合。

1）尺寸精度和几何精度要求均高，且需要分别满足其要求。如齿轮箱体上的孔径精度与孔、轴中心线的平行度要求；活塞孔与活塞的尺寸精度与圆柱度要求。

2）尺寸精度与几何精度要求之间相差较大。如印刷机的滚筒尺寸精度要求低，而圆柱度公差要求高；机床工作台及平板的外廓尺寸精度要求低，但平面度公差要求很高，应分别满足要求。

3）零件图样上的未注几何公差按国家标准 GB/T 1184—1996 一律遵循独立原则，如退刀槽和倒角。

（2）包容要求　主要用于需保证配合性质，特别是要求孔、轴精密配合的场合，用最大实体边界控制零件的尺寸和几何误差的综合结果，以保证用于单一要素的最小间隙或最大过盈，如圆柱或两平行表面的配合。

（3）最大实体要求　主要用于保证单一要素及关联要素可装配性的场合。最大实体要求适用于中心要素，不能应用于轮廓要素，通常用于对机械零件配合性质要求不高，但要求顺利装配，即保证零件可装配性的场合。如法兰盘或箱体端盖用于穿螺栓（钉）的孔组的位置度公差。

（4）最小实体要求　主要用于需要保证零件的强度和最小壁厚等的场合。如箱体吊耳对其位置度公差的要求和滑动轴承的内、外轴心线的同轴度公差要求。

（5）可逆要求　可逆要求与最大（或最小）实体要求联用，能充分利用公差带，从而扩大被测要素实际尺寸的范围，使实际尺寸超过了最大（或最小）实体尺寸。

5. 几何公差值的选择

1）国家标准对圆度和圆柱度公差划分为 13 个等级，数值见表 3-13；对直线度、平面度、平行度、垂直度、倾斜度、同轴度、对称度、圆跳动和全跳动公差,都划分为12个等级,数值见表3-14、表3-15和表3-16;对位置度公差没有划分等级,只提供了位置度系数,见表3-17;没有对线轮廓度和面轮廓度规定公差。

表3-13 圆度、圆柱度公差(摘自 GB/T 1184—1996)

主参数 $d(D)$/mm	公差等级												
	0	1	2	3	4	5	6	7	8	9	10	11	12
	公差值 /μm												
>6~10	0.12	0.25	0.4	0.6	1	1.5	2.5	4	6	9	15	22	36
>10~18	0.15	0.25	0.5	0.8	1.2	2	3	5	8	11	18	27	43
>18~30	0.2	0.3	0.6	1	1.5	2.5	4	6	9	13	21	33	52
>30~50	0.25	0.4	0.6	1	1.5	2.5	4	7	11	16	25	39	62
>50~80	0.3	0.5	0.8	1.2	2	3	5	8	13	19	30	46	74
>80~120	0.4	0.6	1	1.5	2.5	4	6	10	15	22	35	54	87
>120~180	0.6	1	1.2	2	3.5	5	8	12	18	25	40	63	100
>180~250	0.8	1.2	2	3	4.5	7	10	14	20	29	46	72	115

注:$d(D)$为被测要素的直径。

表3-14 直线度、平面度公差(摘自 GB/T 1184—1996)

主参数 L/mm	公差等级												
	1	2	3	4	5	6	7	8	9	10	11	12	
	公差值 /μm												
≤10	0.2	0.4	0.8	1.2	2	3	5	8	12	20	30	60	
>10~16	0.25	0.5	1	1.5	2.5	4	6	10	15	25	40	80	
>16~25	0.3	0.6	1.2	2	3	5	8	12	20	30	50	100	
>25~40	0.4	0.8	1.5	2.5	4	6	10	15	25	40	60	120	
>40~63	0.5	1	2	3	5	8	12	20	30	50	80	150	
>63~100	0.6	1.2	2.5	4	6	10	15	25	40	60	100	200	
>100~160	0.8	1.5	3	5	8	12	20	30	50	80	120	250	
>160~250	1	2	4	6	10	15	25	40	60	100	150	300	

注:L为被测要素的长度。

表3-15 平行度、垂直度、倾斜度公差(摘自 GB/T 1184—1996)

主参数 $d(D)$、L/mm	公差等级												
	1	2	3	4	5	6	7	8	9	10	11	12	
	公差值 /μm												
≤10	0.4	0.8	1.5	3	5	8	12	20	30	50	80	120	
>10~16	0.5	1	2	4	6	10	15	25	40	60	100	150	
>16~25	0.6	1.2	2.5	5	8	12	20	30	50	80	120	200	
>25~40	0.8	1.5	3	6	10	15	25	40	60	100	150	250	
>40~63	1	2	4	8	12	20	30	50	80	120	200	300	
>63~100	1.2	2.5	5	10	15	25	40	60	100	150	250	400	
>100~160	1.5	3	6	12	20	30	50	80	120	200	300	500	
>160~250	2	4	9	15	25	40	60	100	150	250	400	600	

注:L为被测要素的长度。

表 3-16 同轴度、对称度、圆跳动、全跳动公差（摘自 GB/T 1184—1996）

主参数 $d(D)$, B/mm	公差等级											
	1	2	3	4	5	6	7	8	9	10	11	12
	公差值 /μm											
>6~10	0.6	1	1.5	2.5	4	6	10	15	30	60	100	200
>10~18	0.8	1.2	2	3	5	8	12	20	40	80	120	250
>18~30	1	1.5	2.5	4	6	10	15	25	50	100	150	300
>30~50	1.2	2	3	5	8	12	20	30	60	120	200	400
>50~120	1.5	2.5	4	6	10	15	25	40	80	150	250	500
>120~250	2	3	5	8	12	20	30	50	100	200	300	600

注：$d(D)$、B 为被测要素的直径、宽度。

表 3-17 位置度系数（摘自 GB/T 1184—1996） （单位：μm）

1	1.2	1.5	2	2.5	3	4	5	6	8
1×10^n	1.2×10^n	1.5×10^n	2×10^n	2.5×10^n	3×10^n	4×10^n	5×10^n	6×10^n	8×10^n

注：n 为正整数。

2）为获得简化制图以及实践工作常识，对用一般机床加工的零件，能够保证的几何精度及要素的几何公差值大于未注公差值时，要采用未注公差值，不必将几何公差在图样上一一注出。实际要素的误差，由未注几何公差控制。

国家标准 GB/T 1184—1996 对直线度与平面度、垂直度、对称度、圆跳动公差分别规定了未注公差值，见表 3-18～表 3-21，均分为 H、K、L 三种公差等级。

表 3-18 直线度、平面度未注公差值 （单位：mm）

公差等级	基本长度范围					
	≤10	>10~30	>30~100	>100~300	>30~1000	>1000~3000
H	0.02	0.05	0.1	0.2	0.3	0.4
K	0.05	0.1	0.2	0.4	0.6	0.8
L	0.1	0.2	0.4	0.8	1.2	1.6

表 3-19 垂直度未注公差值 （单位：mm）

公差等级	基本长度范围			
	≤100	>100~300	>300~1000	>1000~3000
H	0.2	0.3	0.4	0.5
K	0.4	0.6	0.8	1
L	0.6	1	1.5	2

表 3-20 对称度未注公差值 （单位：mm）

公差等级	基本长度范围			
	≤100	>100~300	>300~1000	>1000~3000
H	0.5			
K	0.6	0.6	0.8	1
L	0.6	1	1.5	2

表 3-21 圆跳动未注公差值 （单位：mm）

公差等级	公差值
H	0.1
K	0.2
L	0.5

若采用国家标准规定的未注公差值,如采用 K 级,应在标题栏附近或在技术要求、技术文件(如企业标准)中注出标准号及公差等级代号,如加注 GB/T 1184—K。

第四节 几何误差的检测方法

知识要点

1. 常用工件测量的几何误差示例。
2. 检测技术是加工合格工件的基础及提高产品质量的途径,测量数值不准确,是造成废次品的重要因素。

一、几何误差

几何误差是指被测提取(实际)要素对其拟合(理想)要素的变动量。进行几何测量时,要将表面粗糙度、划痕、擦伤以及其他外观缺陷排除在外分别处理。

二、几何误差的检测

所采取的检测方案,要保证在满足测量要求的前提下,经济且高效地完成检测工作。

1. 形状误差的检测

1) 直线度误差的检测方法,见表 3-22。

表 3-22 直线度误差的检测方法

序号及名称	测量设备	图例	测量方法
1. 比较法	刀口尺、平尺	直线度误差的测量 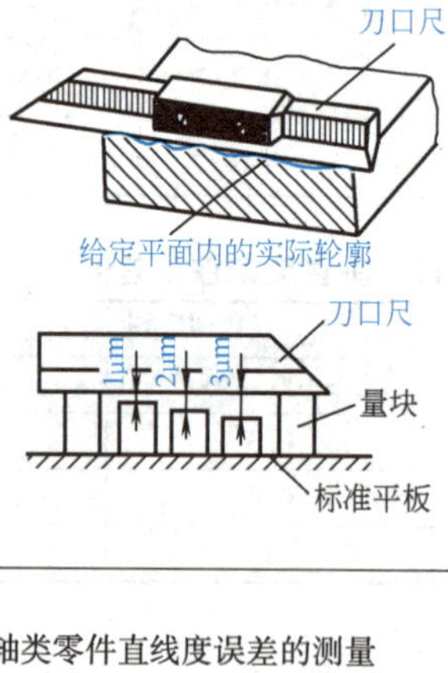	刀口尺直接与被测件表面接触,并使两者之间最大间隙为最小,该最大间隙即为直线度误差 误差的大小可用标准光隙来估读。判别直线度光隙颜色与间隙大小的关系为: 当不透光时:间隙值 < 0.5μm 蓝光隙:间隙值约为 0.8μm 红色光隙:间隙值为 1.25~1.75μm 色花光隙:间隙大于 2.5μm 当间隙大于 20μm 时,则用塞尺测量
2. 指示表测量法	平板、带指示表的测架、支承块	轴类零件直线度误差的测量 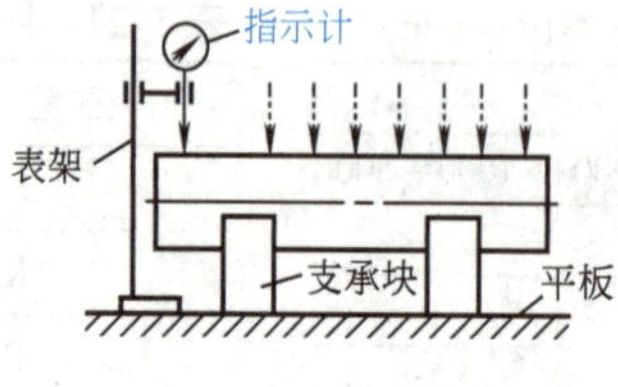	以平板上某一方向作为理想直线,与用等高块支承的零件上的被测实际线相比较,用指示表测量圆柱体素线或轴线的直线度误差

(续)

序号及名称	测量设备	图例	测量方法
3. 节距法	桥板、小角度仪器（自准直仪、合像水平仪、水平仪）	较长表面直线度误差的测量	将小角度仪器（如水平仪、自准直仪）安装在桥板上，依次逐段移桥板，用小角度仪分别测出实际线各段的斜率变化，然后经过逐段测取数值后，进行数据处理，求得直线度误差值（见例3-1）

【例3-1】 用两端连线法作图求直线度误差：测量 $L = 1400\mathrm{mm}$ 的导轨，使用分度值 $0.001\mathrm{mm}/200\mathrm{mm}$（$0.005\mathrm{mm/m}$）的直线度检查仪，跨距 $l = 200\mathrm{mm}$，分段数为 $1400/200 = 7$ 段。测量数据见表3-23，读数线性值 = 仪器角度值（mm/m）× 桥板长度（mm）。

表3-23　测量数据　　　　　　　　　　　　（单位：μm）

测点序号	0	1	2	3	4	5	6	7
仪器示值	0	2	-1	3	2	0	-1	2
逐点累积值	0	2	1	4	6	6	5	7

图3-22所示为两端点连线法作图求直线度，步骤如下：
① 选择合适的 X、Y 轴放大比例。
② 根据仪器读数，在坐标图上描点。
③ 作首尾两点的连线，量取坐标图上连线两侧最远点连线的正值距离 $\Delta h_{\max}$ 和负值距离 $\Delta h_{\min}$，并以两者绝对值之和作为直线度误差值 f，又从图上量得 $\Delta h_{\max} = 2\mathrm{\mu m}$，$\Delta h_{\min} = -1\mathrm{\mu m}$。

【例3-2】 用最小条件法作图求直线度误差如图3-23所示（用于评定形状误差，强调遵守基本原则时）。

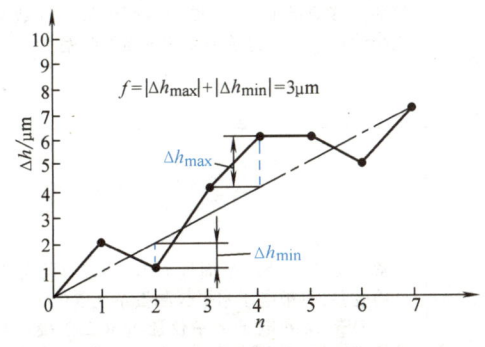

图3-22　例3-1图用端点连线法作图求直线度误差　　图3-23　例3-2图用最小条件法作图求直线度误差

① 选择合适的 X、Y 轴放大比例。
② 按读数值在坐标图上描点，画出误差折线图。
③ 将整个误差折线最外围的点连接成封闭多边形，即将图中的 0、b、f、g、d、a 各点

顺次连接起来，找出最大纵坐标距离，其中 dd' 为最大值，符合最小条件的直线度误差 $f=3\mu m$。

2）平面度误差的测量方法，见表3-24，更多内容详见 GB/T 11337—2004。
3）圆度、圆柱度误差的测量方法见表3-25。

圆度和圆柱度误差的相同之处均是用半径差来表示，不同之处在于圆度公差用来控制横截面误差，而圆柱度公差则用来控制横截面与轴向截面两项的综合误差。

表3-24 平面度误差的测量方法

序号及名称	测量设备	图例	测量方法
1. 光波干涉法	平晶	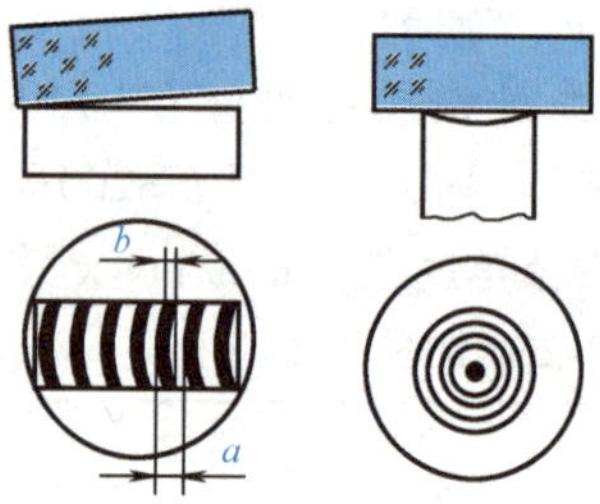	用光波干涉法，以平晶作为测量基准，应用光波干涉原理，根据干涉带的排列形状和弯曲程度来评定被测表面的平面度误差。此法适用于经过精密加工的小平面
2. 三点法	标准平板、可调支承、带指示表的测架	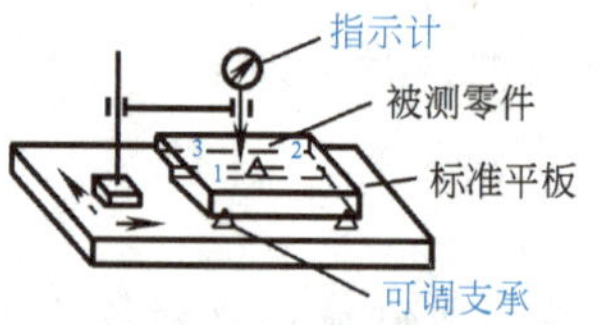	调整被测表面上相距最远的三点1、2和3，使三点与平板等高，作为评定基准。被测表面内，指示表的最大读数与最小读数之差即为平面度误差
3. 对角线法		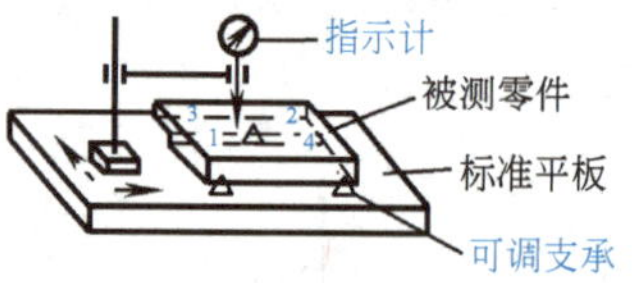	调整被测表面对角线上的1和2两点与平板等高，再调整另一对角线上的3和4两点与平板等高。移动指示表，在被测表面内最大读数与最小读数之差即为该平面的平面度误差
4. 电子水平仪法	电子水平仪测量系统	 a) 电子水平仪 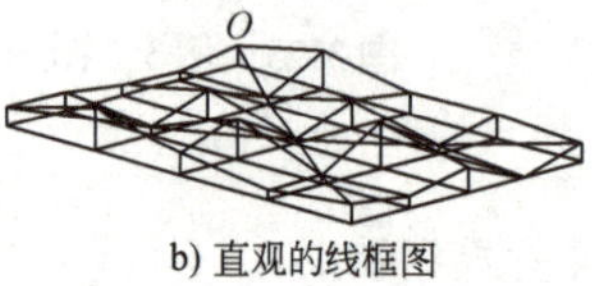 b) 直观的线框图	常用旋转法处理平面度误差，不仅计算复杂且精度差，将被电子水平仪测量系统取代 如 DEG 系列电子水平仪通过 RS232 接口与计算机连接，利用 DEG-CL 测量软件组成检测系统，测量效果快速且精确

表 3-25 圆度、圆柱度误差的测量方法

序号及名称	测量设备	图例	测量方法
1. 三点法	平板、V形架、带指示表的测架	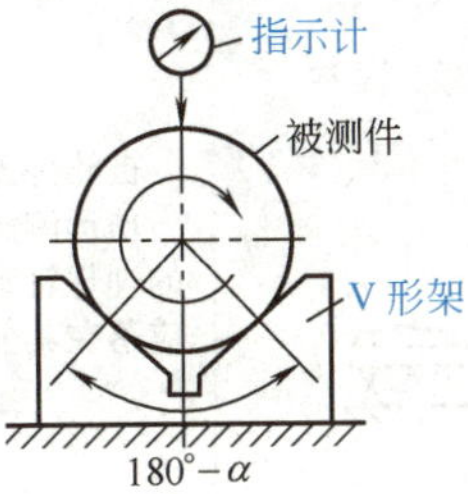 (V形架上放被测件，指示计测量，夹角 180°−α)	将 V 形架放在平板上，被测件放在比它长的 V 形架上 被测件回转一周的过程中，测取一个横截面上的最大与最小读数 按上述方法测量若干个横截面，取其各截面所测得的最大读数与最小读数之差的一半作为该零件的圆柱度误差（此法适用于测量奇数棱形状的外表面）
2. 圆度仪	圆度仪或其他类似仪器	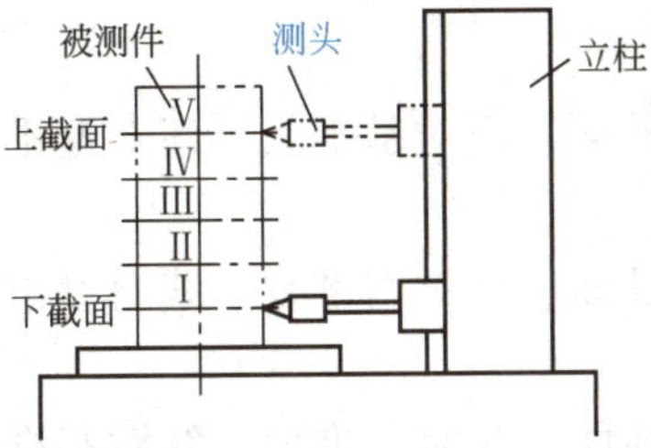 (被测件、测头、立柱，上截面至下截面 I~V)	将被测件的轴线调整到与仪器同轴，记录被测件回转一周过程中测量截面上各点的半径差 在测头没有径向偏移的情况下，按需要重复上述方法，测量若干个横截面 电子计算机按最小条件确定圆柱度误差，也可用极坐标图近似求圆柱度误差

2. 线轮廓度及面轮廓度误差的测量（见表 3-26）

1）线轮廓度误差的测量。当工件要求精度较低时，可用轮廓样板观察贴切间隙的大小，检测其合格性；精度要求高时，用轮廓投影仪或万能工具显微镜的投影装置，将被测零件的轮廓放大成像于投影屏上，进行比较测量。

2）面轮廓度误差的测量。工件要求精度较低时，一般用截面轮廓样板测量；精度要求高时，可用三坐标机或光学跟踪轮廓测量仪进行测量。

表 3-26 线轮廓度及面轮廓度误差测量方法

序号及名称	测量设备	图例	测量方法
1. 投影仪	轮廓投影仪	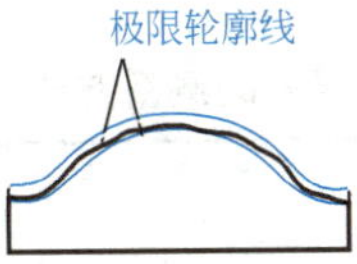 (极限轮廓线)	被测轮廓投影于投影屏上，并与极限轮廓相比较，实际轮廓的投影应在极限轮廓之间
2. 样板法	截面轮廓样板	用截面轮廓样板测量面轮廓度误差（轮廓样板、A—A 剖视、被测件） 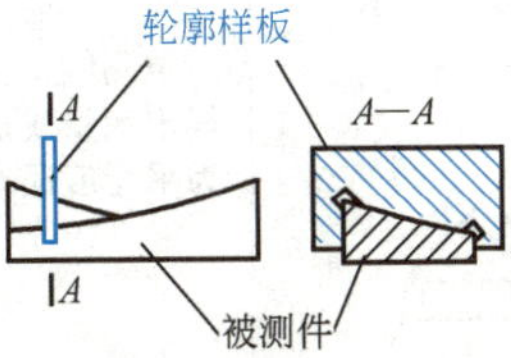	将若干截面轮廓样板放在各指定位置上，用光隙法估计间隙的大小

(续)

序号及名称	测量设备	图例	测量方法
3. 跟踪法	光学跟踪轮廓测量仪	用光学跟踪仪测量面轮廓度误差 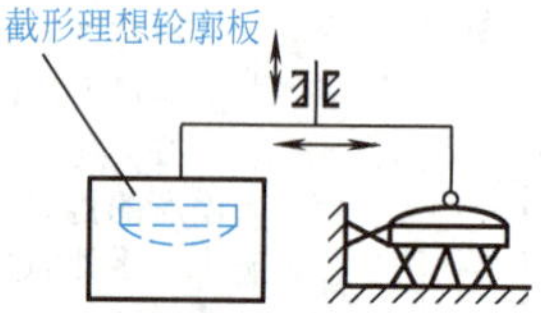	被测件置于工作台上,进行正确定位 仿形测头沿被测剖面轮廓移动,画有剖面状的理想轮廓板随之一起移动,被测轮廓的投影应落在其公差带内

3. 位置度误差的测量

(1) 平行度误差的测量 面对基准面、面对基准线、线对基准线的平行度误差测量方法见表3-27。

(2) 垂直度误差的测量 面对基准面、面对基准线、线对基准线的垂直度误差测量方法见表3-28。

(3) 倾斜度误差的测量 面对基准面、线对基准面、线对基准线的倾斜度误差测量方法见表3-29。

(4) 同轴度误差的测量 用仪器、指示表、量规测量同轴度误差的常用方法见表3-30。

(5) 对称度误差的测量 面对基准面、面对基准线对称度误差常用的测量方法见表3-31。

(6) 位置度误差的测量 表3-32所列举为使用指示表及综合量规测量线位置度误差。

(7) 圆跳动、全跳动误差的测量 见表3-33。

应用说明:

1) 斜向圆跳动的测量方向是被测表面的法线方向。

2) 全跳动是一项综合性指标,可以同时控制圆度、同轴度、圆柱度、素线的直线度、平行度和垂直度等误差,即全跳动误差合格,则其圆跳动误差、圆柱度误差、同轴度误差和垂直度误差也都合格。

表3-27 平行度误差的测量方法

序号	测量设备	图例	测量方法
1	平板、带指示表的测架	面对面的平行度误差的测量 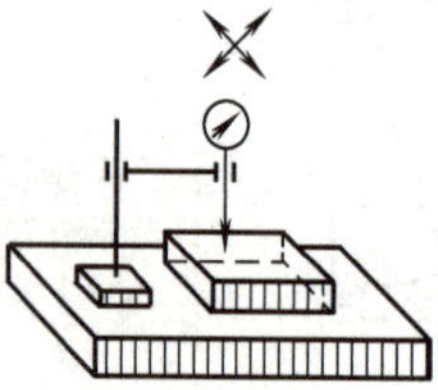	面对基准面平行度误差的测量 被测件直接置于平板上,在整个被测面上按规定测量线进行测量,取指示表最大读数差作为平行度误差

序号	测量设备	图例	测量方法
2	平板、心轴等高支承、带指示表的测架	面对线平行度误差的测量 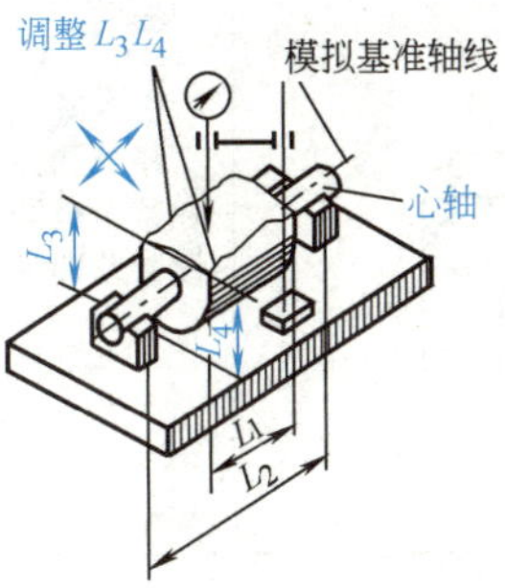	**面对基准线平行度误差的测量** 被测件放在等高支承上,调整零件使 $L_3 = L_4$,然后测量被测表面,以指示表的最大读数作为平行度误差
3	平板、心轴等高支承、带指示表的测架	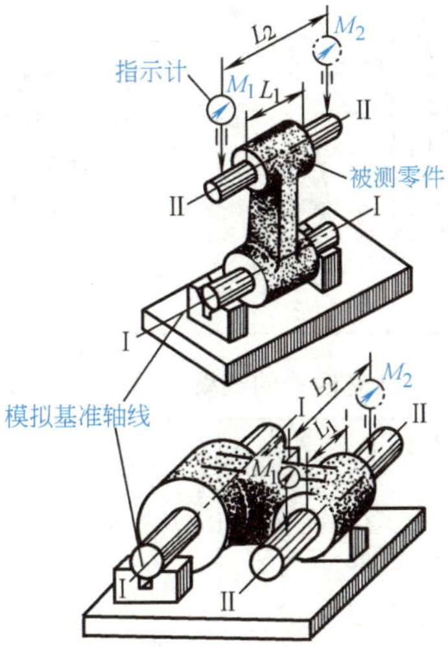	**两个方向上线对基准线平行度误差的测量** 基准轴线和被测轴线由心轴模拟。将被测件放在等高支承上,在选定长度 L_2 的两端位置上测得指示表的读数 M_1 和 M_2,其平行度误差为 $$\Delta = \frac{L_1}{L_2}|M_1 - M_2|$$ 式中 L_1、L_2——被测线长度 对于在互相垂直的两个方向上有公差要求的被测件,则在两个方向上按上述方法分别测量,两个方向上的平行度误差应分别小于给定的公差值 $$f = \frac{L_1}{L_2}\sqrt{(M_{1V} - M_{2V})^2 + (M_{1H} - M_{2H})^2}$$ 式中 V、H——相互垂直的测位符号

表 3-28 垂直度误差的测量方法

序号	测量设备	图例	测量方法
1	水平仪、固定和可调支承	面对面垂直度误差的测量 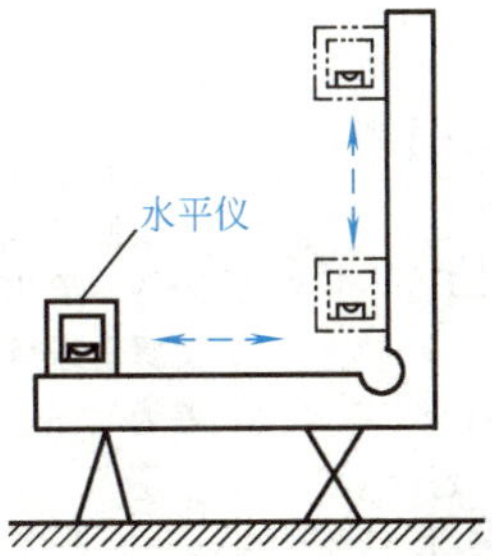	**面对基准面垂直度误差的测量** 用水平仪调整基准表面至水平。把水平仪分别放在基准表面和被测表面,分段逐步测量,记下读数,换算成线值。用图解法或计算法确定基准方位,再求出相对于基准的垂直度误差

(续)

序号	测量设备	图例	测量方法
2	平板、导向块、支承、带指示表的测架	面对线垂直度误差的测量 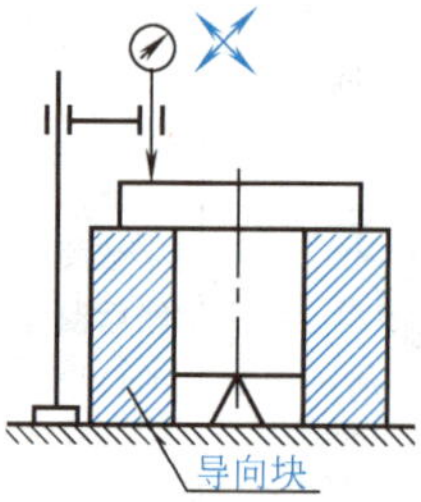	面对基准线垂直度误差的测量 将被测件置于导向块内,基准由导向块模拟。在整个被测面上进行测量,所得数值中的最大读数差即为垂直度误差
3	心轴、支承、带指示表的测架	线对线垂直度误差的测量 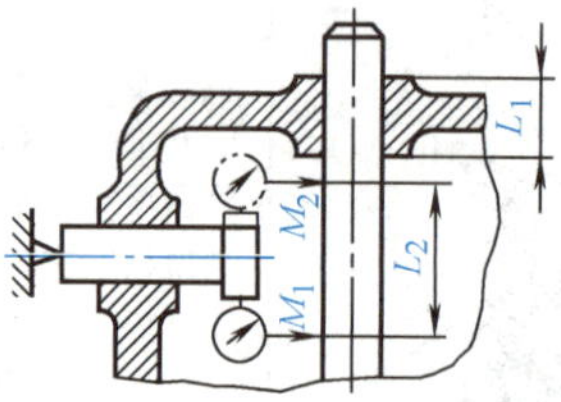	线对基准线垂直度误差的测量 基准轴线和被测轴线由心轴模拟。转动基准心轴,在测量距离 L_2 的两个位置上测得读数 M_1 和 M_2,垂直度误差为 $$\Delta = L_1 \mid M_1 - M_2 \mid / L_2$$

表3-29 倾斜度误差的测量方法

序号	测量设备	图例	测量方法
1	平板、定角座、支承(或正弦规)、带指示表的测架	面对面倾斜度误差的测量 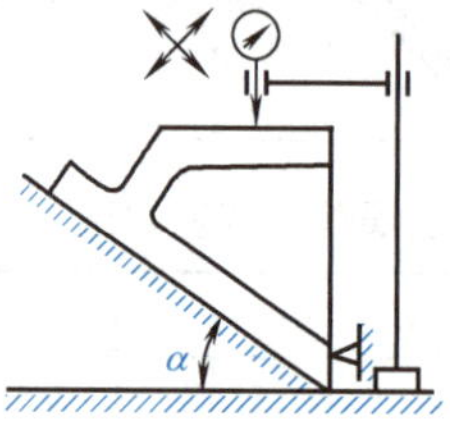	面对基准面倾斜度误差的测量 被测件放在定角座上,调整被测件,使整个测量面的读数差为最小值。取指示表的最大与最小读数差作为该零件的倾斜度误差
2	平板、直角座、定角垫块、固定支承、心轴、带指示表的测架	线对面倾斜度误差的测量 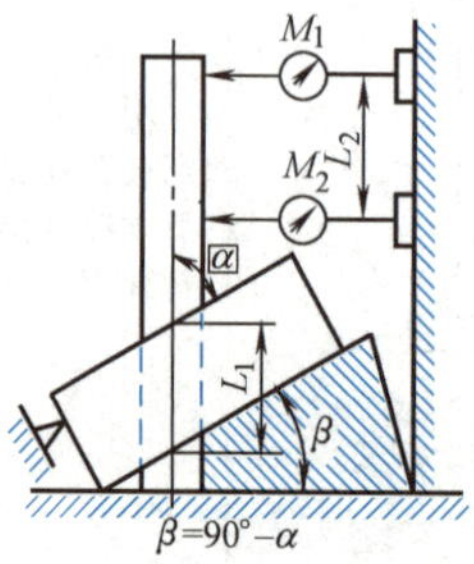 $\beta = 90° - \alpha$	线对基准面倾斜度误差的测量 被测轴线由心轴模拟。调整被测件,使指示表的示值 M_1 为最大。在测量距离为 L_2 的两个位置上进行测量,读数值为 M_1 和 M_2,倾斜度误差为 $$\Delta = L_1 \mid M_1 - M_2 \mid / L_2$$

(续)

序号	测量设备	图例	测量方法
3	心轴、定角锥体、支承、带指示表的测架	线对线倾斜度误差的测量 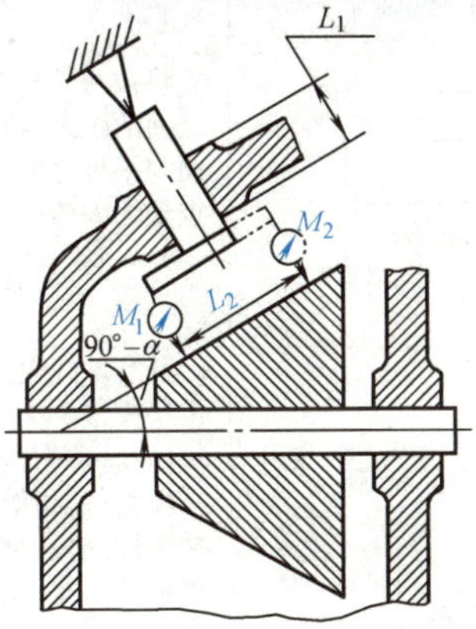	线对基准线倾斜度误差的测量 在测量距离为 L_2 的两个位置上进行测量,读数为 M_1 和 M_2。倾斜度误差为 $\Delta = L_1 \lvert M_1 - M_2 \rvert / L_2$

表 3-30 同轴度误差的测量方法

序号	测量设备	图例	测量方法
1	圆度仪、径向变动测量装置、记录器或计算机、固定和可调支承	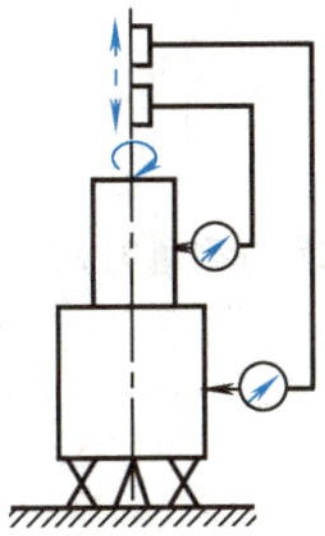	调整被测件,使基准轴线与仪器主轴的回转轴线同轴。测量被测零件的基准和被测部位,并记下在若干横剖面上测量的各轮廓图形。根据剖视图形,按定义经计算求出基准轴线至被测轴线最大距离的两倍,即为同轴度误差
2	刃口状 V 形架、平板、带指示表的测架	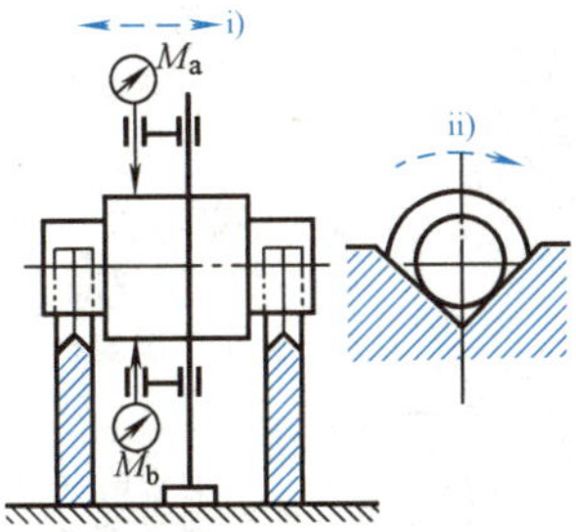	在被测件基准轮廓要素的中剖面处用两等高的刃口状 V 形架将其支架起来。在轴剖面内测得上、下两条素线相互对应的读数差,取其最大差值作为该剖面的同轴度误差。即 $\Delta = \lvert M_1 - M_2 \rvert_{max}$ 转动被测件,按上述方法在若干剖面内测量,取各轴剖面所得的同轴度误差值的最大者,作为该零件的同轴度误差
3	综合量规	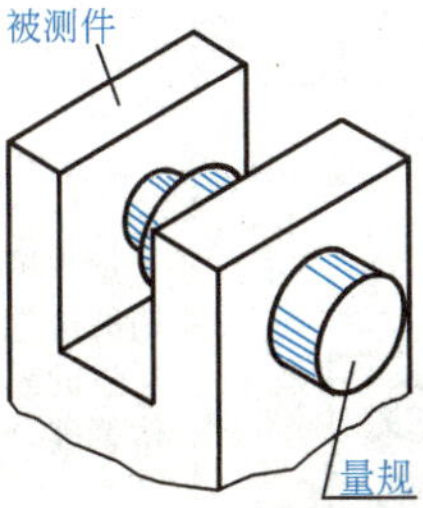	量规的直径分别为基准孔的最大实体尺寸和被测孔的实效尺寸。凡量规所通过的零件为合格

表 3-31　对称度误差的测量方法

序号	测量设备	图例	测量方法
1	平板、带指示表的测架	面对面对称度误差的测量	将被测件置于平板上,测量被测表面与平板之间的距离,再将被测件翻转,测量另一被测表面与平板之间的距离。取各剖面内测得的对应点最大差值作为对称度误差
2	V 形架、定位块、平板、带指示的测架	面对线对称度误差的测量	基准轴线由 V 形架模拟;被测中心平面由定位块模拟 1) 截面测量:调整被测件,使定位块沿径向与平板平行,测量定位块与平板之间的距离,再将被测件翻转 180°,在同一剖面上重复上述测量,得到该剖面上、下两对应点的读数差的最大值为 a,则该剖面的对称度误差为 $$\Delta_{剖}=(ah/2)/(R-h/2)=ah/d-h$$ 式中　R——轴的半径;h——槽深;d——轴的直径 2) 沿键槽长度方向测量:取长向两点的最大读数差为长向对称度误差 $$\Delta_{长}=a_{高}-a_{低}$$ 取两个方向误差值最大者为该零件的对称度误差

表 3-32　位置度误差的测量方法

序号	测量设备	图例	测量方法
1	分度和坐标测量装置、指示表、心轴	线位置度误差的测量 a) 径向误差 b) 角向误差　c) 指示计测量	调整被测件,使基准轴线与分度装置的回转轴线同轴 任选一孔,以其中心作角向定位,测出各孔的径向误差 f_R 和角向误差 f_α,其位置度误差为 $$f=\sqrt{f_R^2+(Rf_\alpha)^2}$$ 式中　f_α——弧度值;$R=D/2$ 或用两个指示表分别测出各孔径向误差 f_y 和切向误差 f_x,其位置度误差为 $$f=2\sqrt{f_x^2+f_y^2}$$ 必要时 f 值可按定位最小区域进行数据处理翻转被测件,按上述方法重复测量,取其中较大值为该要素的位置度误差
2	综合量规	线位置度误差的测量	量规销的直径为被测孔的实效尺寸,量规各销的位置与被测孔的理论位置相同,凡被量规通过的零件,而且与量规定位面相接触,则表示位置度合格

第三章 几何公差（GB/T 1182—2008）

表 3-33　圆跳动、全跳动误差的测量方法

序号及名称	测量设备	图例	测量方法
1. 圆跳动	支架、指示表等	径向、端面、斜向圆跳动误差的测量 指示计测得各最大读数差 < 公差带宽度0.01 基准轴线　单个的圆形要素　旋转零件	当零件绕基准回转时，在被测面的任何位置，要求跳动量不大于给定的公差值。在测量过程中，应绝对避免轴向移动
2. 全跳动	支承、平板、指示表等	径向、端面、斜向全跳动误差的测量 各项被测整个表面最大读数应小于公差带宽度0.03 基准表面　基准轴线　旋转零件	当零件绕基准旋转时，并使指示表的测头相对基准沿被测表面移动，测遍整个表面，要求整个表面的跳动误差处于给定的全跳动公差带内

小　　结

1. 几何公差有形状、方向、位置和跳动 4 大类 14 个项目。几何公差带是限制被测要素变动的区域，选择几何公差值时应满足：$t_{形状} < t_{定向} < t_{位置}$。

2. 国家标准中几何要素分为理想要素与实际要素、轮廓要素与中心要素、被测要素与基准要素、单一要素与关联要素。

3. 形状公差是指实际单一要素的形状所允许的变动量，位置公差是指实际关联要素相对于基准的位置所允许的变动量。几何公差带具有形状、大小、方向和位置四个特征，应熟悉常用几何公差的公差带定义和特征，并能正确识读与应用。

4. 检测后得出的形状与位置误差是实际被测要素对理想被测要素的变动量，即几何误差是指被测提取要素对其拟合（具有理想形状的）要素的变动量。

5. 公差原则是处理几何公差与尺寸公差关系的基本原则，分为独立原则和相关要求两大类。应深刻理解有关公差原则的术语及定义实质及公差原则的应用特点和适用场合，并能正确运用独立原则和包容要求。

※检测产品的技能必须在长期实践工作中学习，要亲身操练体会，课堂学习不能替代。它属于技艺、技能范畴。产品测量不准确，是造成产品报废的主要原因，是造成质检人员"误收""误判"的根本原因。

为了正确地理解和采用几何公差与尺寸公差所应遵循的原则，现将独立原则与相关要求的应用场合、功能要求、控制边界及检测方法等进行综合归纳与对比，见表 3-34。

表 3-34 独立原则与相关要求综合归纳与对比

公差原则		符号及应用场合	应用要素	应用项目	功能要求	控制边界	允许的形位误差变化范围	允许的实际尺寸变化范围	检测方法	
									形位误差	实际尺寸
独立原则		无符号一般场合	轮廓要素及中心要素	各种几何公差项目	各种功能要求但互相不能关联	无边界，几何误差和实际尺寸各自满足要求	按图样中注出或未注几何公差的要求	按图样中注出或未注尺寸公差的要求	通用量仪	两点法测量
相关要求	包容要求	Ⓔ 单一要素保证配合性质较高的部位	单一尺寸要素	形状公差（线、面轮廓度除外）	配合要求	最大实体边界	各项形状误差不能超出其控制边界 $t=0$	最大实体尺寸不能超出其控制边界，而局部实际尺寸不能超越其最小实体尺寸	通端极限量规及专用量仪	通端极限量规测最大实体尺寸，两点法测量最小实体尺寸
	最大实体要求	Ⓜ 保证可装配性适应于中心要素，不能用于组成（轮廓）要素	导出（中心）要素（轴线及中心平面）	直线度、倾斜度、平行度、垂直度、同轴度、对称度、位置度	满足装配要求但无严格的配合要求时采用，如螺栓孔轴线的位置度，两轴线的平行度等	最大实体实效边界	当局部实际尺寸偏离其最大实体尺寸时，几何公差可获得补偿值（增大）$t>0$	其局部实际尺寸不能超出尺寸公差的允许范围	综合量规（功能量规及专用量仪）	两点法测量
	最小实体要求	Ⓛ 保证最低强度和最小壁厚，仅应用于中心要素，不能应用于组成（轮廓）要素	导出（中心）要素（轴线及中心平面）	直线度、垂直度、同轴度、位置度等	满足临界设计值的要求，以控制最小壁厚，提高对中度，满足最小实体要求	最小实体实效边界	当局部实际尺寸偏离其最小实体尺寸时，几何公差可获得补偿值（增大）$t>0$	其局部尺寸不能超出尺寸公差的允许范围	通用量仪	两点法测量
	可逆要求	ⓂⓇ 导出（中心）要素（轴线及中心平面） ⓁⓇ		适用于Ⓜ的各项目	对最大实体尺寸没有严格要求的场合	最大实体实效边界	当与Ⓜ同时使用时，几何误差变化同Ⓜ	当几何误差小于给出的几何公差时，可补偿给尺寸公差，使尺寸公差增大，其局部实际尺寸可超出给定范围	综合量规或专用量仪控制其最大实体边界	仅用两点法测量最小实体尺寸
				适用于Ⓛ的各项目	对最小实体尺寸没有严格要求的场合	最小实体实效边界	当与Ⓛ同时使用时，几何误差变化同Ⓛ		三坐标仪或专用量仪控制其最小实体边界	仅用两点法测量其最大实体尺寸

习题与练习三

3-1 什么是理想要素、实际要素、被测要素和基准要素？

3-2 几何公差之间关系的内容表明的是什么？

3-3 未注几何公差等级代号为_____、_____、_____3种，_____具体的公差值。公差等级在图样上的标注示例：_____。

3-4 独立原则的含义是什么？如何识别标注？

3-5 包容要求的标注，应在尺寸公差或代号后加注符号_____；最大实体要求应在公差框格中的公差值或（和）基准符号后加注符号_____。

3-6 将下列几何公差要求分别标注在图 3-24a 和 b 上。

（1）标注在图 3-24a 上的几何公差要求如下：

1）$\phi 32_{-0.03}^{0}$ mm 圆柱面对 $\phi 20_{-0.021}^{0}$ mm 公共轴线的圆跳动公差 0.015mm。

2）两 $\phi 20_{-0.021}^{0}$ mm 轴颈的圆度公差 0.01mm。

3）$\phi 32_{-0.03}^{0}$ mm 左右两端面对 $\phi 20_{-0.021}^{0}$ mm 公共轴线的端面圆跳动公差 0.02mm。

4）键槽 $10_{-0.036}^{0}$ mm 中心平面对 $\phi 32_{-0.03}^{0}$ mm 轴线的对称度公差 0.015mm。

（2）标注在图 3-24b 上的几何公差要求如下：

1）底面的平面度公差 0.012mm。

2）$\phi 20_{0}^{+0.021}$ mm 两孔的轴线分别对它们的公共轴线的同轴度公差 0.015mm。

3）两 $\phi 20_{0}^{+0.021}$ mm 孔的公共轴线对底面的平行度公差 0.01mm。

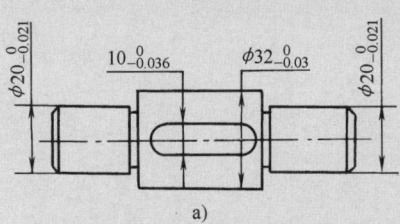
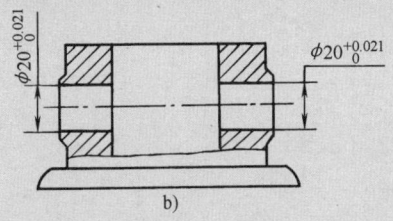

图 3-24 习题 3-6 图

3-7 将下列各项几何公差要求标注在图 3-25 上。

1）左端面的平面度公差 0.01mm。

2）$\phi 70$mm 孔按 H7 遵守包容要求。

3）$4 \times \phi 20$H8 孔轴线对左端面（第一基准）及 $\phi 70$mm 孔轴线的位置度公差 0.15mm（4孔均布），对被测要素和基准要素均采用最大实体要求。

3-8 按图 3-26a ~ c 所注的尺寸公差和几何公差填写表 3-35。

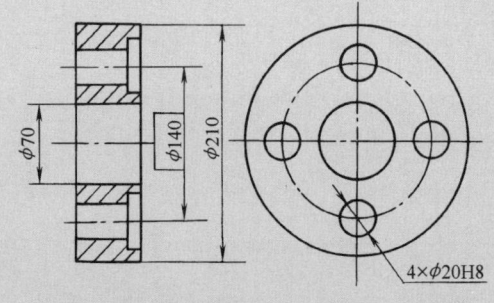

图 3-25 习题 3-7 图

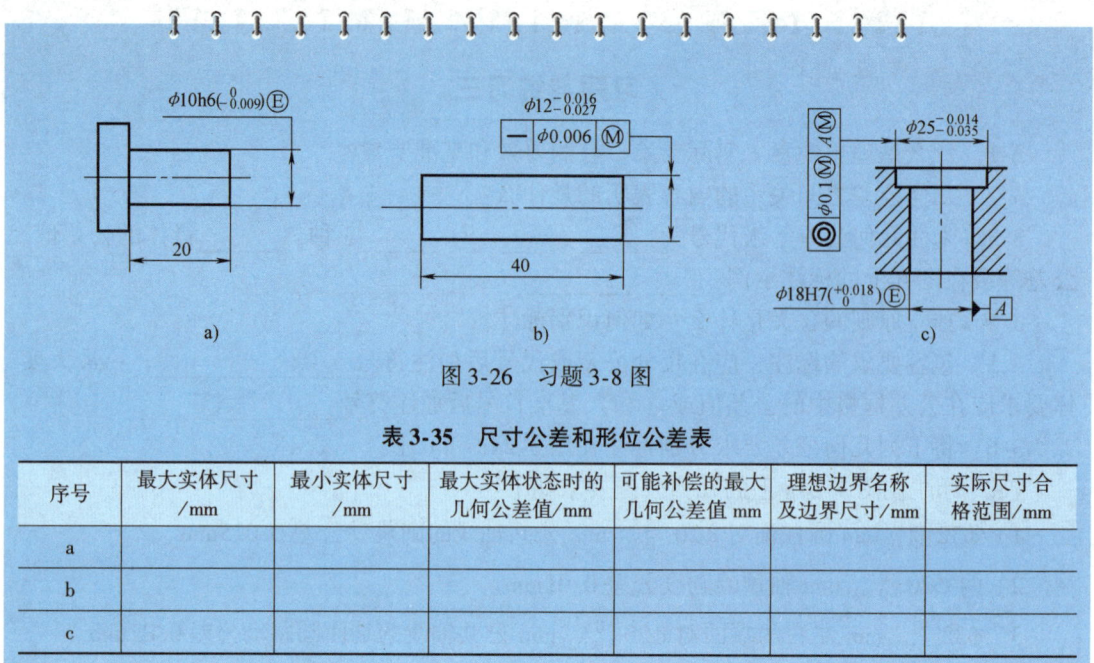

图 3-26 习题 3-8 图

表 3-35 尺寸公差和形位公差表

序号	最大实体尺寸 /mm	最小实体尺寸 /mm	最大实体状态时的几何公差值/mm	可能补偿的最大几何公差值 mm	理想边界名称及边界尺寸/mm	实际尺寸合格范围/mm
a						
b						
c						

第四章 检测技术基础

内容构架

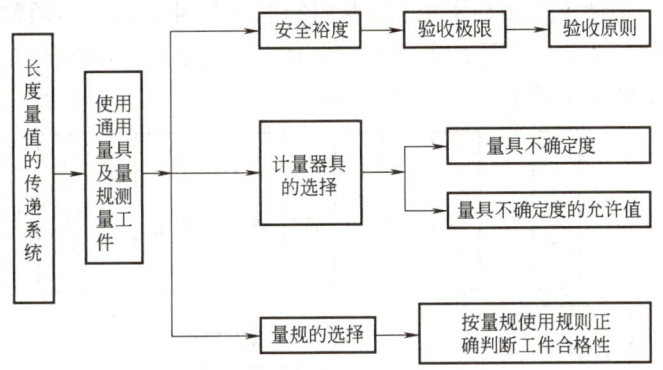

知识要点

1. 工件技术测量的含义和内容。
2. 工件长度的单位和尺寸传递系统。
3. 量块的基本知识。

第一节 检测的基本概念

一、检测的基本概念

需要通过测量或检验零件几何量,才能判断产品合格与否,只有合格的零件才具有使用价值。检测是判断零件的加工过程及机床工序运行是否正常,或确定加工调整补偿量大小的依据。

(1) 测量 是把被测量与具有计量单位的标准量进行比较,从而确定被测量的值的过程。一个完整的几何量测量过程,包括被测对象、计量单位、测量方法和测量精度四个要素。

被测对象——在几何量测量中,被测对象指长度、角度、表面粗糙度和几何误差等。

计量单位——用以度量同类量值的标准量。

测量方法——指测量原理、测量器具和测量条件的总和。

测量精度——指测量结果与真值一致的程度。

(2) 检验 是确定产品是否满足设计要求的过程,是判断被测量值是否在规定的极限范围内（是否合格）的过程。

（3）检测 是检验与测量的总称，是保证产品精度和实现互换性生产的重要前提，是贯彻质量标准的重要技术手段，是生产过程中的重要环节。

二、长度单位、基准和尺寸传递

1. 长度单位和基准

在我国法定计量单位中，长度单位是米（m），机械制造中常用的单位是毫米（mm）；测量技术中常用的单位是微米（μm）；角度常用弧度（rad）、度（°）、分（′）和秒（″）。

$$1m = 1000mm；1mm = 1000\mu m。$$

2. 量值的传递系统

在生产实践中，不便于直接利用光波波长进行长度尺寸的测量，通常要经过中间基准，将长度基准逐级传递到生产中使用的各种计量器具上，这就是量值的传递系统。我国工厂企业的量值传递系统如图 4-1 所示。

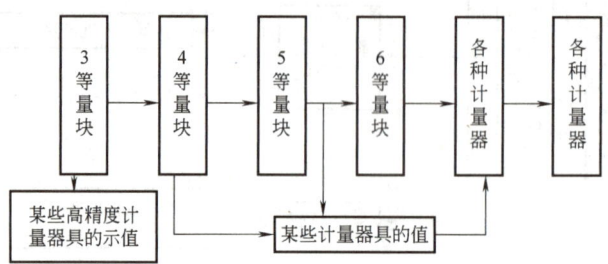

图 4-1 我国工厂企业的量值传递系统

三、量块的基本知识

量块是无刻度的平面平行端面量具。量块除可作为标准器具进行长度量值传递外，还可作为标准器来调整仪器、机床。

1. 量块的材料、形状和尺寸

量块通常用线胀系数小、性能稳定、耐磨、不易变形的材料制成，如铬锰钢等。它的形状有长方体和圆柱体，但绝大多数是长方体，如图 4-2 所示。其上有两个相互平行、非常光洁的工作面，也称测量面。量块的工作尺寸是指中心长度 OO'，即从一个测量面上的中心点至与该量块另一测量面相研合的辅助体表面（平晶）之间的距离。

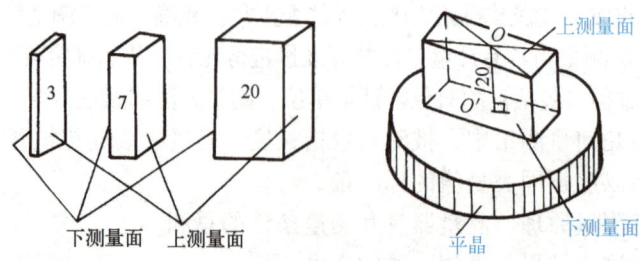

图 4-2 量块

2. 量块的精度等级

按 GB/T 6093—2001 的规定，量块按制造精度（即量块长度的极限偏差和长度变动量允许值）分为 5 级，即 K 级（校准级）和 0、1、2、3 级（准确度级），其准确度级的精度从 0 级依次由高降低。

量块长度的极限偏差是指量块中心长度与标称长度之间允许的最大偏差。

在计量部门，量块按 JJG 146—2001 检定精度（即中心长度测量极限误差和平面平行性允许偏差）分为 5 等，即 1、2、3、4、5。其精度依次降低，1 等最高、5 等最低。

值得注意的是，由于量块平面平行性和研合性的要求，一定的"级"只能检定出一定的"等"。量块按"级"使用时，应以量块的标称长度作为工作尺寸，该尺寸包含了量块的制造误差。量块按"等"使用时，应以检定后所给出的量块中心长度的实际尺寸作为工作尺寸，该尺寸排除了量块制造误差的影响，仅包含较小的测量误差。因此，量块按"等"使用比按"级"使用时的测量精度高。

例如，标称长度为 30mm 的"0 级"量块，其长度的极限偏差为 ±0.00020mm，若按"级"使用，不管该量块的实际尺寸如何，均按 30mm 计，则引起的测量误差就为 ±0.00020mm。但是，若该量块经过检定后，确定为三等，其实际尺寸为 30.00012mm，测量极限误差为 ±0.00015mm。显然，按"等"使用，即按尺寸为 30.00012mm 使用的测量极限误差为 ±0.00015mm，比按"级"使用测量精度高。

3. 量块的特性和应用

量块的基本特性除上述的稳定性、耐磨性和准确性之外，还有一个重要特性——研合性。所谓研合性是指两个量块的测量面相互接触，并在不大的压力下作一些切向相对滑动，就能贴附在一起的性质。利用这一特性，把量块研合在一起，便可以组成所需要的各种尺寸。我国生产的成套量块有 91 块、83 块、46 块、38 块等几种规格。在使用组合量块时，为了减小量块组合的累积误差，应尽量减少使用的块数，一般不超过 4 块。应根据所需尺寸的最后一位数字选择量块，每选一块至少减少所需尺寸的一位小数。例如从 83 块一套的量块中选取尺寸为 28.785mm 的量块组，则可分别选用 1.005mm、1.28mm、6.5mm 和 20mm 4 块量块。

4. 成套量块的组合尺寸

量块是成套供应的，按一定尺寸组成一盒。成套量块的组合尺寸见表 4-1。

表 4-1 成套量块的组合尺寸

套别	总块数	级别	尺寸系列/mm	间隔/mm	块数
1	91	0, 1	0.5	—	1
			1	—	1
			1.001, 1.002, …, 1.009	0.001	9
			1.01, 1.02, …, 1.49	0.01	49
			1.5, 1.6, …, 1.9	0.1	5
			2.0, 2.5, …, 9.5	0.5	16
			10, 20, …, 100	10	10
2	83	0, 1, 2	0.5	—	1
			1	—	1
			1.005	—	1
			1.01, 1.02, …, 1.49	0.01	49
			1.5, 1.6, …, 1.9	0.1	5
			2.0, 2.5, …, 9.5	0.5	16
			10, 20, …, 100	10	10

(续)

套别	总块数	级别	尺寸系列/mm	间隔/mm	块数
3	46	0,1,2	1 1.001,1.002,…,1.009 1.01,1.02,…,1.09 1.1,1.2,…,1.9 2,3,…,9 10,20,…,100	— 0.001 0.01 0.1 1 10	1 9 9 9 8 10
4	38	0,1,2	1 1.005 1.01,1.02,…,1.09 1.1,1.2,…,1.9 2,3,…,9 10,20,…,100	— — 0.01 0.1 1 10	1 1 9 9 8 10
5	10⁻	0.1	0.991,0.992,…,1	0.001	10
6	10⁺	0.1	1,1.001,1.002,…,1.009	0.001	10
7	10⁻	0.1	1,1.991,1.992,…,2	0.001	10
8	10⁺	0.1	2,2.001,2.002,…,2.009	0.001	10

第二节 计量器具和测量方法的分类

一、常用计量器具的分类

计量器具（或称为测量器具）是指测量仪器和测量工具的总称。

1. 量具

量具通常是指结构比较简单的测量工具，包括单值量具、多值量具和标准量具。

单值量具是用来复现单一量值的量具，如量块和角度块等，通常都是成套使用的，如图4-2所示。

标准量具是用作计量标准、供量值传递用的量具，如量块和基准米尺等。

2. 量规

量规是一种没有刻度的、用以检验零件尺寸或形状以及相互位置的专用检验工具。它只能判断零件是否合格，而不能得出具体尺寸大小，如光滑极限量规、螺纹量规和花键量规等。

3. 量仪

量仪即计量仪器，是指能将被测的量值转换成可直接观察的指示值或等效信息的计量器具。按工作原理和结构特征，量仪可分为机械式、电动式、光学式、气动式以及它们的组合形式——光机电一体的现代量仪。

二、计量器具的基本技术指标

（1）标尺间距 计量器具刻度标尺或度盘上两相邻刻线中心线间的距离。

（2）分度值 计量器具标尺上每刻线间距所代表的被测量的量值。一般计量器具的分度值有 0.01mm、0.001mm 和 0.0005mm 等。如图 4-3 所示，表盘上的分度值为 1μm。

（3）测量范围 计量器具所能测量的最大与最小值范围。如图 4-3 所示，量具的测量范围为 0~180mm。

（4）示值范围 计量器具标尺或度盘内全部刻度所代表的最大与最小值的范围。图 4-3 所示量具的示值范围为 ±20μm。

（5）示值误差 测量器具示值减去被测量的真值所得的差值。

（6）不确定度 表示由于测量误差的存在而对被测几何量不能肯定的程度。

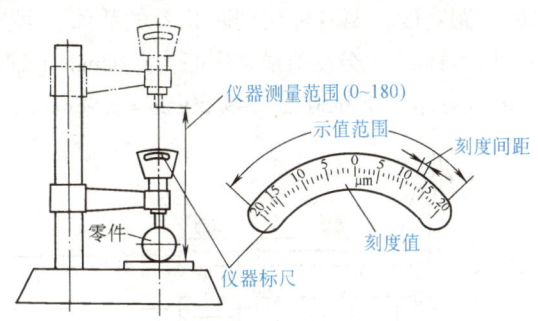

图 4-3 计量器具参数示意图

三、测量方法的分类

1. 按是否直接量出所需的量值分为直接测量和间接测量

（1）直接测量 从计量器具的读数装置上直接测得被测参数的量值或相对于标准量的偏差。直接测量又可分为绝对测量和相对测量。

绝对测量法：当测量读数可直接表示出被测量的全值时，这种测量方法就称为绝对测量法。例如，用游标卡尺测量零件尺寸。

相对测量法：当测量读数仅表示被测量相对于已知标准量的偏差值时，则这种测量方法称为相对测量法。例如，使用环规与内径千分表测量零件内径尺寸：首先选定与工件公称尺寸相同（已知标准量的偏差值）的内径环规，将用于调整内径量表的指针对"零"；然后即可对该批工件进行测量。指示表指针摆动范围应处于工件公差所限定的合格品范围之内。

（2）间接测量 测量有关量，并通过一定的函数关系，求得被测量的量值。例如，用正弦规测量工件角度。

2. 按零件被测参数的多少分为综合测量和单项测量

（1）单项测量 分别测量零件的各个参数。例如分别测量齿轮的齿厚和齿距偏差。

（2）综合测量 同时测量零件几个相关参数的综合效应或综合参数。例如齿轮或花键的综合测量。

第三节　常用长度量具的基本结构、读数原理与使用方法

机械加工生产中最常用的量具有游标卡尺、千分尺、百分表、千分表、水平仪和量规等。

一、游标类读数量具

1. 游标卡尺

游标卡尺具有结构简单、使用方便、测量尺寸范围大、适于检测中等精度工件的特点。游标卡尺可测量工件的内径、外径、长度、宽度、厚度、深度及孔距等尺寸。

游标卡尺是利用游标读数的量具,其原理是将尺身刻度(n-1)格间距作为游标刻度 n 格的间距宽度,两者标尺间距相差的数值,即为分度值。

1)游标卡尺分度值最常用的为 0.02mm(即 1/50),其读数原理如图 4-4 所示。尺身 1 上的 49mm 被游标 7 分为 50 份(49/50mm = 0.98mm),则分度值为 1mm − 0.98mm = 0.02mm。

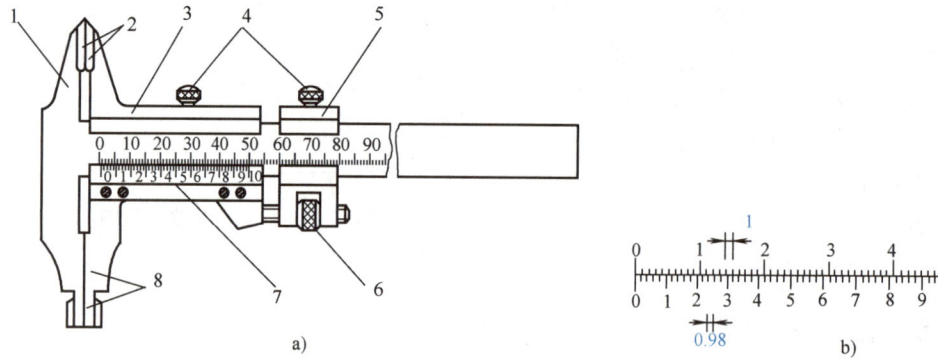

图 4-4　游标卡尺

a)示意图　b)游标读数原理

1—尺身　2—外测量爪　3—尺框　4—锁紧螺钉　5—微动装置　6—微动螺母　7—游标读数值　8—内测量爪

2)利用游标卡尺的量爪可测量工件的内、外尺寸,测量范围为 0~125mm 的游标卡尺还带有深度尺,可测量槽深、槽宽及凸台高度。

3)新型的游标卡尺为读数方便,装有测微表头或配有电子数显,如图 4-5a、b 所示。

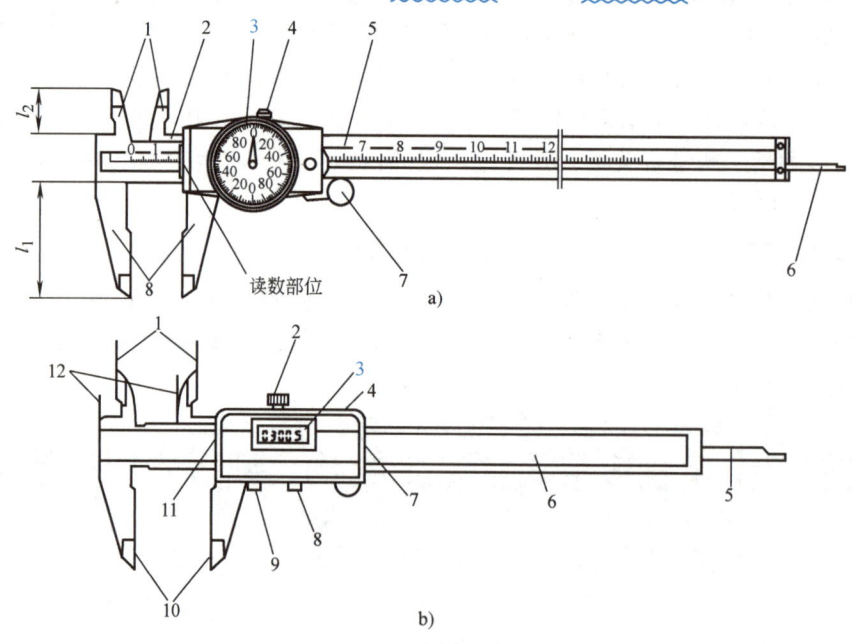

图 4-5　其他卡尺

a)带表卡尺　　　　　　　　　　　　　b)电子数显卡尺

1—刀口形内测量爪　2—尺框　3—指示表　　1—内测量面　2—固紧螺钉　3—液晶显示器　4—数据输出端口

4—紧固螺钉　5—尺身　6—深度尺　　　　5—深度尺　6—容尺　7、11—去尘板　8—置零按钮

7—微动装置　8—外测量爪　　　　　　　9—米/英制换算按钮　10—外测量面　12—台阶测量面

4) 为了保证复杂工件或特殊要求工件的测量精度与效能，可供选择的游标卡尺还有：

长量爪卡尺，如图4-6所示，适于通常情况下难以测量到的位置；偏置卡尺，如图4-7所示，其尺身量爪可上下滑动，便于进行阶差断面测量；背置量爪型中心线卡尺，如图4-8所示，专门用于两中心距离或边缘到中心距离的测量，其液晶显示块带有量爪，便于俯视读数测量；管壁厚度卡尺，如图4-9所示其尺身量爪为一根圆形杆，适于管壁厚度的测量；旋转型游标卡尺，如图4-10所示，可旋转移动量爪，便于测量阶梯轴；内（外）凹槽卡尺，如图4-11所示专门用于测量难以测量的位置。

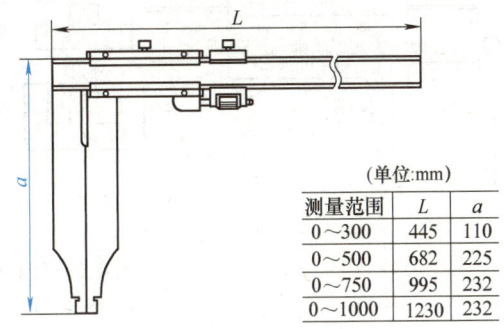

图 4-6 长量爪卡尺

(单位:mm)

测量范围	L	a
0～300	445	110
0～500	682	225
0～750	995	232
0～1000	1230	232

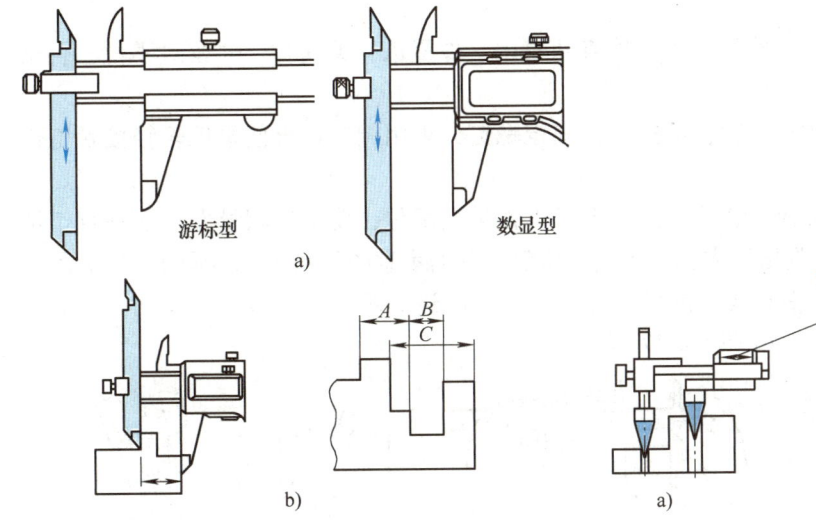

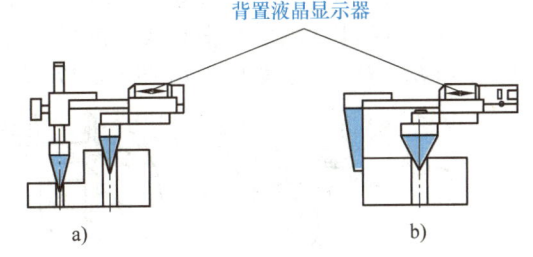

图 4-7 偏置卡尺
a) 示意图 b) 例图

图 4-8 背置量爪型中心线卡尺
a) 中心-中心型 b) 边缘-中心距离型

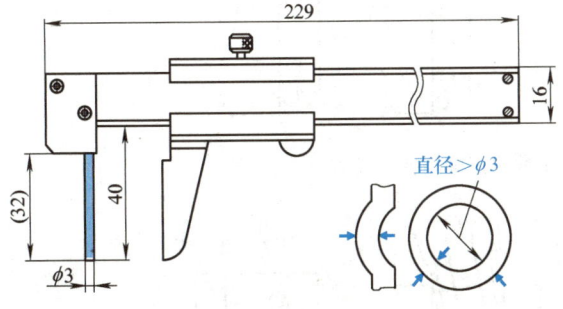

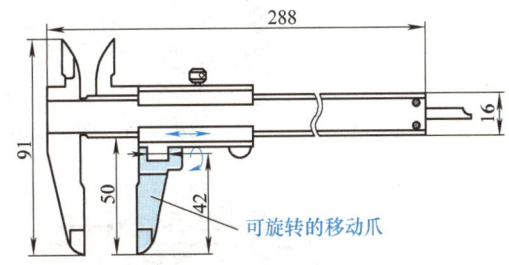

图 4-9 管壁厚度卡尺

图 4-10 旋转型游标卡尺

5) 游标卡尺的测量精度。应按照工件的尺寸精度要求选用量具，游标卡尺只适用于中等精度工件尺寸的测量与检验。因此，用游标卡尺对一般低精度的铸、锻件毛坯或加工精度

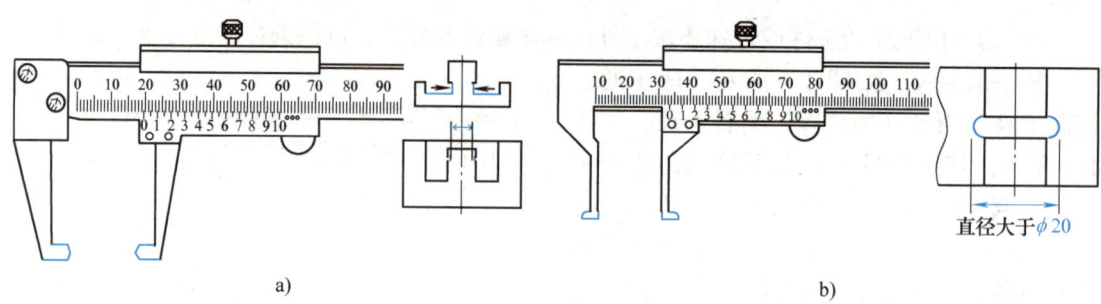

图 4-11 内（外）凹槽卡尺
a) 外凹槽卡尺 b) 内凹槽卡尺

要求很高的工件进行检测均是不合理的。

6）游标卡尺的使用方法

合理地使用量具是避免质量事故，确保产品质量的基础。使用游标卡尺时，应做好以下几点。

① 测量前应将游标卡尺擦拭干净，检查两对内、外量爪有无间隙，并校对零位，合格后方能使用。

② 若游标卡尺带有微动装置，可拧紧其固定螺钉，再用调节螺母使量爪轻轻接触工件后读数。

③ 测量工件时，轻轻摇动并放正游标卡尺卡住被测部位，使卡尺测量面连线垂直于被测表面。如测量外尺寸、沟槽和内孔，正确和错误位置的示意图如图 4-12 ~ 图 4-15 所示。

④ 用游标卡尺测量孔中心线与侧平面间的距离（即边心距）$L = A + D/2$ 及两孔中心距 $L = A - (D_1 + D_2)/2$，如图 4-16 和图 4-17 所示。

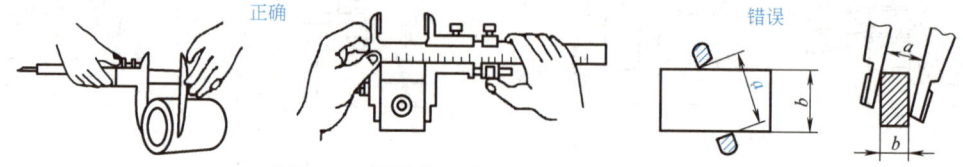

图 4-12 测量外尺寸时的正确与错误位置

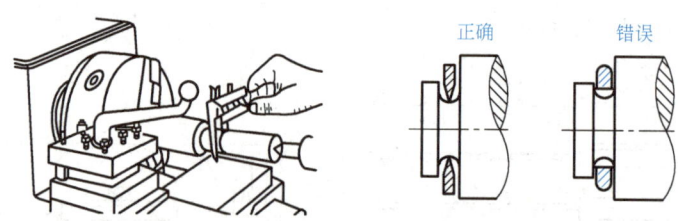

图 4-13 测量沟槽颈部时的正确与错误位置

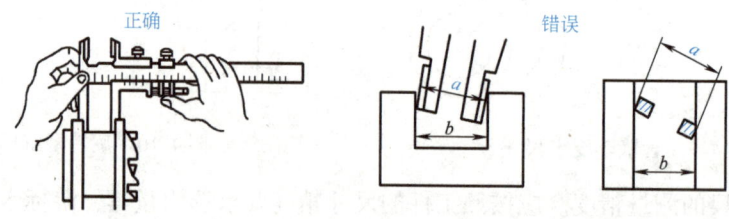

图 4-14 测量沟槽宽度时的正确与错误位置

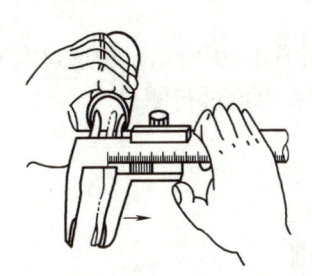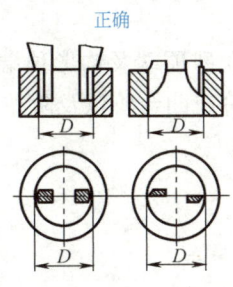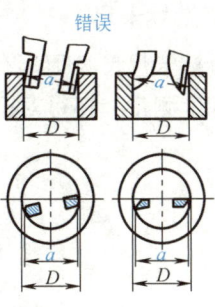

图 4-15 测量内孔时的正确与错误位置

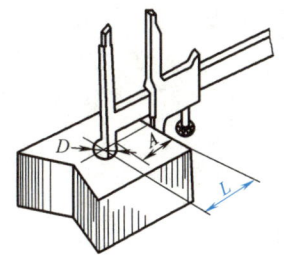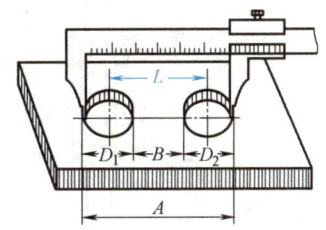

图 4-16 测量孔的边心距 $L = A + D/2$ 图 4-17 测量孔的中心距 $L = A - (D_1 + D_2)/2$

2. 高度游标卡尺

带有底座及辅件的高度游标卡尺可用于在平板上精确划线与测量，也称为游标高度尺，其读数原理与游标卡尺相同。

高度游标卡尺配有双向电子测头，确保了测量的高效性和稳定性，其分辨率为 0.001mm，配有硬质合金划线器，具有测量及划线功能，还带有数据保持与输出功能，对模具制造和检修很有用，如图 4-18 所示。

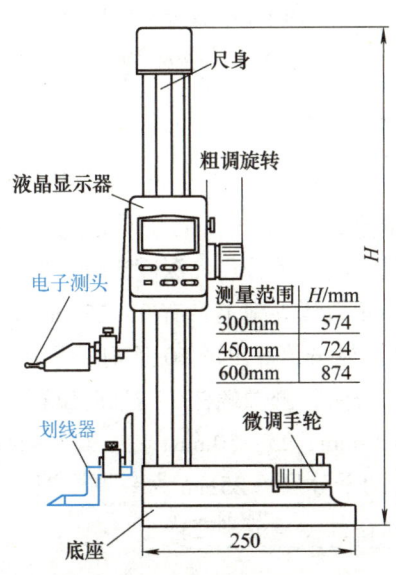

图 4-18 高度游标卡尺

3. 深度游标卡尺

深度游标卡尺尺身顶端有普通型顶端及钩形顶端，如图 4-19 所示。钩形尺身不仅可进行标准的深度测量，还可对凸台阶或凹台阶以及阶差深度和厚度进行测量。

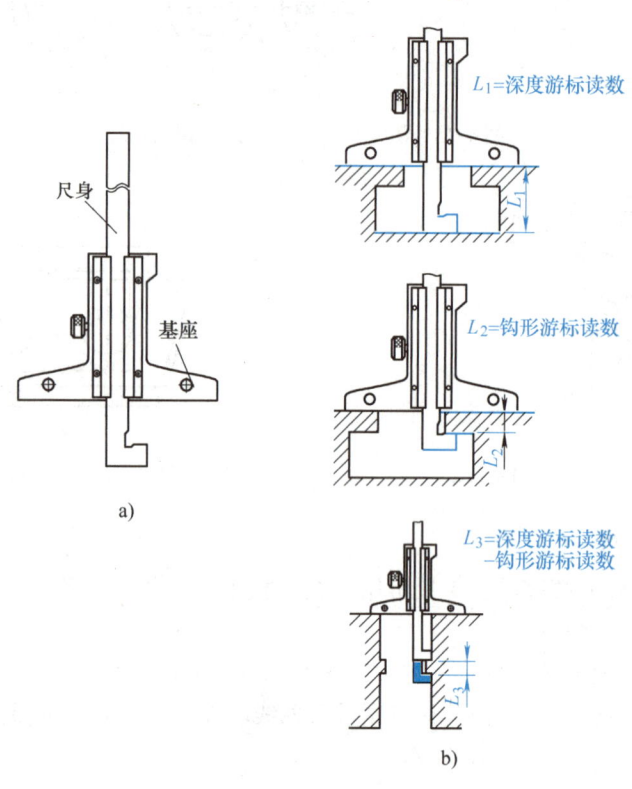

图 4-19 深度游标卡尺
a) 示意尺 b) 测量示例

二、外径千分尺与微米千分尺

外径千分尺的分度值为 0.01mm，微米千分尺的分度值为 0.001mm，均是应用螺旋副读数原理进行测量的量具。测量范围为 0~25mm 的外径千分尺如图 4-20 所示。千分尺按结构和用途的不同分为外径千分尺、内径千分尺和深度千分尺等。

外径千分尺的工作原理：测微螺旋副上带有 0~25mm 长刻线的固定套筒 5 被与测微螺杆 3（螺距 $P=0.5$mm）同轴的微分筒 6 上的 50 条刻线等分，刻度均分后而读取数值。

测量时，微分筒 6 每转动一格，测微螺杆 3 的轴向位移为 0.5mm/50 = 0.01mm。

千分尺的测量范围有 0~25mm，25~50mm，…，475~500mm，大型千分尺可达几米。

※注意：0.01mm 分度值的千分尺每 25mm 为一规格挡，测量前应根据工件尺寸大小选择千分尺的规格，使工件尺寸在其测量范围之内。

1. 外径类千分尺

（1）外径千分尺 有刻线式和数显式等种类。

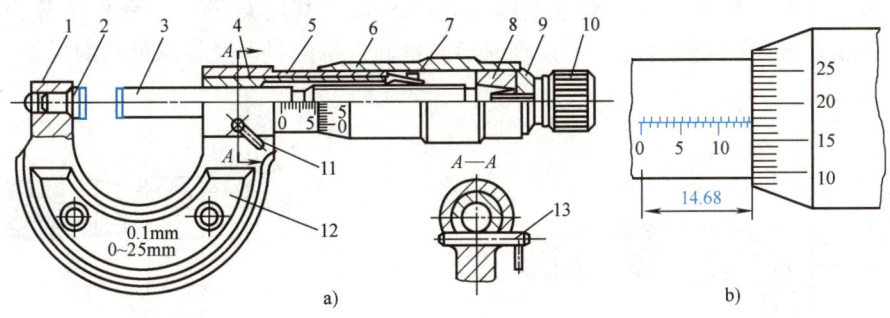

图 4-20 外径千分尺
a) 示意图 b) 外径千分尺读数示例
1—尺架 2—测砧 3—测微螺杆 4—螺纹轴套 5—固定套筒 6—微分筒 7—调节螺母
8—接头 9—垫片 10—测力装置 11—锁紧机构 12—绝热板 13—锁紧轴

(2) 大外径千分尺 适合于大型零件的精确测量，分度值为 0.01mm，测量范围为 1000~3000mm，按结构形式分为测砧可换式或可调式的大千分尺。带表测砧式千分尺如图 4-21 所示。

(3) 精确测量外尺寸的杠杆千分尺 杠杆千分尺的分度值为 0.001mm 和 0.002mm，一般量程为 0~25mm，最大量程为 100mm，如图 4-22 所示。它利用杠杆传动机构的原理，将测量的轴向位移变为指示表的回转运动。

(4) 可测管壁厚、板厚的千分尺及特殊用途的千分尺

1) 壁厚千分尺。利用与管壁内表面接触的测砧成点接触而实现测量，如图 4-23 所示。

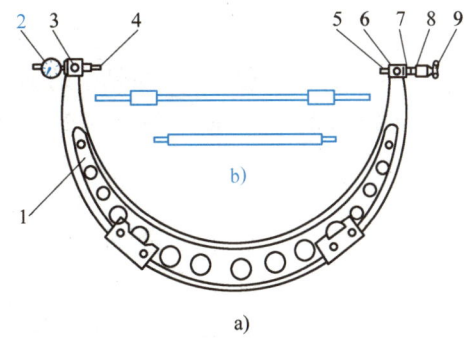

图 4-21 带表测砧式千分尺
a) 示意图 b) 校对量杆
1—尺架 2—百分表 3—测砧紧固螺钉
4—测砧 5—测微螺杆 6—制动器
7—套管 8—微分筒 9—测力装置

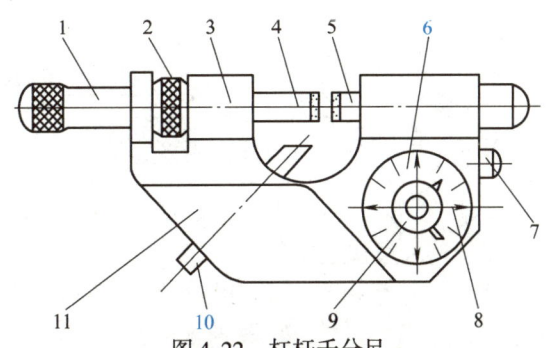

图 4-22 杠杆千分尺
1—制动把 2—调整螺母 3—尺架 4—可调测杆 5—活动测头
6—指示机构 7—按钮 8—公差指示器 9—调零装置 10—定位柱 11—护板

2)板厚千分尺。板厚千分尺测量范围为 0～25mm，其尺架凹入，深度 H 分为 40mm、80mm 和 150mm，如图 4-24 所示。它具有球形测量面、平测量面及特殊形状的尺架。

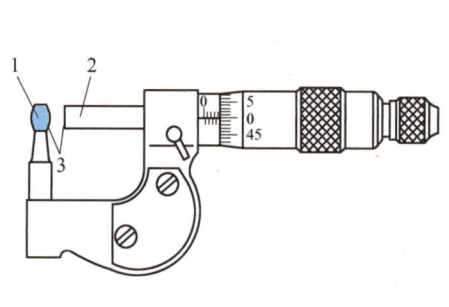
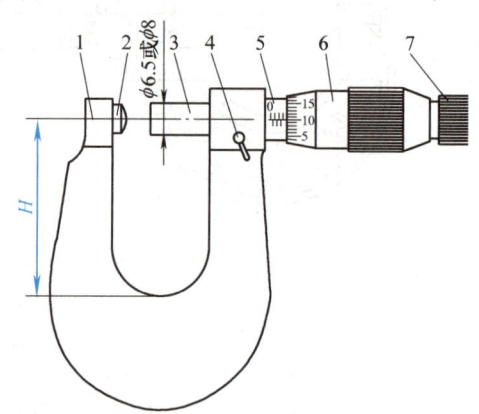

图 4-23　壁厚千分尺
1—测砧　2—测微螺杆　3—测量面

图 4-24　板厚千分尺
1—尺架　2—测砧　3—测微螺杆　4—锁紧装置
5—固定套管　6—微分筒　7—测力装置

3)尖头千分尺。它用于测量钻头的钻心直径或丝锥锥心直径等。其测量端为球面或平面，直径 $\phi d = 0.2～0.3$mm，如图 4-25 所示。

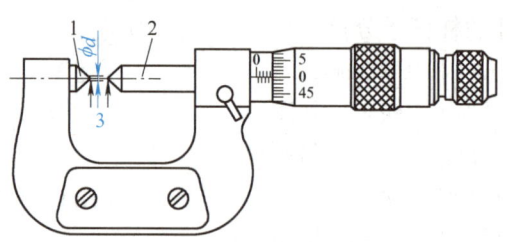

图 4-25　尖头千分尺
1—测砧　2—测微螺杆　3—测量面

4)奇数沟千分尺。它具有特制的 V 形测砧，可测量带有 3、5 和 7 个沿圆周均匀分布沟槽工件的外径，如图 4-26 所示。

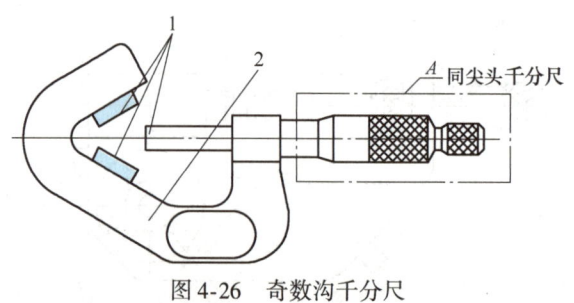

图 4-26　奇数沟千分尺
1—测量面　2—尺架

(5)千分尺的使用方法　千分尺是应用很广的精密量具，其精度分为 0 级和 1 级，可用于测量 IT6～IT10 级精度的工件。能否正确使用量具对保持精密量具的精度和测量数值的正确性和产品质量的影响很大。为此,实测时应注意以下事项。

1)测量前将千分尺的两测砧面擦干净,转动测力装置使两测砧(或校对量杆、量块)接触,应无间隙和漏光现象,且校对零位。微分筒应转动灵活,否则应更换或检修量具。

2)测量前把工件的被测表面擦干净,尽量使工件与量具在同温下测量,以减小测量误差。要特别留心不能误读示值显示,即在小于 0.5mm 还是大于 0.5mm 的区域读数。

3)测量过程中,测量螺杆应与轴线垂直,不能歪斜,可轻轻晃动尺架使砧面与工件接触良好。当听到千分尺的测力装置发出"嘎嘎"声;或测力装置"打滑"时,表示测力适当,即可读取测量数值。当放松测力装置后,才能轻轻从工件表面取下量具。

4)测量方法示例,如图 4-27 ~ 图 4-29 所示。

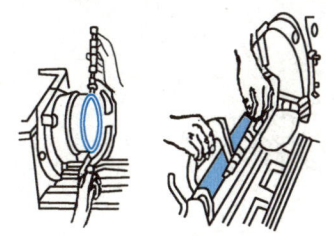

图 4-27 在车床上用外径千分尺测量工件尺寸

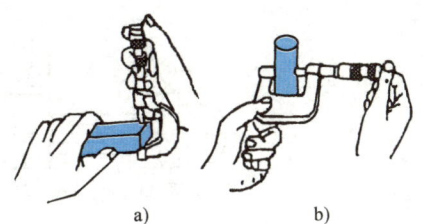

图 4-28 工件测量方式
a)单手持千分尺 b)双手同持千分尺

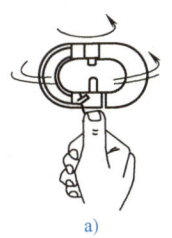

a)

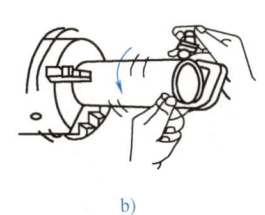

b)

图 4-29 错误地使用千分尺
a)手握微分筒拽转尺架 b)未停车测量

2. 内径类千分尺

内径类千分尺的特点是:使用螺旋副原理;具有圆弧测头(爪);测量前用校对环规校对尺寸,然后测量内径或内尺寸。

(1)内径千分尺 主要用于测量工件内径,也可用于测量槽宽和两个平行表面之间的距离。内径千分尺一般分为单杆型,管接式和换杆型,单杆型是不可接拆的,测量范围为 50～300mm,如图 4-30 所示。

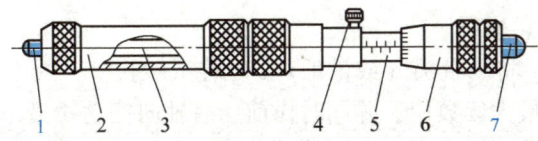

图 4-30 内径千分尺
1—测量头 2—接长杆 3—心杆 4—锁紧装置 5—固定套管 6—微分筒 7—测微头

(2) 内测千分尺 内测千分尺的测量爪具有两个圆弧测量面,是适于测量内尺寸的千分尺,测量范围有 5~30mm,25~50mm,…,125~150mm,如图 4-31 所示为 25~50mm 内测千分尺。

(3) 三爪内径千分尺 三爪内径千分尺是利用螺旋副原理,通过旋转塔形阿基米德螺旋体或推动锥体使三个测量爪作径向位移,且其与被测内孔接触,对内孔读数的千分尺,如图 4-32 所示。其测量范围有 3.5~4.5mm,…,8~10mm,…,20~25mm,最大为 300mm。

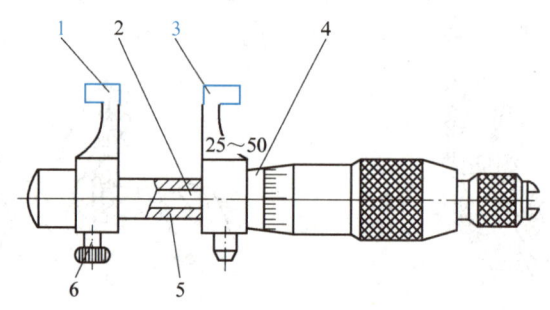

图 4-31 内测千分尺(25~50mm)
1—固定测量爪 2—测微螺杆 3—活动测量爪 4—固定套管
5—导向套 6—锁紧装置

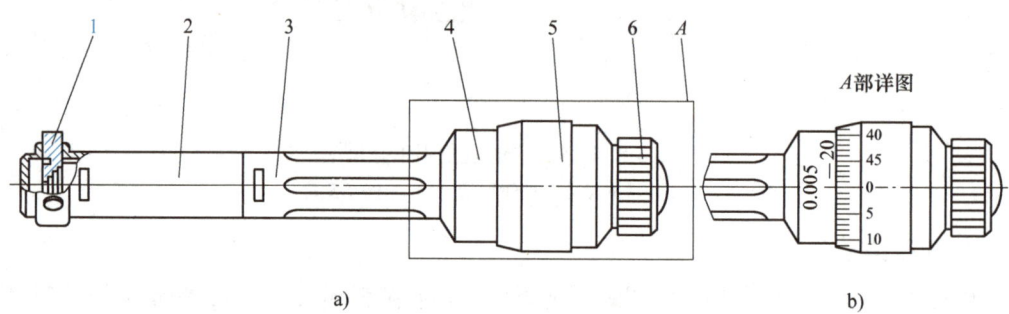

a)   b)

图 4-32 三爪内径千分尺
a) 示意图 b) A 部详图
1—测量爪 2—测量头 3—套筒 4—固定套筒 5—微分筒 6—测力装置

(4) 内径测量的注意事项

1) 如图 4-30 所示,将测量头(或量爪)1 轻轻抵触孔壁一端不动,另一端测微头 7 作径向左、右摆动,找准最大读数值;并同时作前、后轴向摆动找最小读数值。反复测量几次后的稳定值即为孔径尺寸。

2) 内径百(千)分尺测量示例如图 4-33 和图 4-34 所示。

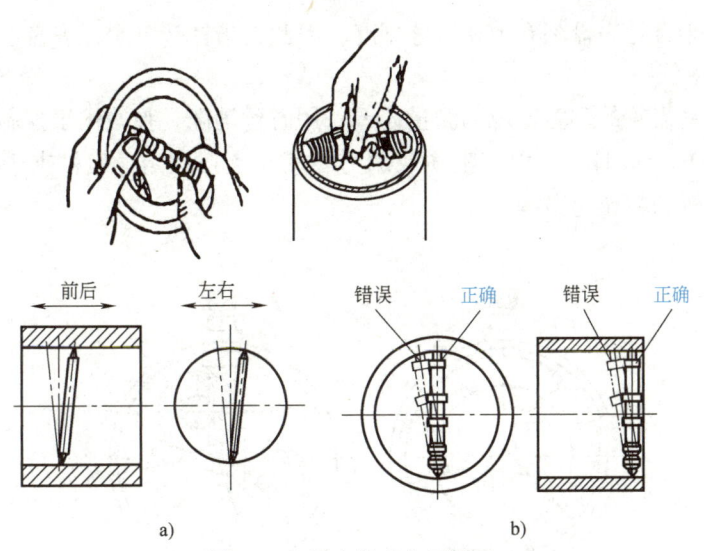

图 4-33 用内径千分尺测量
a) 摆动测微头找正 b) 测量位置的正误示图

3. 深度千分尺

深度千分尺由测量杆、基座和测力装置等组成，用于测量工件的孔、槽深度和台阶高度，如图 4-35 和图 4-36 所示。它是利用螺旋副原理，对底座基面与测量杆测量面分隔的距离进行刻度（或数显）读数的量具。

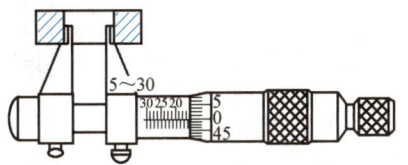

图 4-34 用内径千分尺测量内径

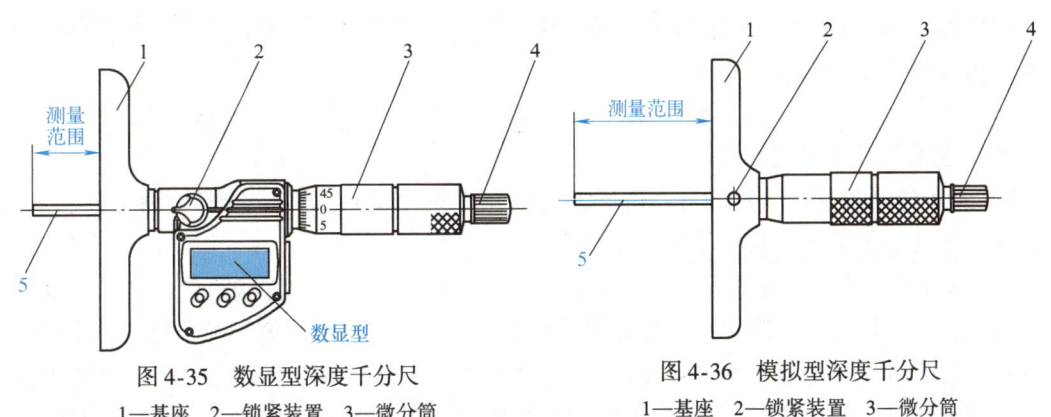

图 4-35 数显型深度千分尺
1—基座 2—锁紧装置 3—微分筒
4—测力装置 5—可换测杆

图 4-36 模拟型深度千分尺
1—基座 2—锁紧装置 3—微分筒
4—测力装置 5—可换测杆

三、百分表和千分表

按分度值不同，精度为 0.01mm 的称百分表，精度为 0.001mm（或 0.002mm）的称为千分表，如图 4-37 所示。

其传动原理为，带齿条的测量杆 5 上下移动 1mm，则带动小齿轮 1（$z_1=16$）转动，固联于同轴上的大齿轮 2（$z_2=100$）也随之转动，从而带动中间齿轮 3（$z_3=10$）及同轴上的指针 6 转动。由于百分表盘刻有 100 等分刻度，因此大指针转 1 圈，表盘上每一格的分度值为 0.01mm。

为了消除传动齿轮的侧隙造成的测量误差，用游丝消隙。弹簧用于控制表的测量力。

使用百（千）分表时，需用表座（或磁力表座）支撑固定。表被夹于套筒处后，再进行与工件相对位置的粗调与微调。

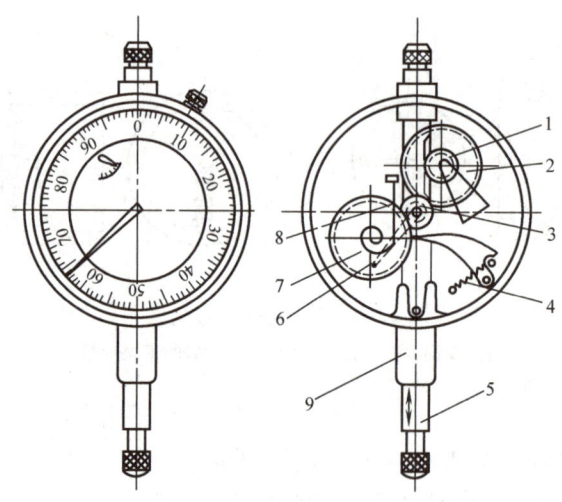

图 4-37 百分表

1—小齿轮　2、7—大齿轮　3—中间齿轮　4—弹簧
5—带齿条的测量杆　6—指针　8—游丝　9—套筒

※1. 百（千）分表的选择

分度值为 0.01mm 的 0 级百分表，适于检测尺寸精度 IT6～IT7 级的工件；1 级百分表适于检测尺寸精度 IT6～IT9 级的工件。

分度值为 0.001mm 及 0.005mm 的千分表适于检测尺寸精度 IT5～IT6 级的工件。

※2. 量表的使用注意事项

1) 量表经计量部门鉴定后有合格证方能使用。使用量表前还应自校检测量杆、表针、表盘转动等处的灵活性以及指针回程误差等。

2) 测量前必须对量表进行校正。测量工件时，表的量程不应超越指示表的测量范围及示值范围，以防损坏；检测时，量杆必须垂直于被测面，为保证测值正确、稳定，测量杆应有一定的压缩量（百分表约 0.3～1mm；千分表约 0.1mm），即表针转约半圈，再使表盘零位刻线对准指针；轻轻上拉测量杆后再放回数次，零位无改变，说明校正良好，方可进行测量。

3) 不应使量表测头撞击工件，应在机床停稳后进行测量。不应在有振动和工件支承不稳定的条件下进行测量。

4) 百（千）分表测量示例如图 4-38～图 4-40 所示。

四、内径百（千）分表

内径百（千）分表是用相对法测量孔径、深孔和沟槽等内表面尺寸的量具。测量前应用外径千分尺或与工件公称尺寸相同的环规标定量表的分度值（或零位）后，再进行比较测量。

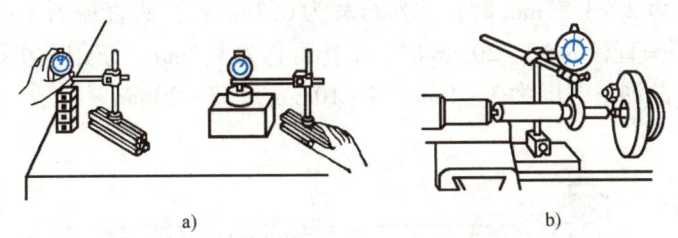

图 4-38　量表的校零位及测量

a）在平板上用量块组合尺寸校零位后测量工件　b）在机床上校零位后测量工件

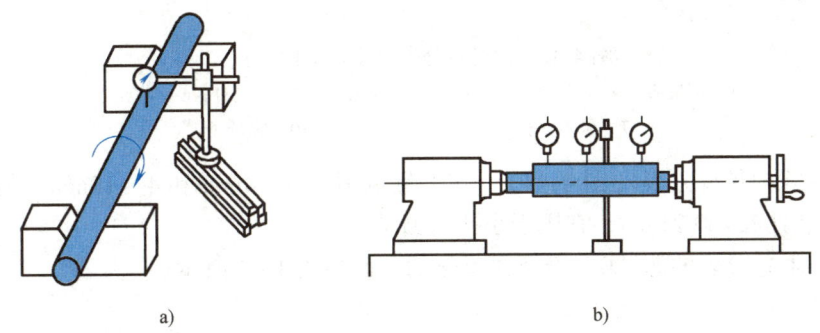

图 4-39　用量表对轴类零件的圆度、圆柱度及圆跳动误差进行检测

a）筒形或无中心孔工件位于 V 形架上　b）工件放于仪器支架上

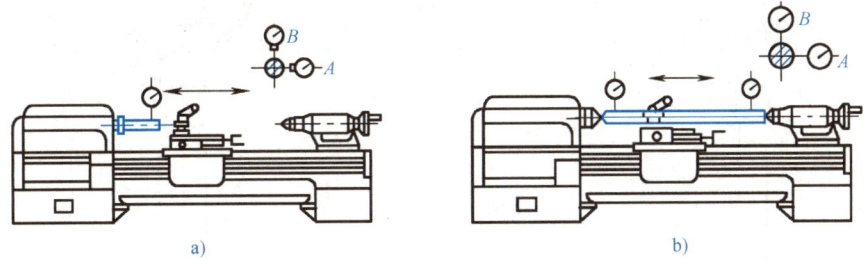

图 4-40　量表对机床平行度、直线度误差进行检测

a）用主轴插入的检验棒检验主轴轴线对刀架移动的平行度误差

b）用检验棒检验刀架移动在水平面内的直线度误差

A—侧母线位置　B—上母线位置

（1）内径百（千）分表　其结构由百分表和表架两部分组成，如图 4-41 所示。测量时，活动测量头 1 移动使杠杆 8 回转，传动杆 5 推动百分表的测量杆，使表指针转动而读取数值。

表架的弹簧 6 用于控制测量力，定位装置 9 可确保正确的测量位置，该处是显示内径读数的最大直径的位置。

定位护桥式内径表的测量范围为 6～10mm，10～18mm，…，50～100mm，…，250～400mm。使用时，将量表 7 插入表架 4 的孔内，使表的测量杆与表架传动杆 5 接触，当表盘指示出一定的预压值后，用旋合螺母 10 的锥面锁紧表头。当用环规或千分尺校出"0"位后，即可进行比较测量。

（2）涨簧式内径百分表（图4-42）　其测量范围由涨簧测头标称直径与测头的工作行程决定。测头直径为2～3.75mm时，工作行程为0.3mm；测头直径为4～9.5mm时，工作行程为0.6mm；测头直径为10～20mm时，工作行程为1.2mm。它用于小孔的测量。

此内径百分表的测量范围为3～4mm、4～10mm和10～20mm。

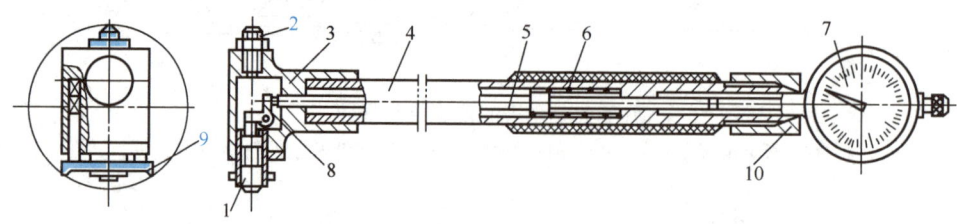

图4-41　内径百分表（定位护桥式）
1—测量头　2—可换测头　3—主体　4—表架　5—传动杆　6—弹簧
7—量表　8—杠杆　9—定位装置　10—螺母

（3）钢球式内径百分表（图4-43）　其测量范围为3～4mm和4～10mm，测孔深度H分别为10mm、16mm和25mm。它用于小孔的测量。

内径百（千）分表的调"0"及测量操作的关键如图4-44所示。

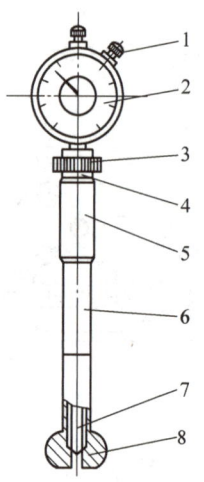

图4-42　涨簧式内径百分表
1—制动器　2—指示表　3—锁紧螺母　4—卡簧
5—手柄　6—接杆　7—顶杆　8—涨簧测头

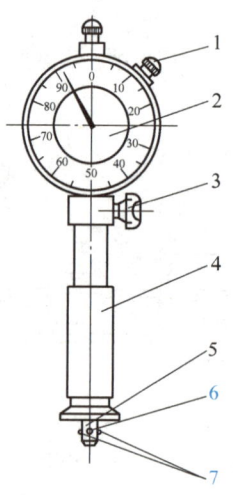

图4-43　钢球式内径百分表
1—制动器　2—指示表　3—锁紧装置　4—手柄
5—钢球测头　6—定位钢球　7—测量钢球

五、杠杆百（千）分表

杠杆百分表的测量原理是通过机械传动系统将杠杆测头的位移转化为表针的转动。其分度值有0.01mm、0.002mm或0.001mm，后者称为杠杆千分表。

杠杆百（千）分表的外形与原理如图4-45所示。测量时，杠杆测头5的位移，使扇形齿轮4绕其轴摆动，从而带动小齿轮1及同轴上的表针3偏转而指示读数，扭簧2用于复位。

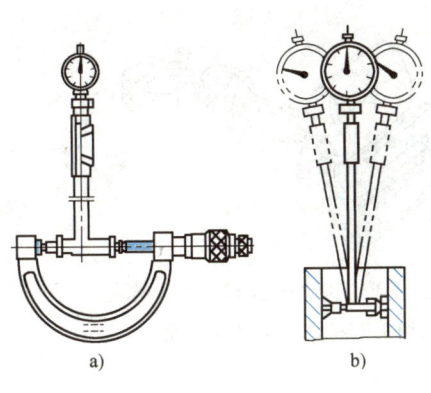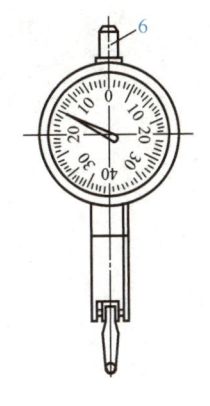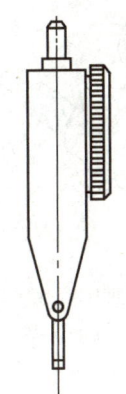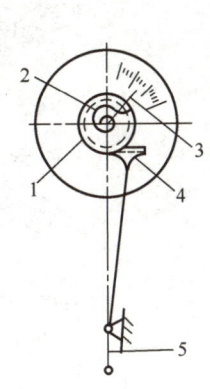

图4-44 量表调"0"与测量方法的关键——在正截面上轻微晃动表架找出尺寸的最小值
a）在千分尺上调整尺寸后对"0" b）用环规调"0"

图4-45 杠杆百分表
1—小齿轮 2—扭簧 3—表针
4—扇形齿轮 5—杠杆测头 6—表夹头

※由于杠杆百（千）分表体积较小，故可将表身伸入工件孔内测量，因测头可变换测量方向，使用极为方便。尤其对于测量或加工中小孔工件的找正，突显了其精度高且灵活的特点。

使用杠杆表时，也需要将其装夹于表座上，夹持部位为表夹头6。

杠杆百（千）分表的应用特点：

1）如图4-46所示，杠杆表可在不配做心轴的条件下，在平板上就可检测孔与基面的平行度误差。即：将表测头由孔A端进入孔内，并使测头触及下素线，找到孔径的最低点后调"0"，量表由此逐渐沿轴线向B端测取最低点数值。其A—B全长上"所有最低点差值"即为孔的平行度误差。

2）如图4-47所示为用杠杆表检测键槽的直线度误差。将键槽轴放置于可调V形支承上或仪器（如分度头）两中心孔顶尖上，且使量表对轴中心线找正"调零"，再对插入键槽内键的检验块的上（下）表面检测键长内的平均最大差值，即可测得键槽的直线度误差值。

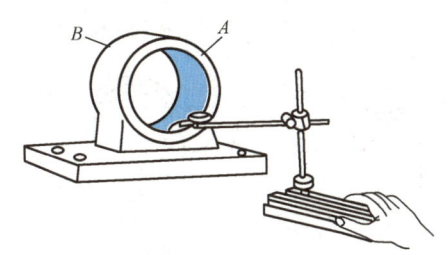

图4-46 孔轴心线与基面平行度误差的检测

图4-47 键槽直线度误差的检测

同理，可对工件的圆跳动误差进行检测，如图4-48和图4-49所示。

3）杠杆千分表的测量杆轴线与被测工件表面的夹角越小，误差就越小。如果由于测量需要α角无法调小时（当α>15°），其测量结果应进行修正。

例如，用杠杆千分表测量工件时，测量杆轴线与工件表面夹角α=30°时的读数b=0.028mm，修正后正确测量值a应为

$$a = b\cos\alpha = 0.028 \times \cos 30° \text{mm} = 0.028 \times 0.866 \text{mm} = 0.024 \text{mm}$$

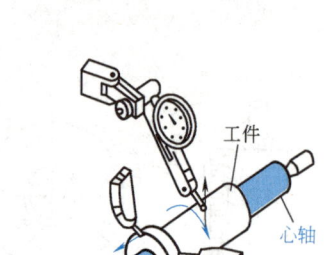
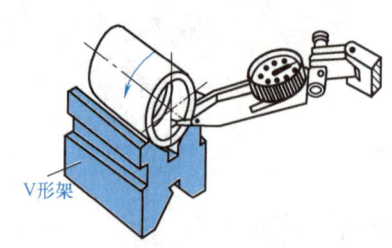

图 4-48　用心轴中心孔定位检测工件圆跳动误差

图 4-49　筒形工件外径定位，在 V 形架上检测圆跳动及圆柱度误差

六、比较仪

（1）杠杆齿轮式比较仪　杠杆齿轮式比较仪是借助杠杆和齿轮传动将测杆的直线位移转换为角位移的量仪，主要用于以比较测量法测量精密制件的尺寸和几何偏差。该比较仪可用作其他测量装置的指示表（如万能测齿仪）。杠杆齿轮式比较仪的外形如图 4-50 所示。

其分度值为 $0.5\mu m$、$1\mu m$、$2\mu m$、$5\mu m$。

（2）扭簧式比较仪　扭簧式比较仪结构简单，传动比大，在传动机构中没有摩擦和间隙，所以测力小，灵敏度高，广泛应用于机械、轴承、仪表等行业，用于以比较法测量精密制件的几何尺寸和几何误差。该比较仪还可作为其他测量装置的指示表。机械扭簧式比较仪的外形如图 4-51 所示。

机械扭簧式比较仪的传动原理是利用扭簧元件作为尺寸的转换和放大机构，分度值为 $0.1\mu m$、$0.2\mu m$、$0.5\mu m$、$1\mu m$、$2\mu m$ 和 $10\mu m$。

七、三坐标测量机的应用简介

三坐标测量机与加工中心相配合，具有测量中心的功能。在现代化生产中，三坐标测量机已成为 CAD/CAM 系统中的一个测量单元，它将测量信息反馈到系统主控计算机，进一步控制加工过程，提高产品质量。因此，三坐标测量机越来越广泛地应用于机械制造、电子、汽车和航空航天等工业领域。

三坐标测量机的主要技术特性如下：

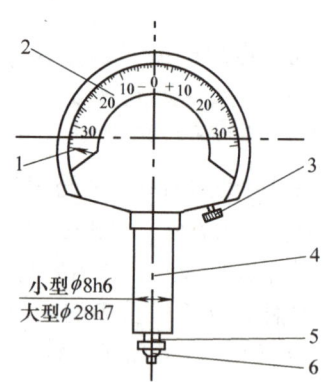

图 4-50　杠杆齿轮式比较仪
1—指针　2—分度盘　3—调零装置
4—装夹套筒　5—测杆　6—测帽

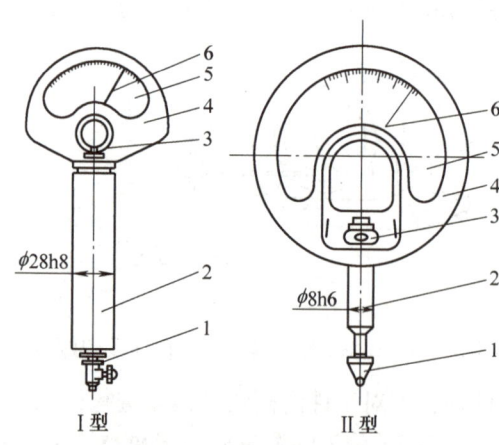

图 4-51　机械扭簧式比较仪
1—测帽　2—套筒　3—微动螺钉
4—表壳　5—刻度盘　6—指针

1) 三坐标测量机按检测精度分为精密万能测量机和生产型测量机。前者一般放于计量室，用于精密测量，分辨率有 0.1μm、0.2μm、0.5μm 和 1μm 几种规格；后者一般放于生产间，用于加工过程中的检测。

2) 三坐标测量机通常配置有测量软件系统、输出打印机和绘图仪等外围设备，增强了计算机的数据处理和自动控制等功能。其主体结构如图 4-52 所示。

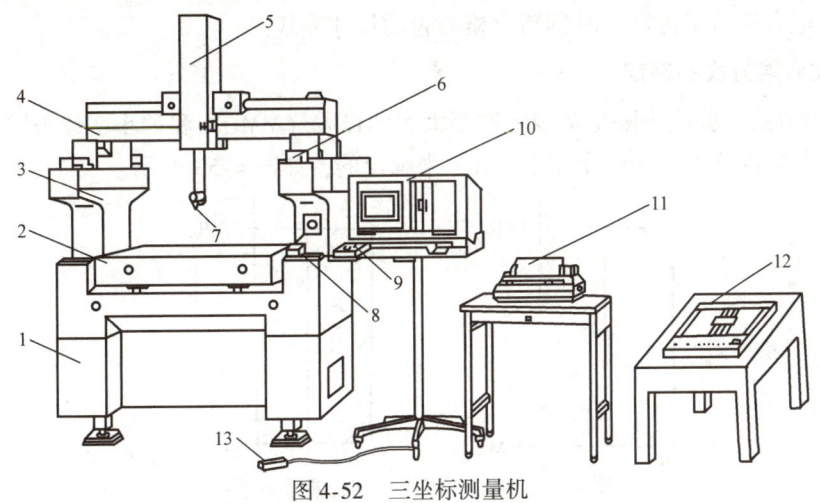

图 4-52　三坐标测量机

1—底座　2—工作台　3—立柱　4、5、6—导轨　7—测头　8—驱动开关
9—键盘　10—计算机　11—打印机　12—绘图仪　13—脚开关

3) 测量时零件放于工作台上，使测头与零件表面接触，三坐标测量机的检测系统即时计算出测球中心点的精确位置。当测球沿工件的几何形面移动时，各点的坐标值被送入计算机，经专用测量软件处理后，就可以精确地计算出零件的几何尺寸和几何误差，实现多种几何量测量、实物编程、设计制造一体化、柔性测量中心等功能。

第四节　光滑工件尺寸的检验（GB/T 3177—2009）

国家标准 GB/T 3177—2009 规定，在车间实际生产情况下，为保证验收质量，加工的零部件"应只接收位于规定尺寸极限内的工件"，从而规定了：

为了保证验收产品的质量，国家标准规定了验收极限和计量器具的测量不确定度允许值和计量器具的选用原则（但对温度、压陷效应等不进行修正）。从而有效地解决了"误收"和"误废"现象。

一、检验范围

本标准适用于使用普通计量器具，指用游标卡尺、千分尺及车间使用的比较仪等，对公差等级为 6~18 级，公称尺寸至 500mm 的光滑工件尺寸进行检验。本标准也适用于对一般公差尺寸工件的检验。

二、验收原则及方法

1) 验收原则：所用验收方法"应只接收位于规定尺寸极限之内的工件"。

2)验收方法的基础:由于计量器具和计量系统都存在误差,故不能测得真值。多数计量器具通常只用于测量尺寸,而不测量工件存在的形状误差。对遵循包容要求的尺寸,应把对尺寸及形状测量的结果综合起来,以判定工件是否超出最大实体边界。

三、验收极限

验收极限是检验工件尺寸时判断合格与否的尺寸界线。

1. 验收极限方式的确定

1)内缩方式。验收极限是从规定的最大实体极限(MML)和最小实体极限(LML)分别向工件公差带内移动一个安全裕度(A)来确定的,如图 4-53 所示。

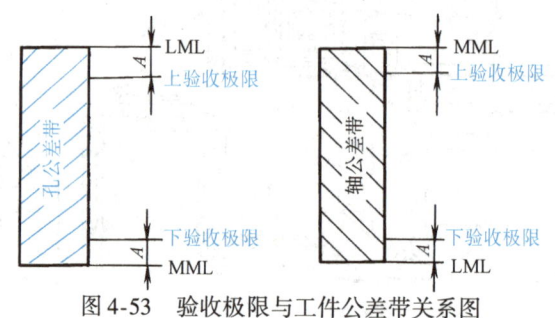

图 4-53 验收极限与工件公差带关系图

上验收极限 = 上极限尺寸(D_{max},d_{max}) - 安全裕度(A)
下验收极限 = 下极限尺寸(D_{min},d_{min}) + 安全裕度(A)

A 值按工件公差的 1/10 确定,其数值见表 4-2。安全裕度 A 相当于测量中总的不确定度,表征了各种误差的综合影响。

2)不内缩方式。规定验收极限等于工件的最大实体极限(MML)和最小实体极限(LML),即 A 值等于零。

2. 验收极限方式的选择

验收极限方式的选择,要结合尺寸的功能要求及其重要程度、尺寸公差等级、测量不确定度和工艺能力等因素综合考虑。

1)对遵循包容要求的尺寸和公差等级高的尺寸,其验收极限要选内缩方式。
2)对非配合和一般公差的尺寸,其验收极限则选不内缩方式。

四、计量器具的选择

按照计量器具的测量不确定度允许值(u_1)选择计量器具。选择时,应使所选用的计量器具的测量不确定度数值等于或小于选定的 u_1 值。

计量器具的测量不确定度允许值(u_1)按测量不确定度(u)与工件公差的比值分挡,见表 4-2。对 IT6~IT11 级,分为 Ⅰ、Ⅱ、Ⅲ 三挡,分别为工件公差值的 1/10、1/6 和 1/4;对 IT12~IT18 级,分为 Ⅰ、Ⅱ 两挡。

计量器具的测量不确定度允许值(u_1)约为测量不确定度(u)的 0.9 倍,即 $u_1 = 0.9u$。

一般情况下,应优先选用 Ⅰ 挡,其次选用 Ⅱ、Ⅲ 挡。

选择计量器具时,应保证其不确定度不大于其允许值 u_1。有关量仪的 u_1 值见表 4-3~表 4-6。

第四章 检测技术基础

表 4.2 安全裕度 (A) 与计量器具的测量不确定度允许值 (u_1)

(单位: μm)

公差等级 6~11

公称尺寸/mm 大于	至	6 T	6 A	6 u_1 I	6 u_1 II	6 u_1 III	7 T	7 A	7 u_1 I	7 u_1 II	7 u_1 III	8 T	8 A	8 u_1 I	8 u_1 II	8 u_1 III	9 T	9 A	9 u_1 I	9 u_1 II	9 u_1 III	10 T	10 A	10 u_1 I	10 u_1 II	10 u_1 III	11 T	11 A	11 u_1 I	11 u_1 II	11 u_1 III
—	3	6	0.6	0.5	0.9	1.4	10	1.0	0.9	1.5	2.3	14	1.4	1.3	2.1	3.2	25	2.5	2.3	3.8	5.6	40	4.0	3.6	6.0	9.0	60	6.0	5.4	9.0	14
3	6	8	0.8	0.7	1.2	1.8	12	1.2	1.1	1.8	2.7	18	1.8	1.6	2.7	4.1	30	3.0	2.7	4.5	6.8	48	4.8	4.3	7.2	11	75	7.5	6.8	11	17
6	10	9	0.9	0.8	1.4	2.0	15	1.5	1.4	2.3	3.4	22	2.2	2.0	3.3	5.0	36	3.6	3.3	5.4	8.1	58	5.8	5.2	8.7	13	90	9.0	8.1	14	20
10	18	11	1.1	1.0	1.7	2.5	18	1.8	1.7	2.7	4.1	27	2.7	2.4	4.1	6.1	43	4.3	3.9	6.5	9.7	70	7.0	6.3	11	16	110	11	10	17	25
18	30	13	1.3	1.2	2.0	2.9	21	2.1	1.9	3.2	4.7	33	3.3	3.0	5.0	7.4	52	5.2	4.7	7.8	12	84	8.4	7.6	13	19	130	13	12	20	29
30	50	16	1.6	1.4	2.4	3.5	25	2.5	2.3	3.8	5.6	39	3.9	3.5	5.9	8.8	62	6.2	5.6	9.3	14	100	10	9.0	15	23	160	16	14	24	36
50	80	19	1.9	1.7	2.9	4.3	30	3.0	2.7	4.5	6.8	46	4.6	4.1	6.9	10	74	7.4	6.7	11	17	120	12	11	18	27	190	19	17	29	43
80	120	22	2.2	2.0	3.3	5.0	35	3.5	3.2	5.3	7.9	54	5.4	4.9	8.1	12	87	8.7	7.8	13	20	140	14	13	21	32	220	22	20	33	50
120	180	25	2.5	2.3	3.8	5.6	40	4.0	3.6	6.0	9.0	63	6.3	5.7	9.5	14	100	10	9.0	15	23	160	16	15	24	36	250	25	23	38	56
180	250	29	2.9	2.6	4.4	6.5	46	4.6	4.1	6.9	10	72	7.2	6.5	11	16	115	12	10	17	26	185	19	17	28	42	290	29	26	44	65
250	315	32	3.2	2.9	4.8	7.2	52	5.2	4.7	7.8	12	81	8.1	7.3	12	18	130	13	12	19	29	210	21	19	32	47	320	32	29	48	72
315	400	35	3.5	3.2	5.4	8.1	57	5.7	5.1	8.4	13	89	8.9	8.0	13	20	140	14	13	21	32	230	23	21	35	52	360	36	32	54	81
400	500	40	4.0	3.6	6.0	9.0	63	6.3	5.7	9.5	14	97	9.7	8.7	15	22	155	16	14	23	35	250	25	23	38	56	400	40	36	60	90

公差等级 12~18

公称尺寸/mm 大于	至	12 T	12 A	12 u_1 I	12 u_1 II	12 u_1 III	13 T	13 A	13 u_1 I	13 u_1 II	13 u_1 III	14 T	14 A	14 u_1 I	14 u_1 II	14 u_1 III	15 T	15 A	15 u_1 I	15 u_1 II	15 u_1 III	16 T	16 A	16 u_1 I	16 u_1 II	16 u_1 III	17 T	17 A	17 u_1 I	17 u_1 II	17 u_1 III	18 T	18 A	18 u_1 I	18 u_1 II	18 u_1 III
—	3	100	10	9.0	15	21	140	14	13	21	32	250	25	23	38	60	400	40	36	60	90	600	60	54	90	140	1000	100	90	150	220	1400	140	135	150	270
3	6	120	12	11	18	27	180	18	16	27	41	300	30	27	45	75	480	48	43	72	110	750	75	68	110	180	1200	120	110	180	270	1800	180	160	200	330
6	10	150	15	14	23	33	220	22	20	33	50	360	36	32	54	90	580	58	52	87	140	900	90	81	130	200	1500	150	140	230	330	2200	220	200	240	400
10	18	180	18	16	27	41	270	27	24	41	59	430	43	39	65	110	700	70	63	110	170	1100	110	100	170	270	1800	180	150	270	400	2700	270	240	300	490
18	30	210	21	19	32	47	330	33	30	50	74	520	52	47	78	130	840	84	75	130	200	1300	130	120	190	320	2100	210	190	320	490	3300	330	300	350	580
30	50	250	25	23	38	59	390	39	35	59	87	620	62	56	93	160	1000	100	90	150	240	1600	160	140	220	380	2500	250	220	380	580	3900	390	350	410	690
50	80	300	30	27	45	69	460	46	41	69	100	740	74	67	110	190	1200	120	110	180	290	1900	190	170	250	450	3000	300	270	450	690	4500	460	410	480	810
80	120	350	35	32	53	81	540	54	49	81	115	870	87	78	130	220	1400	140	130	210	330	2200	220	200	290	530	3500	350	320	530	810	5400	540	480	570	940
120	180	400	40	36	60	95	630	63	57	95	130	1000	100	90	150	250	1600	160	140	240	380	2500	250	230	360	600	4000	400	360	600	940	6300	630	570	650	1080
180	250	460	46	41	69	110	720	72	65	110	150	1150	115	100	170	290	1800	180	170	280	440	2900	290	260	410	690	4600	460	410	690	1080	7200	720	650	730	1210
250	315	520	52	47	78	120	810	81	73	120	170	1300	130	120	190	320	2100	210	190	320	480	3200	320	290	470	780	5200	520	470	780	1210	8100	810	730	800	1330
315	400	570	57	51	85	130	890	89	80	130	190	1400	140	130	210	360	2300	230	210	350	540	3600	360	320	510	850	5700	570	510	850	1330	8900	890	800	870	1450
400	500	630	63	57	95	150	970	97	87	150	220	1500	150	140	230	400	2500	250	230	380	600	4000	400	360	570	950	6300	630	570	950	1450	9700	970	870	970	—

表 4-3　安全裕度 A 及计量器具不确定度的允许值 u_1　　　　（单位：mm）

零件公差值 T		安全裕度 A	计量器具的不确定度的允许值 u_1
大于	至		
0.009	0.018	0.001	0.0009
0.018	0.032	0.002	0.0018
0.032	0.058	0.003	0.0027
0.058	0.100	0.006	0.0054
0.100	0.180	0.010	0.0090
0.180	0.320	0.018	0.0160
0.320	0.580	0.032	0.0290
0.580	1.000	0.060	0.0540
1.000	1.800	0.100	0.0900
1.800	3.200	0.180	0.1600

表 4-4　千分尺和游标卡尺的不确定度　　　　（单位：mm）

尺寸范围	计量器具类型			
	分度值 0.01mm 的千分尺	分度值 0.01mm 的内径千分尺	分度值 0.02mm 的游标卡尺	分度值 0.05mm 的游标卡尺
	不　确　定　度			
0~50	0.004			
50~100	0.005	0.008		0.050
100~150	0.006		0.020	
150~200	0.007			
200~250	0.008	0.013		
250~300	0.009			
300~350	0.010			
350~400	0.011	0.020		0.100
400~450	0.012			
450~500	0.013	0.025		
500~600				
600~700		0.030		
700~1000				0.150

注：本表仅供参考。

表 4-5　比较仪的不确定度　　　　（单位：mm）

尺寸范围		所使用的计量器具			
		分度值为 0.0005mm（相当于放大倍数 2000 倍）的比较仪	分度值为 0.001mm（相当于放大倍数 1000 倍）的比较仪	分度值为 0.002mm（相当于放大倍数 400 倍）的比较仪	分度值为 0.005mm（相当于放大倍数 250 倍）的比较仪
大于	至	不　确　定　度			
	25	0.0006	0.0010	0.0017	0.0030
25	40	0.0007			
40	65	0.0008	0.0011	0.0018	
65	90	0.0008			
90	115	0.0009	0.0012	0.0019	
115	165	0.0010	0.0013		
165	215	0.0012	0.0014	0.0020	0.0035
215	265	0.0014	0.0016	0.0021	
265	315	0.0016	0.0017	0.0022	

注：测量时，使用的标准器由 4 块 1 级（或 4 等）量块组成。本表仅供参考。

表4-6 指示表的不确定度 （单位：mm）

尺寸范围		所使用的计量器具			
大于	至	分度值为0.001mm的千分表（0级在全程范围内，1级在0.2mm内），分度值为0.002mm的千分表（在一转范围内）	分度值为0.001mm、0.002mm、0.005mm的千分表（1级在全程范围内），分度值为0.01mm的百分表（0级在任意1mm内）	分度值为0.01mm的百分表（0级在全程范围内，1级在任意1mm内）	分度值为0.01mm的百分表（1级在全程范围内）
		不 确 定 度			
	25	0.005	0.010	0.018	0.030
25	40				
40	65				
65	90				
90	115				
115	165	0.006			
165	215				
215	265				
265	315				

注：测量时，使用的标准器由4块1级（或4等）量块组成。本表仅供参考。

【例4-1】 试确定140H9 $\binom{+0.1}{0}$ ⓔ 的验收极限，并选择相应的计量器具（图4-54）。

解：由表4-2可知，公称尺寸大于120～180mm、IT9时，$A = 10\mu m$，$u_1 = 9\mu m$（Ⅰ挡）。

由于工件尺寸采用包容要求，应按内缩方式确定验收极限。

上验收极限 = $D_{max} - A$ = (140 + 0.1 − 0.010)mm = 140.090mm

下验收极限 = $D_{min} + A$ = (140 + 0.010)mm = 140.010mm

由表4-4可知，工件尺寸≤150mm、分度值为0.01mm的内径千分尺的不确定度为0.008mm，小于 $u_1 = 0.009$mm，可满足要求。

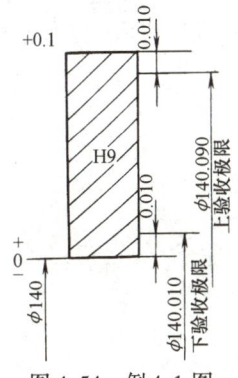

图4-54 例4-1图

第五节 用光滑极限量规检验工件

光滑极限量规是一种具有孔或轴的上极限尺寸和下极限尺寸为公称尺寸的标准测量面、能控制被检孔或轴、边界条件无刻线长度的专用测量器具。它不能确定工件的实际尺寸，只能确定工件尺寸是否处于规定的极限尺寸范围内。因量规结构简单，制造容易，使用方便，因此被广泛应用于成批大量生产中。

光滑极限量规有塞规和环规。其中，塞规是孔用极限量规，其通规是根据孔的下极限尺寸确定的，作用是防止孔的作用尺寸小于孔的下极限尺寸；止规是按孔的上极限尺寸设计的，作用是防止孔的实际尺寸大于孔的上极限尺寸，如图4-55a所示。

环规是轴用量规，其通规是按轴的上极限尺寸设计的，其作用是防止轴的作用尺寸大于轴的上极限尺寸；止规是按轴的下极限尺寸设计的，其作用是防止轴的实际尺寸小于轴的下

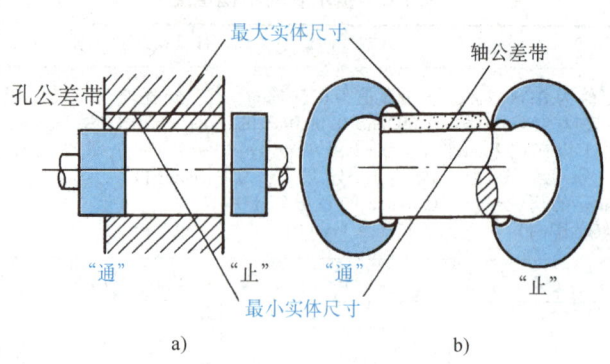

图 4-55 量规
a) 塞规 b) 环规

极限尺寸,如图 4-55b 所示。

光滑极限量规的标准是 GB/T 1957—2006,适用于检测国标《极限与配合》(GB/T1800)规定的公称尺寸至 500mm、公差等级 IT6~IT16 的采用包容要求的孔与轴。

量规按用途分为工作量规、验收量规和校对量规三种。

1) 工作量规是操作者在生产过程中检验工件用的量规,它的通规和止规分别用代号"T"和"Z"表示。工作量规图样的标注如图 4-56 所示,是用作量规周期计量鉴定的技术资料。

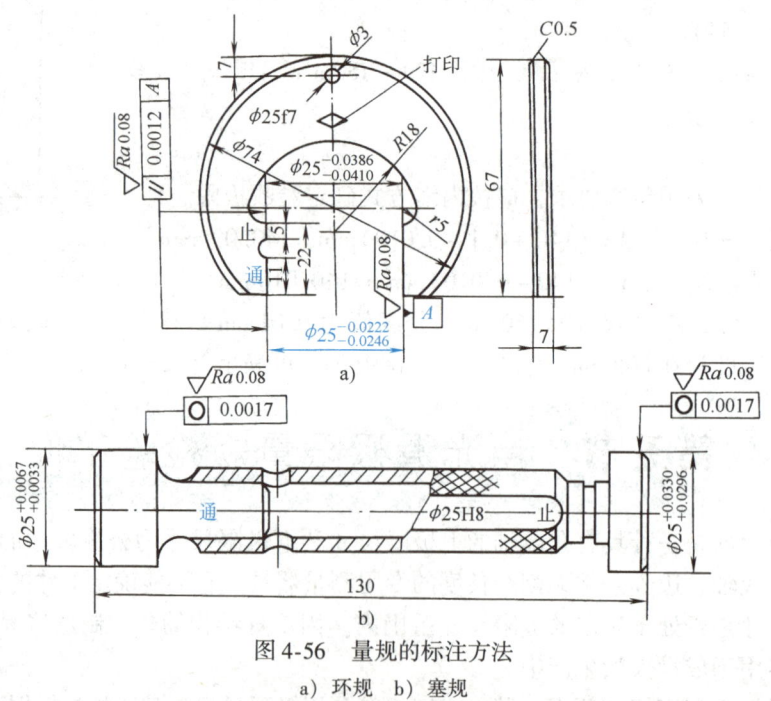

图 4-56 量规的标注方法
a) 环规 b) 塞规

2) 验收量规是检验部门或用户验收产品时使用的量规。

3) 校对量规是用于校对轴用工作量规的量规,以检验其是否符合制造公差和在使用中是否达到磨损极限。

实际生产中,工作量规用得最多、最普遍。因篇幅所限,本书仅阐述与工作量规有关的

内容。

※量规使用规则强调：对"通"端工作环规（T）应通过轴的全长；对"止"端工作环规（Z）应沿着和环绕不少于四个位置上进行检验。对通端工作塞规（T），塞规的整个长度都应进入孔内，而且应在孔的全长上进行检验；对"止"端工作塞规（Z），塞规不能进入孔内，如有可能，应在孔的两端进行检验。

小 结

机械产品的加工与生产过程中，不论是机电专业、数控专业还是模具专业，均有两个重要的环节在反复交替进行着，即加工与检测。只有"上工序检测合格后的工件才能再继续下道的加工"，并如此交替进行。

测量是将被测工件的几何量与计量单位的标准量进行比较，以确定其具体数值的过程。用各种量仪对工件尺寸大小数值的测量，不但用于判断合格性、分析调整机床加工工艺参数、预防废次品，更为重要的是：例如用三坐标测量机，可为 CAD/CAM 逆向（反求）工程提供高效、高质量的技术服务。

检验是指确定所加工零件的几何参数是否在规定的极限范围内，并做出合格与否的判断，而不必得出被测值的具体数值，如使用光滑极限量规、花键量规和螺纹量规检验产品。

1. 本章学习了关于检测的基本概念、术语、长度量位传递系统及按级、按等使用量块等知识。

2. 对于常用长度量具（游标卡尺、千分尺、千分表等），不但应掌握其结构原理，更重要的是掌握准确熟练地测量产品尺寸的技能。

3. 通过实测工件或习题练习，能正确地选择测量器具，确定验收极限。

习题与练习四

4-1 量块按"级"与"等"使用有何区别？两者哪种测量精度高？

4-2 已知某轴尺寸为 $\phi20\text{f}10$ ⓔ，试选择测量器具并确定验收极限。

4-3 判断正误：
对精度要求一般的工件，为使测量误差小，选择分度值小、灵敏度高的量仪进行测量为好（　　）。

4-4 例 4-1 中，孔尺寸为 $\phi140\text{H}9\left(^{+0.1}_{0}\right)$ ⓔ，验收极限为何选择内缩方式？验收极限何时应选用不内缩方式？

第五章 表面缺陷与表面粗糙度的识别及测量

公差配合与技术测量 第2版

内容构架

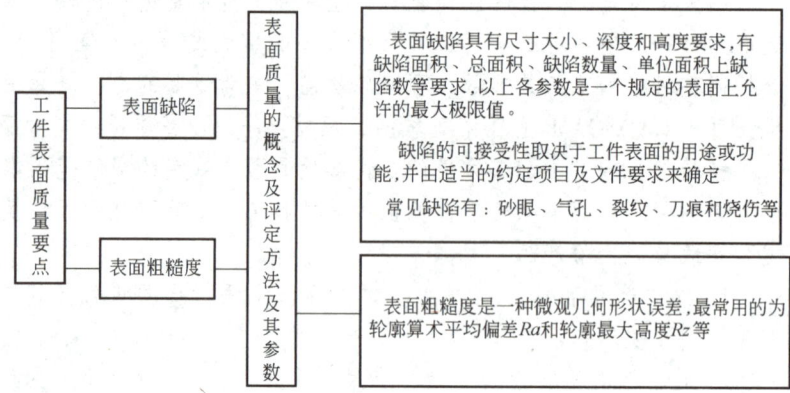

知识要点

1. 有关工件表面质量的术语含义和类别。
2. 有关工件表面质量要求的识读。
3. 有关工件表面质量的检测及处理方法。

第一节 工件表面质量的基本概念

一、工件表面基本概念

工件的表面一般是通过去除材料或成形加工（不去除材料）形成的。为使零件满足功能要求，对其表面轮廓不仅要控制尺寸、形状和位置要求，还应控制表面缺陷和表面粗糙度。

（1）工件表面粗糙度　是指零件在加工过程中，因使用的加工方法、加工机床与工具、夹具、刀具的精度、振动及磨损等因素，在加工表面上所形成的具有较小间隔和较小峰谷的微观状况，属微观几何形状误差。

（2）工件表面缺陷　是指零件表面不仅在加工中，而且在运输、储存或使用过程中生成的无一定规则的单元体缺陷。

※应特别强调指出：存在这些缺陷的单元体工件，应根据产品的技术文件和图样的性能要求，决定是否作为废品、返修品和回用品处理，并要求有严格的质量管理部门记录备案，存档可查。

表面缺陷与表面粗糙度、波纹度和有限表面上的形状误差，一起综合形成了零件的表面特征。

为此强调，在加工过程中，对工件表面质量的要求，不仅要关注表面粗糙度，而且要关注表面缺陷的产生及对整体产品质量性能的影响。

二、表面缺陷的含义和类别

1. 常见的缺陷类型术语及分类

（1）凹缺陷类　如铸件表面产生的毛孔、砂眼；模锻件的裂缝和缺损等。

（2）凸缺陷类　如冲压件的氧化皮、飞边、模铸或模锻模具挤出的缝脊。

（3）混合缺陷类　如滚压或锻压出现的桔皮、折叠；吃刀量过大造成的不可去除的刀痕残余。

（4）区域和外观缺陷类　如磨削进给量过大引起的表面网状裂纹和鳞片，切削热造成的表面烧伤，使表面变黄色、蓝色，因退火使硬度下降，这对刀具和刃具产品是绝对不允许的。

2. 对于表面缺陷的检验与评定

可用经验法目测，需进一步判断、分析其原因时，则用各种仪器测定，控制产品质量。在实际表面上存在缺陷时，并不表示该表面不可用。缺陷的可接受性取决于表面的用途或功能，并由适当的项目来确定，即长度、宽度、深度、单位面积上的缺陷数等。

三、表面粗糙度

在控制工件表面质量时，强调指出表面粗糙度是指微观几何形状特性，在评定过程中不能把表面缺陷如沟槽、划痕、缩孔等包含进去，即此些项目不列入表面粗糙度的测量结果。对于工件某一表面，是否允许有表面缺陷或缺陷的程度如何，应另有单独规定。

1. 表面粗糙度的概念

经机械加工的零件表面，总是存在着宏观和微观的几何形状误差，如图 5-1a、b 所示。表面粗糙度误差与宏观几何形状误差和波度误差的区别，一般以一定的波距 λ 与波高 h 之比

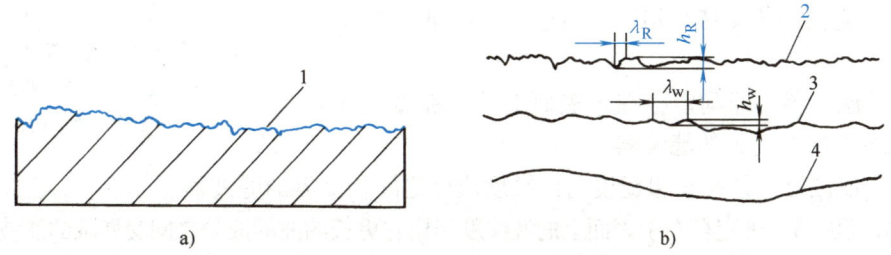

图 5-1　表面粗糙度的概念
a）放大的实际工作表面示意图　b）实际工作表面波形分解图
h_R、h_W—波高　λ_R、λ_W—波距
1—实际工作表面　2—表面粗糙度　3—波度　4—表面宏观几何形状

来划分。通常 $\lambda/h > 1000$ 者为宏观几何形状误差，$\lambda/h < 50$ 者为表面粗糙度误差，$\lambda/h = 50 \sim 1000$ 者为波度误差。

2. 表面粗糙度对零件使用性能的影响

表面粗糙度不仅影响美观，而且对零件的实用性能和使用寿命也有很大的影响。

（1）对摩擦和磨损的影响　表面越粗糙，摩擦因数就越大，相对运动的表面磨损也越快；表面过于光滑，润滑油被挤出，润滑油膜被破坏，因而使摩擦阻力增大，也会加剧磨损。

（2）对配合性能的影响　对于间隙配合，相对运动的表面因表面粗糙度不当会加速磨损，致使间隙增大，使配合性质改变；对于过盈配合，表面轮廓峰顶在装配时容易被压平，使实际有效过盈量减小，致使连接强度降低，从而影响到结合的可靠性。

（3）对零件强度的影响　粗糙的零件表面在交变载荷作用下，会促使应力集中，造成疲劳强度降低而损坏。

（4）对结合面密封性的影响　粗糙的表面结合时，其表面接触点数不足，且接触点分布不均，从而形成缝隙，降低密封性要求。

（5）对耐蚀性的影响　粗糙的表面，易使有腐蚀性的气、液的物质存积在表面的微观凹谷处，并渗入到金属内部后，形成原电池，使腐蚀加剧，造成工件加工、维修、清洗等工序成本的提高。

第二节　表面粗糙度的评定参数

一、主要术语及定义（GB/T 3505—2009）

本标准规定了用轮廓法确定表面结构（粗糙度、波纹度和原始轮廓）的术语、定义和参数。

1. 一般术语

（1）表面轮廓　是由一个指定平面与实际表面相交所得的轮廓，如图 5-2 所示。

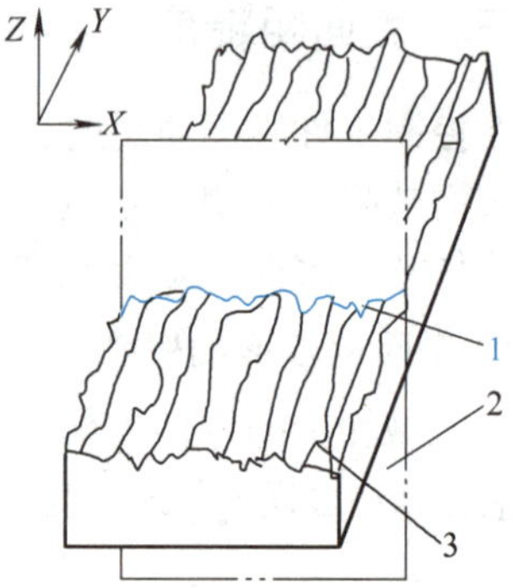

（2）轮廓滤波器　即把表面轮廓分成长波和短波成分的滤波器。它们的传输特性相同，截止波长不同，如图 5-3 所示。

1) λs 滤波器。即确定存在于表面上的粗糙度与比它更短的成分之间相交界的滤波器。

2) λc 滤波器。即确定粗糙度与波纹度成分之间相交界的滤波器。

3) λf 滤波器。确定存在于表面上的波纹度与比它更长的波的成分之间交界限的滤波器。

（3）原始轮廓　在应用短波滤波器 λs 之后的总的轮廓。它是评定原始轮廓参数的基础。

（4）粗糙度轮廓　它是对原始轮廓采用 λc 滤波器抑制长波成分以后形成的轮廓。它是评定粗糙度轮廓参数的基础。

图 5-2　表面轮廓

1—表面轮廓　2—平面
3—加工纹理方向

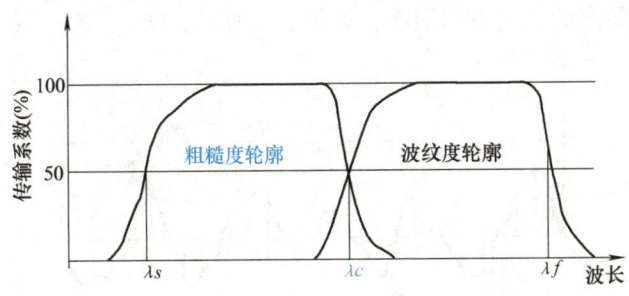

图 5-3 粗糙度和波纹度轮廓的传输特性

(5) 波纹度轮廓 它是对原始轮廓连续应用 λf 和 λc 两个滤波器后形成的轮廓。它是评定波纹度轮廓参数的基础。

2. 取样长度 lr

用于判别具有表面粗糙度特征的 X 轴方向上的一段基准线长度,称为取样长度,代号为 lr。规定取样长度是为了限制和减弱宏观几何形状误差,特别是波度对表面粗糙度测量结果的影响。为了得到较好的测量结果,取样长度应与表面粗糙度的要求相适应,过短不能反映粗糙度的实际情况;过长则会把波度的成分也包括进去。长波滤波器上的截止波长值就是取样长度 lr。

另外,取样长度在轮廓总的走向上量取,表面越粗糙,取样长度应越长。这是因为表面越粗糙,波距越大。取样长度的推荐值见表 5-1。

3. 评定长度 ln

评定表面粗糙度所需的 X 轴方向上的一段长度称为评定长度,代号为 ln。规定评定长度为了克服加工表面的不均匀性,而且较客观地反映表面粗糙度的真实情况,如图5-4所示。

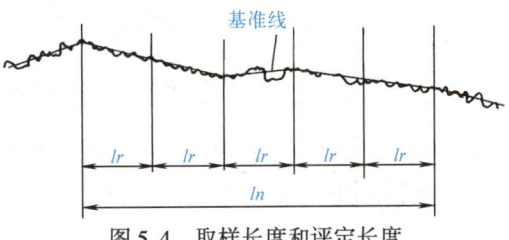

图 5-4 取样长度和评定长度

评定长度可包含一个或几个取样长度,一般取评定长度 $ln = 5lr$,具体数值见表 5-1。

表 5-1 Ra、Rz 的取样长度与评定长度的选用值(GB/T 1031—2009)

$Ra/\mu m$	$Rz/\mu m$	lr/mm	$ln/mm(ln=5lr)$
≥0.008~0.02	≥0.025~0.10	0.08	0.4
>0.02~0.1	>0.10~0.50	0.25	1.25
>0.1~2.0	>0.50~10.0	0.8	4.0
>2.0~10.0	>10.0~50.0	2.5	12.5
>10.0~80.0	>50~320	8.0	40.0

注:Ra—轮廓的算术平均偏差,Rz—轮廓的最大高度。

4. 基准线(中线) m

基准线是具有几何轮廓形状,并划分轮廓的基准线,有下列两种确定方法。

(1) 轮廓的最小二乘中线 具有几何轮廓形状并划分轮廓的基准线,在取样长度内使轮廓线上各点至该线距离的二次方和最小,如图 5-5 所示,即 $\sum_{i=1}^{n} Z_i^2 = \min$。

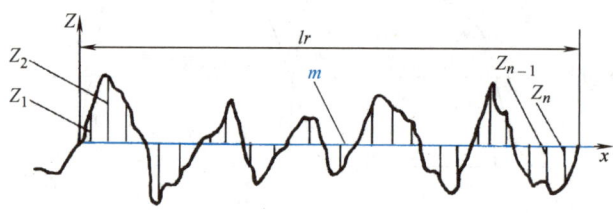

图 5-5 轮廓最小二乘中线示意图

(2) 轮廓的算术平均中线　具有几何轮廓形状,在取样长度内与轮廓走向一致的基准线。该线划分轮廓并使上、下两部分的面积相等。如图 5-6 所示,中间直线 m 是算术平均中线,F_1、F_3、…、F_{2n-1} 代表中线上面部分的面积,F_2、F_4、…、F_{2n} 为中线下面部分的面积,m 使

$$F_1 + F_3 + \cdots + F_{2n-1} = F_2 + F_4 + \cdots + F_{2n}$$

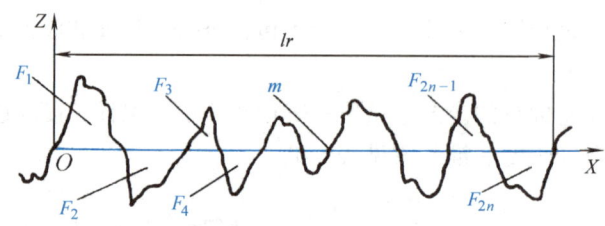

图 5-6 轮廓的算术平均中线示意图

用最小二乘法确定的中线是唯一的,但比较费事。用算术平均法确定中线是一种近似的图解法,较为简便,因而得到了广泛应用。

二、表面粗糙度的主要评定参数(GB/T 1031—2009)

国家标准采用中线制(轮廓法)评定表面粗糙度。常用的参数值范围 Ra 为 0.025 ~ 6.3μm,Rz 为 0.1 ~ 25μm,推荐优先选用 Ra。

(1) 轮廓算术平均偏差 Ra　在取样长度 l 范围内,被测轮廓线上各点至基准线的距离的算术平均值为 Ra,如图 5-7 所示。其数学表达式为

$$Ra = \frac{1}{lr} \int_0^l |Z_{(x)}| \, \mathrm{d}x$$

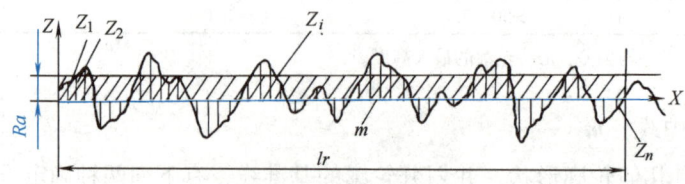

图 5-7 轮廓的算术平均偏差 Ra

※Ra 值越大，表面越粗糙。Ra 值能客观地反映表面微观几何形状特性，一般用触针式轮廓仪测得，是普遍采用的参数，但不能用于过于粗糙或太光滑的表面。Ra 的数值规定见表 5-2。

（2）轮廓最大高度 Rz　在取样长度内，轮廓峰顶线和轮廓谷底线之间的距离，称为轮廓最大高度 Rz。在图 5-8 中，Z_p 为轮廓最大峰高，Z_v 为轮廓最大谷深，则轮廓最大高度为

$$Rz = Z_{pmax} + Z_{vmax}$$

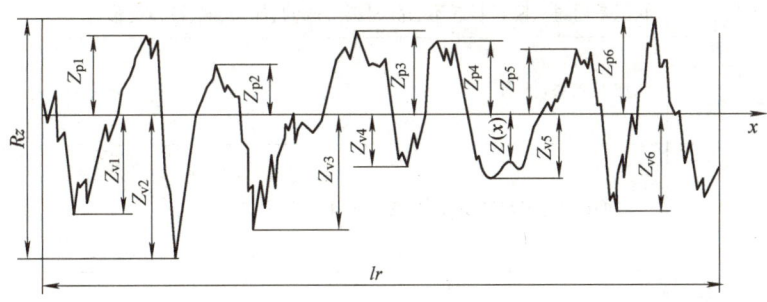

图 5-8　轮廓最大高度 Rz 示意图

※Rz 常用于不允许有较深加工痕迹如受交变应力的表面；或因表面很小不宜采用 Ra 时用 Rz 评定的表面。Rz 只能反映表面轮廓的最大高度，不能反映微观几何形状特征。Rz 常与 Ra 联用。Rz 的数值规定见表 5-2。

表 5-2　轮廓算术平均偏差 Ra 和轮廓最大高度 Rz 数值表（GB/T 1031—2009）

表面粗糙度参数	数 值/μm			
Ra	0.012	0.2	3.2	50
	0.025	0.4	6.3	100
	0.05	0.8	12.5	
	0.1	1.6	25	
Rz	0.025	0.4	6.3	100
	0.05	0.8	12.5	200
	0.1	1.6	25	400
	0.2	3.2	50	800

第三节　表面结构代号及标准（GB/T 131—2006）

表面粗糙度的基本符号如图 5-9 所示，在图样上用细实线画出。

为了明确表面结构要求，除了标注结构参数和数值外，必要时应标注补充要求，包括传输带、取样长度、加工工艺、表面纹理及方向和加工余量等。

表面结构符号及补充注释符号见表 5-3，加工纹理方向符号见表 5-4。

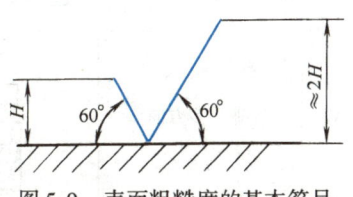

图 5-9　表面粗糙度的基本符号

表5-3 表面结构符号及补充注释符号

序号	符号		含 义
1	表面结构图形符号	∨	基本图形符号,未指定工艺方法的表面,当通过一个注释解释时可单独使用,如大多数表面有相同表面结构要求的简化注法
		∀	扩展图形符号,用去除材料的方法获得的表面,仅当其含义是"被加工表面"时可单独使用,如车、铣、钻、磨、剪切、腐蚀、电加工和气割等
		∨○	扩展图形符号,不去除材料的表面,也可用于表示保持上道工序形成的表面,不管这种状况是通过去除材料或不去除材料形成的,如铸、锻、冲压变形等
2	带补充注释的(带长边横线)的图形符号	铣 ∀̄	加工方法:铣削
		∀̄ M	表面纹理:纹理呈多方向(见表5-4)
		∀̄ ○	对投影视图上封闭的轮廓线所表示的各表面有相同的表面结构要求
		∀̄ 3	加工余量为3mm

注:当要求标注结构特征的补充信息时,应在图形符号的长边上加一横线,如"∀̄",用于标注有关参数和说明。

表5-4 加工纹理方向符号

符号	说 明	示 意 图	符号	说 明	示 意 图
=	纹理平行于视图所在的投影面	纹理方向	C	纹理呈近似同心圆且圆心与表面中心相关	
⊥	纹理垂直于视图所在的投影面	纹理方向	R	纹理呈近似放射状且与表面圆心相关	
×	纹理呈两斜向交叉且与视图所在的投影面相关	纹理方向	P	纹理呈微粒、凸起,无方向	
M	纹理呈多方向				

注:1. 若表中所列符号不能清楚地表明所要求的纹理方向,应在图样上用文字说明。
2. 若没有指定测量方向时,该方向垂直于被测表面加工纹理,即与 Ra、Rz 的最大值相一致。
3. 对无方向的表面,测量截面的方向可以是任意的。

表面结构补充要求的注写位置见表5-5。

表5-5 表面结构补充要求的注写位置

符　号	位置	注写内容
表面结构完整图形符号	a	表面结构的单一要求，如0.0025—0.8/Rz6.3（传输带标注）；-0.8/Rz6.3（取样长度要求）；0.008—0.5/16/R10
	a 和 b	两个或多个表面结构要求
	c	加工方法，如车、磨、镀等加工表面
	d	要求的表面纹理和方向，如"＝""×""M"
	e	加工余量数值，单位为 mm

控制表面功能的最少标注如图5-10所示。

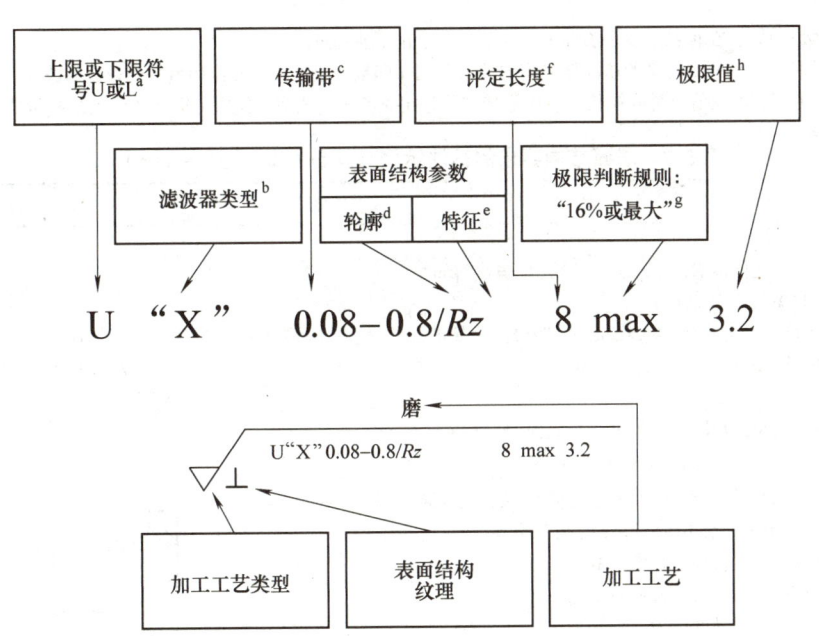

图5-10 表面功能最少标注

a—上限或下限符号 U 或 L　b—滤波器类型 "X"（标准滤波器是高斯滤波器，代替了2RC滤波器）　c—传输带标注为短滤或长波滤波器　d—轮廓（R、W 或 P）　e—特征/参数，代号后无"max"用"16%"规则，否则按"最大规则"　f—评定长度包含若干个取样长度；默认评定长度；$l_n = 5lr$　g—极限判断规则（"16%规则"或"最大化规则"）　h—以微米为单位的极限值

有关表面结构要求图样标注的演变见表5-6。
表面结构要求的标注示例见表5-7。

表 5-6　表面结构图样标注的演变（GB/T 131—2006）

GB/T 131 1993 版	GB/T 131 2006 版	说明问题的示例	GB/T 131 1993 版	GB/T 131 2006 版	说明问题的示例
1.6 / 1.6	$\sqrt{Ra\ 1.6}$	Ra 只采用 "16% 规则"	$Ry3.2 / 0.8$	$\sqrt{-0.8/Rz\ 6.3}$	除 Ra 外其他参数及取样长度
$Ry3.2 / Ry3.2$	$\sqrt{Rz\ 3.2}$	除了 Ra "16% 规则" 的参数	$Ry3.2$	$\sqrt{\begin{array}{c}Ra\ 1.6\\ Rz\ 6.3\end{array}}$	Ra 及其他参数
1.6max	$\sqrt{Ra\ max\ 1.6}$	"最大规则"	$Ry3.2$	$\sqrt{Rz3\ 6.3}$	评定长度中的取样长度个数如果不是 5
1.6 / 0.8	$\sqrt{-0.8/Ra\ 1.6}$	Ra 加取样长度（$0.8 \times 5 = 4mm$）	—	$\sqrt{L\ Ra\ 1.6}$	下限值
—	$\sqrt{0.025-0.8/Ra\ 1.6}$	传输带	3.2 / 1.6	$\sqrt{\begin{array}{c}U\ Ra\ 3.2\\ L\ Ra\ 1.6\end{array}}$	上、下限值

注：1. "16% 规则"：用同一个参数及评定长度，测值大于（或小于）规定值的个数不超过总数的 16% 则该表面合格。
2. "最大规则"：在被检的整个表面上，参数值一个也不能超过规定值。
3. "传输带"：是两个定义的滤波器之间的波长范围，即被一个短波滤波器和另一个长波滤波器所限制。长波滤波器的截止波长值就是取样长度。传输带即是评定时的波长范围。使用传输带的优点是测量的不确定度大为降低。

表 5-7　表面结构要求的标注示例（摘自 GB/T 131—2006）

序号	要　求	示　例
1	表面粗糙度： 双向极值：上限值 $Ra = 50\mu m$；下限值 $Ra = 6.3\mu m$ 均为 "16% 规则"（默认） 两个传输带均为 $0.0084—4mm$（滤波器标注，短波在前，长波在后） 默认的评定长度 $5 \times 4mm = 20mm$ 加工方法：铣 加工纹理：呈近似同心圆且圆心与表面中心相关 注：因不会引起争议，不必加 U 和 L	铣 $\sqrt{\begin{array}{c}0.008-4/Ra\ 50\\ 0.008-4/Ra\ 6.3\end{array}}_{C}$
2	※除一个表面外，所有表面的粗糙度值为（省去老标准 "其余" 二字） 单值上限值 $Rz = 6.3\mu m$；"16% 规则"（默认） 默认传输带；默认评定长度（$5\lambda c$） 表面纹理无要求；去除材料的工艺 不同的表面，粗糙度值为 单向上限值：$Ra = 0.8\mu m$；"16% 规则"（默认） 默认传输带；默认评定长度（$5\lambda c$） 表面纹理无要求；去除材料的工艺	$\sqrt{Ra\ 0.8}$ $\sqrt{Rz\ 6.3}$ (√)
3	表面粗糙度 两个单向上限值 1）$Ra = 1.6\mu m$ "16% 规则"（默认）；默认传输带及评定长度（$5\lambda c$） 2）$Rz max = 6.3\mu m$ "最大规则"；传输带 $-2.5\mu m$；默认评定长度（$5 \times 2.5mm$） 表面纹理垂直于视图的投影面 加工方法：磨削	磨 $\sqrt{\begin{array}{c}Ra\ 1.6\\ -2.5/Rz\ max\ 6.3\end{array}}_{\perp}$

(续)

序号	要 求	示 例
4	表面结构和尺寸可标注为 一起标注在延长线上,或分别标注在轮廓线和尺寸界线上。 示例中的三个表面粗糙度要求为 单向上限值,分别为:$Ra = 1.6\mu m$, $Ra = 6.3\mu m$, $Rz = 12.5\mu m$ "16% 规则"(默认);默认传输带;默认评定长度 $5\lambda c$ 表面纹理无要求 去除材料的工艺	$Ra\ 1.6$ $Ra\ 6.3$ $Rz\ 12.5$ $R3$ $\phi 40$
5	表面粗糙度 单向上限值 $Rz = 0.8\mu m$ "16% 规则"(默认)(GB/T 10610) 默认传输带(GB/T 10610 和 GB/T 6062) 默认评定长度($5\lambda c$)(GB/T 10610) 表面纹理没有要求 表面处理:铜件,镀镍/铬(铜材、电镀光亮镍 $5\mu m$ 以上,普通装饰铬 $0.3\mu m$ 以上) 表面要求对封闭轮廓的所有表面有效	Cu/Ep·Ni5bCr0.3r $Rz\ 0.8$
6	表面粗糙度 一个单向上限值和一个双向极限值 1) 单向 $Ra = 1.6\mu m$ "16% 规则"(默认)(GB/T 10610) 传输带 $-0.8mm$(λs 根据 GB/T 6062 确定) 评定长度 $5 \times 0.8mm = 4mm$(GB/T 10610) 2) 双向 Rz 上限值 $Rz = 12.5\mu m$ 下限值 $Rz = 3.2\mu m$ "16% 规则"(默认) 上、下极限传输带均为 $-2.5mm$("—"连字号表示长波滤波器标注) (λs 根据 GB/T 6062 确定) 上、下极限评定长度均为 $5 \times 2.5mm = 12.5mm$ (即使不会引起争议,也可以标注 U 和 L 符号) 表面处理:钢件,镀镍/铬(电镀光亮镍 $10\mu m$ 以上;装饰铬 $0.3\mu m$ 以上)	Fe/Ep·Ni10bCr0.3r $-0.8/Ra\ 1.6$ $U-2.5/Rz\ 12.5$ $L-2.5/Rz\ 3.2$
7	表面结构和尺寸可以标注在同一尺寸线上 键槽侧壁的表面粗糙度如下 一个单向上限值 $Ra = 3.2\mu m$ "16% 规则"(默认)(GB/T 10610) 默认评定长度($5\lambda c$)(GB/T 6062) 默认传输带(GB/T 10610 和 GB/T 6062) 表面纹理没有要求 去除材料的工艺 倒角的表面粗糙度如下 一个单向上限值 $Ra = 6.3\mu m$ "16% 规则"(默认)(GB/T 10610) 默认评定长度 $5\lambda c$(GB/T 6062) 默认传输带(GB/T 10610 和 GB/T 6062) 表面纹理没有要求 去除材料的工艺	$Ra\ 3.2$ $Ra\ 6.3$ $C2$ $A-A$

(续)

序号	要求	示例
8	表面结构、尺寸和表面处理的标注 示例是三个连续的加工工序 第一道工序：单向上限值，$Rz = 1.6\mu m$；"16% 规则"（默认）；默认传输带及评定长度（$5\lambda c$）；表面纹理无要求；去除材料的工艺 第二道工序：镀铬，无其他表面要求 第三道工序：一个单向上限值，仅对长为 50mm 的圆柱表面有效；$Rz = 6.3\mu m$；"16% 规则"（默认）；默认传输带及评定长度（$5\lambda c$）；表面纹理无要求；磨削加工工艺	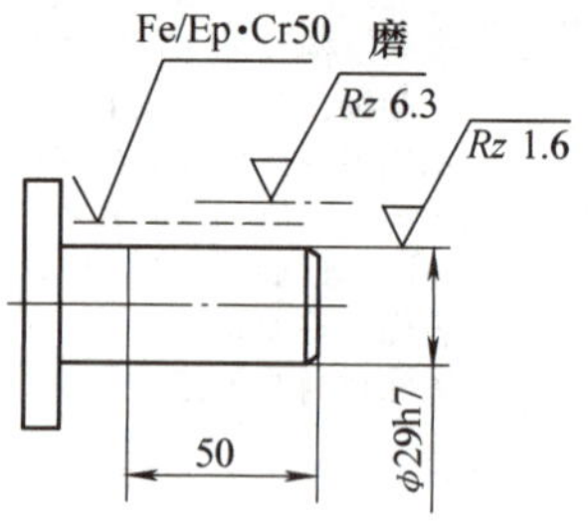
9	齿轮、渐开线花键、螺纹等工作表面没有画出齿（牙）形时，表面粗糙度代号可按图例简化标注在节圆线上或螺纹大径上 中心孔工作表面的粗糙度应在指引线上标出	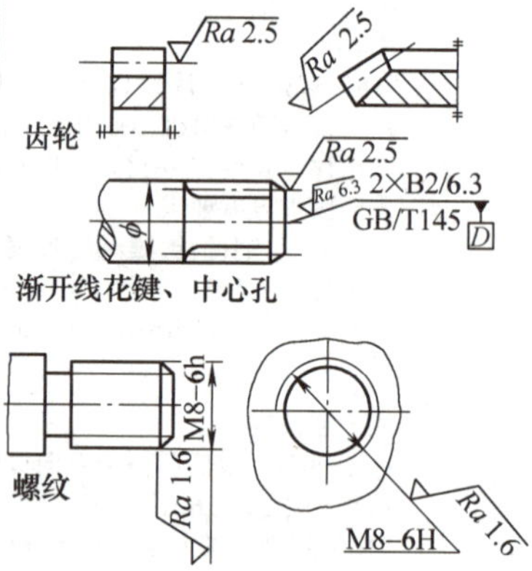
10	表面结构要求标注在几何公差框格的上方 图例表示导轨工作面经刮削后，在 $25mm \times 25mm$ 面积内接触点不小于 10 点，单一上限值 $Ra = 1.6\mu m$；"16% 规则"（默认）；默认传输带及评定长度（$5\lambda c$）	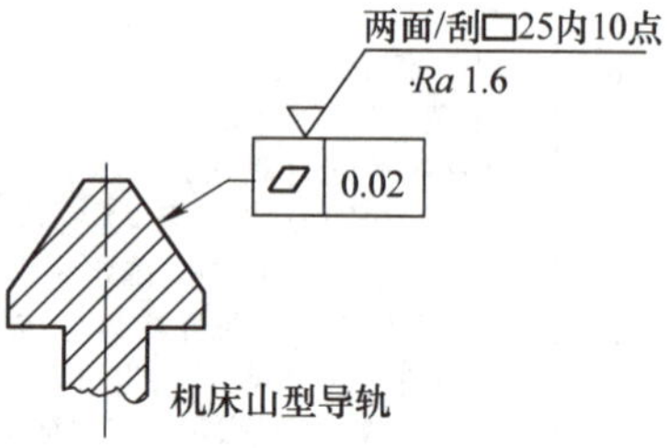

第四节　表面粗糙度数值的选择原则及测量

一、表面粗糙度数值的选择原则

表面粗糙度值是一项重要的技术经济指标，选取时应在满足零件功能要求的前提下，同时考虑工艺的可行性和经济性。确定零件表面粗糙度值时，除有特殊要求的表面外，一般多采用类比法选取。

选择表面粗糙度数值时，一般以考虑以下几点。

1) 满足零件表面功能要求的情况下，尽量选用大一些的数值。
2) 一般情况下，同一个零件上，工作表面（或配合面）的表面粗糙度数值应小于非工作面（或非配合面）的表面粗糙度数值。

3）摩擦面、承受高压和交变载荷的工作面的表面粗糙度数值应小一些。

4）尺寸精度和形状精度要求高的表面，表面粗糙度数值应小一些。

5）要求耐腐蚀的零件表面，表面粗糙度数值应小一些。

6）有关标准已对表面粗糙度要求做出规定的，应按相应标准确定表面粗糙度数值。

有关圆柱体结合的表面粗糙度数值的选用，参看《机械设计手册》和《机械工程标准手册》。

二、表面粗糙度数值的测量

测量表面粗糙度数值的方法很多，下面仅介绍几种常用的检查测量方法及程序，见表5-8。

※表5-8 表面粗糙度数值检验的简化程序（GB/T 10610—2009）

序号	方 法	步 骤
1	目测法	对于那些明显没必要用更精确的方法来检验的工件表面，选择目视法检查。例如，表面质量比规定的表面质量明显地好或明显地不好，或者存在明显的影响表面功能的表面缺陷
2	比较法	如果目视检查不能做出判定，可采用与表面粗糙度样块比较进行触觉和视觉比较的方法
3	测量法	如果用比较法检查不能做出判定，应对目视检查的表面上最有可能出现极值的部位进行测量 （1）在所标出参数符号后面没有注明"max"（最大值）的要求时，若出现下述情况，工件是合格的，并停止检测。否则，工件应判废 第1个测得值不超过图样上规定值的70%；最初的3个测得值不超过规定值；最初的6个测得值中只有1个值超过规定值；对最初的12个测得值中只有两个值超过规定值；对重要零件判废前，有时可做多于12次的测量 （2）在标注的参数符号后面标有"max"时，一般在表面可能出现最大值处（如有明显可见的深槽处）至少应进行三次测量；如果表面呈均匀痕迹，则可在均匀分布的三个部位进行测量 （3）利用测量仪器能获得可靠的粗糙度检验结果。因此，对于要求严格的零件，开始就应直接使用测量仪器进行检验

三、常用表面粗糙度值的测量方法的特点

高技能人员应做到对工件的表面缺陷与粗糙度、几何误差进行全面准确的区分与检测。

1）目测法常用于 加工人员技能强；加工设备精度良好且稳定；工件的材质可靠的状况，但应用的前提条件为：保证工序过程中定时、定量抽检合格。

2）比较法就是将被测零件表面与表面粗糙度样块（图5-11a）通过视觉、触感或其他方法进行比较后，对被检表面的粗糙度做出基本准确的评定的方法。

用比较法评定表面粗糙度虽然不能精确地得出被检表面的粗糙度数值，但由于其器具简单，使用方便且能满足一般的生产要求，故常用于生产现场，经常使用包括车、磨、镗、铣、刨等机械加工用的表面粗糙度比较样块。

3）针描法又称接触法：它是利用金刚石针尖与被测表面相接触，当针尖以一定速度沿着被测表面移动时，被测表面的微观不平将使触针在垂直于表面轮廓的方向上产生上下移

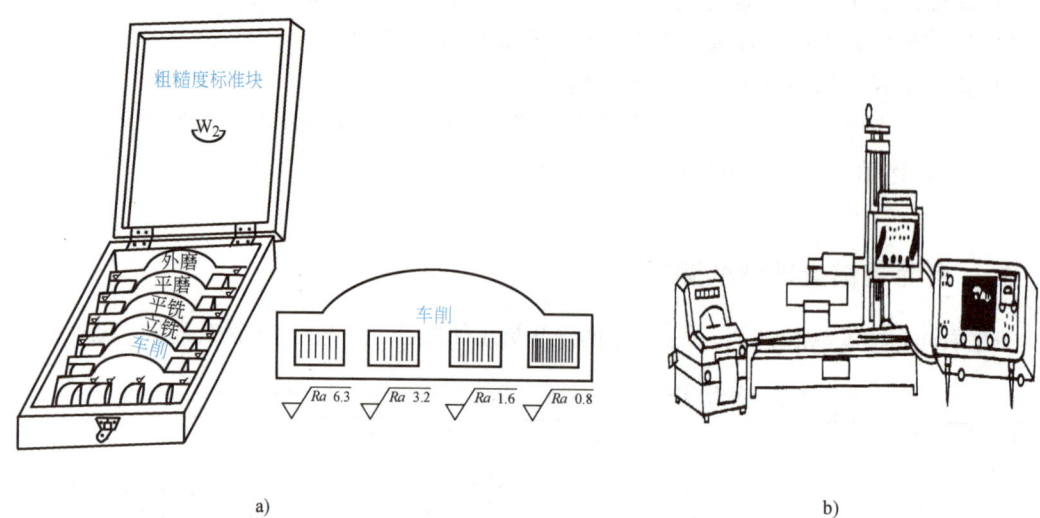

图 5-11 表面粗糙度测量仪器
a) 表面粗糙度样块 b) 电动轮廓表面仪（2201 型）

动，将这种上下移动转换为电量并加以处理，人们可对记录装置记录得到的实际轮廓图进行分析计算，或直接从仪器的指示表中获得参数值。

采用针描法测量表面粗糙度值的仪器称为电动轮廓表面仪（图 5-11b），它可以直接指示 Ra 值，也可以经放大器记录出图形，作为 Rz 等多种参数的评定依据。该类仪器的优点是不受工件大小制约，可在大型工件上测取数据，避免因取样而破坏工件的麻烦，因此应优先选用。此方法测得的 Ra 值一般在 $0.01 \sim 6.3 \mu m$，甚至为 $20 \mu m$。

符合新标准的接触（触针）式新型智能化仪器（轮廓计和轮廓记录仪）如 TR101 型及 SJ-301/RJ-201 型便携式表面粗糙度测量仪可测得 Ra、Rz 等参数，如图 5-12 所示。

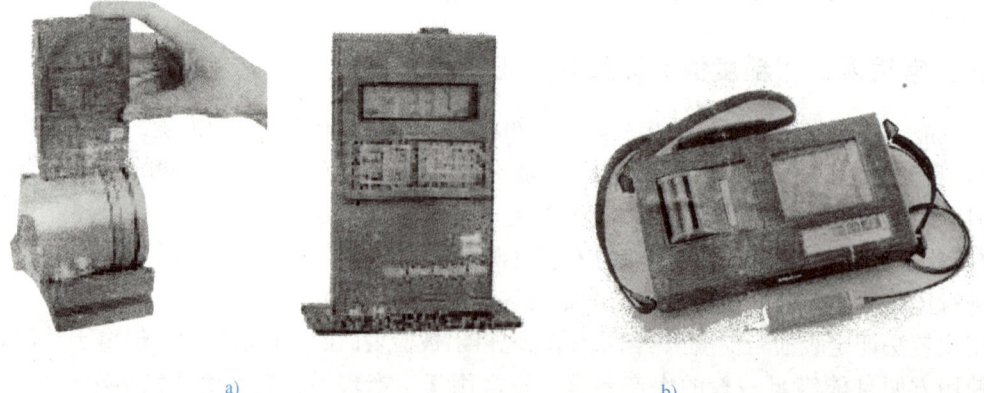

图 5-12 常用便携式表面粗糙度测量仪
a) TR101 袖珍表面粗糙度仪 b) SJ-301 表面粗糙度测量仪

小　结

1. 本章介绍了表面缺陷、表面粗糙度两类最常见的表面质量控制环节，这是确保零件发挥使用功能的基本要求，应同时关注。

2. 讲述了常见表面缺陷的术语及分类；表面粗糙度的基本术语及定义、标准和选用原则。

3. 按不同高度值区分几何形状误差时，零件加工的形状误差为 0.02mm 到几毫米；表面波度为 0.1~50μm；表面粗糙度值则为 0.01μm 到几百微米。检测表面粗糙度应优先选用 Ra 指标并使用触针式仪器测量工件表面。掌握机械加工中，常用车、铣、磨各工种表面粗糙度样块的使用方法及特点。

4. 常用的参数值范围（Ra 为 0.025~6.3μm，Rz 为 0.1~25μm），推荐优先选用 Ra。

习题与练习五

5-1　工件表面缺陷的特征是什么？它与表面粗糙度的本质区别在哪里？

5-2　试述表面粗糙度评定参数 Ra 和 Rz 的含义。

5-3　简述表面粗糙度常用的测量方法和测量仪器。

5-4　加工中或完工的工件，存在表面缺陷的可接受性，取决于表面的_____，并由适当地_____来确定。

5-5　检验表面粗糙度有_____、_____和_____三种方法。对大尺寸、高精度工件，在保持工件尺寸及形状完整的前提下，应选用_____的方法和_____仪器。

第六章 典型零件的公差及检测

第一节 圆锥的公差配合及检测

内容构架

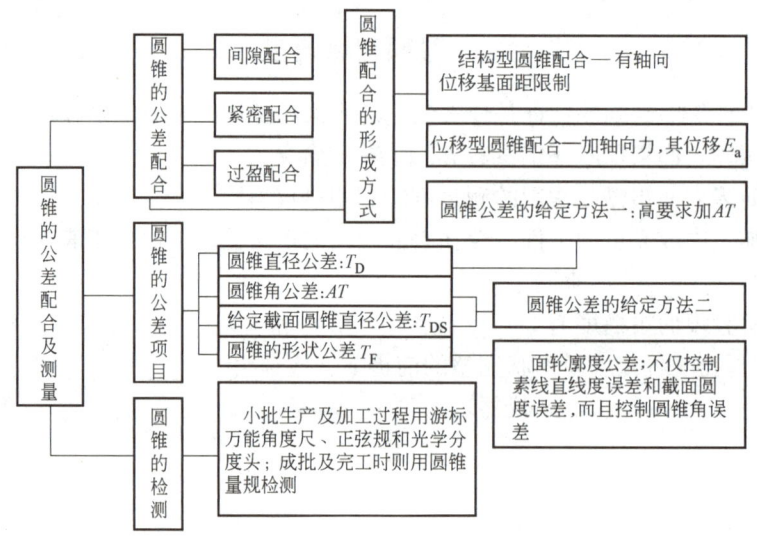

知识要点

1. 掌握圆锥公差配合的术语含义及圆锥配合的特点。
2. 识读内、外圆锥基本术语及圆锥尺寸标注。
3. 学会圆锥工件的常用测量方法。

圆锥连接是机械设备中常用的典型结构。圆锥配合与圆柱配合相比,具有较高精度的对中性,配合间隙或过盈的大小可以自由调整,能利用自锁性来传递转矩,并有良好的密封性。但是,圆锥连接在结构上比较复杂,影响其互换性的参数较多,加工和检测也较困难,因此常用于对中性或密封性要求较高的场合。

一、圆锥的术语及定义(GB/T 15754—1995)

圆锥分为内圆锥(圆锥孔)和外圆锥(圆锥轴)两种,其主要几何参数如图6-1所示。

(1) 圆锥角　在通过圆锥轴线的截面内，两条素线间的夹角称为圆锥角，用符号 α 表示。

圆锥素线角 α/2 指圆锥素线与轴线间的夹角，它等于圆锥角的一半。

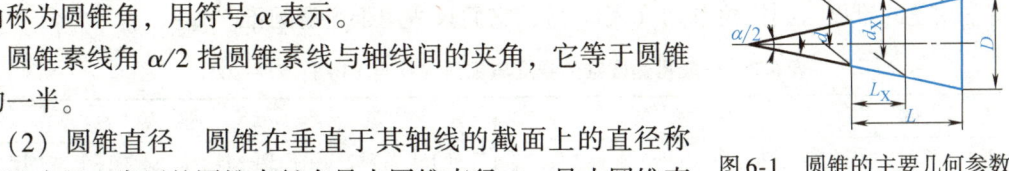

图 6-1　圆锥的主要几何参数

(2) 圆锥直径　圆锥在垂直于其轴线的截面上的直径称为圆锥直径。常用的圆锥直径有最大圆锥直径 D、最小圆锥直径 d 和给定截面处的圆锥直径 d_X。

(3) 圆锥长度　最大圆锥直径截面与最小圆锥直径截面之间的轴向距离称为圆锥长度，用符号 L 表示。给定截面与基准端面之间的距离用符号 L_X 表示。

(4) 锥度　两个垂直于圆锥轴线截面的圆锥直径之差与该两截面的轴向距离之比称为锥度，用符号 C 表示，如最大圆锥直径 D 与最小圆锥直径 d 之差对圆锥长度 L 之比，即

$$C = (D-d)/L \tag{6-1}$$

锥度 C 与圆锥角 α 的关系为

$$C = 2\tan(\alpha/2) = 1:\cot(\alpha/2)/2 \tag{6-2}$$

锥度一般用比例或分数表示，例如 $C = 1:5$ 或 $C = 1/5$。

※在零件图样上，只要标注一个圆锥直径（D、d 或 d_X）、圆锥角 α 和圆锥长度（L 或 L_X），或者标注最大与最小圆锥直径 D、d 和圆锥长度 L（图 6-1 及表 6-1），则该圆锥就被完全确定了。

表 6-1　圆锥尺寸的标注

标 注 方 法	图　例
由最大端圆锥直径 D、圆锥角 α 和圆锥长度 L 组合	
由最小端圆锥直径 d、圆锥角 α 和圆锥长度 L 组合	
由给定截面处直径 d_X、圆锥角 α、给定截面的长度 L_X 和圆锥总长度 L' 组合	
由最大端圆锥直径 D、最小端圆锥直径 ϕd 及圆锥长度 L 组合	
增加附加尺寸 $\dfrac{\alpha}{2}$，此时 $\dfrac{\alpha}{2}$ 应加括号作为参考尺寸	

GB3/T 157—2001《锥度和角度系列》规定了一般用途的锥度与圆锥角系列（表6-2）和特殊用途的锥度与圆锥角系列（表6-3），它们只适用于光滑圆锥。

表6-2　一般用途圆锥的锥度与锥角（摘自 GB/T 157—2001）

基 本 值		推 算 值		基 本 值		推 算 值	
系列1	系列2	圆锥角 α	锥度 C	系列1	系列2	圆锥角 α	锥度 C
120°	—	—	—	1:0.288675	1:8		7°9′9.6″	7.152669°
90°	—	—	—	1:0.500000	1:10		5°43′29.3″	5.724810°
	75°	—	—	1:0.651613	1:12		4°46′8.8″	4.771888°
60°	—	—	—	1:0.866025	1:15		3°49′5.9″	3.818305°
45°	—	—	—	1:1.207107	1:20		2°51′51.1″	2.864192°
30°	—	—	—	1:1.866025	1:30		1°54′34.9″	1.909683°
1:3		18°55′28.7″	18.924644°	—	1:40		1°25′56.4″	1.432320°
	1:4	14°15′0.1″	14.250033°	—	1:50		1°8′45.2″	1.145877°
1:5		11°25′16.3″	11.421186°	—	1:100		0°34′22.6″	0.572953°
	1:6	9°31′38.2″	9.527283°	—	1:200		0°17′11.3″	0.286478°
	1:7	8°10′16.4″	8.171234°	—	1:500		0°6′52.5″	0.114692°

表6-3　特殊用途圆锥的锥度与锥角（摘自 GB/T 157—2001）

锥 度 C	圆 锥 角 α		适 用
7:24(1:3.429)	16°35′39.4″	16.594290°	机床主轴 工具配合
1:19.002	3°0′53″	3.014554°	莫氏锥度 No. 5
1:19.180	2°59′12″	2.986590°	莫氏锥度 No. 6
1:19.212	2°58′54″	2.981618°	莫氏锥度 No. 0
1:19.254	2°58′31″	2.975117°	莫氏锥度 No. 4
1:19.922	2°52′32″	2.875402°	莫氏锥度 No. 3
1:20.020	2°51′41″	2.861332°	莫氏锥度 No. 2
1:20.047	2°51′26″	2.857480°	莫氏锥度 No. 1

在零件图样上，锥度用特定的图形符号和比例（或分数）来标注，见表6-4。

表6-4　锥度的标注方法

标注方法	图 例
由锥度 C、最大端圆锥直径 D 及圆锥长度 L 组合	

(续)

标注方法	图例
由锥度 C、最小端圆锥直径 d 及圆锥长度 L 组合	
由锥度 C、给定截面处直径 d_X、给定截面长度 L_X 及圆锥总长度 L' 组合	
采用莫氏锥度时，用相应标准中规定的标记表示	

※若在图样上标注了锥度，就不必标注圆锥角，两者不应重复标注。

二、圆锥公差的术语及定义（GB/T 11334—2005）

1. 公称圆锥

公称圆锥是设计时给定的圆锥。它是一种理想形状的圆锥如图 6-1 所示，由一个公称圆锥直径、公称圆锥角（或公称锥度）和公称圆锥长度三个基本要素确定。

公称圆锥用两种形式确定。

1）由一个公称圆锥直径（最大圆锥直径 D、最小圆锥直径 d、给定截面圆锥直径 d_X）与公称圆锥长度 L、公称圆锥角 α 或公称锥度 C 确定。

2）由两个公称圆锥直径（ϕD 与 ϕd）和公称圆锥长度 L 确定，见表 6-1。

2. 实际圆锥

实际圆锥是实际存在并与周围介质分隔，可通过测量得到的圆锥，如图 6-2 所示。

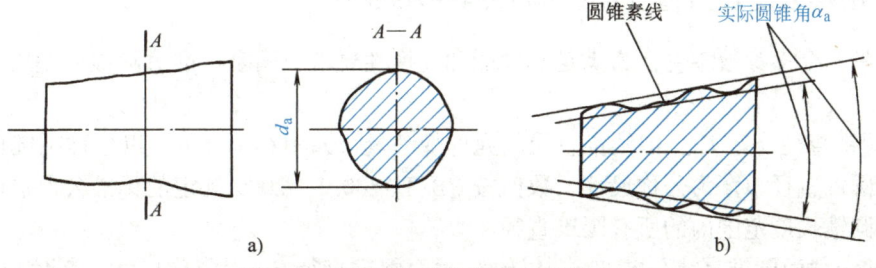

图 6-2 实际圆锥的直径 d_a 及圆锥角 α_a

（1）实际圆锥直径 d_a 即实际圆锥上的任一直径。

（2）实际圆锥角 α_a 即实际圆锥的任一轴向截面内，包容其素线且距离为最小的两对平行直线之间的夹角。

3. 极限圆锥

与公称圆锥共轴且圆锥角相等、直径分别为上极限尺寸和下极限尺寸的两个圆锥称为极限圆锥。垂直于圆锥轴线的所有截面上，这两个圆锥的直径差都相等，如图6-3所示。

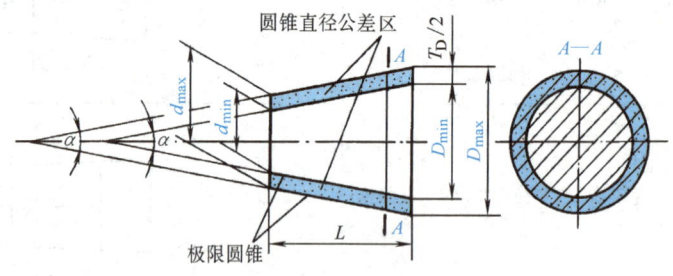

图6-3 极限圆锥和圆锥直径公差区

（1）极限圆锥直径 极限圆锥直径是极限圆锥上的任一直径。如图6-3中的D_{max}、D_{min}、d_{max}和d_{min}。

（2）极限圆锥角 极限圆锥角是允许的上极限或下极限圆锥角，如图6-4中的α_{max}和α_{min}。

4. 给定截面圆锥直径公差 T_{DS}

给定截面圆锥直径公差即在垂直圆锥轴线的给定截面内，圆锥直径允许的变动量，如图6-5所示，图中T_{DS}是一个无符号的绝对值。

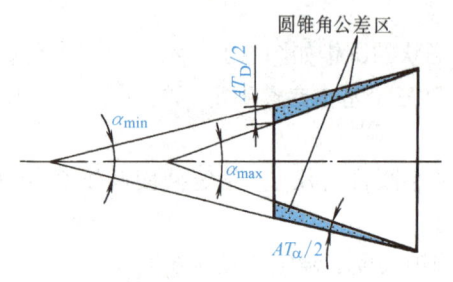

图6-4 极限圆锥角和圆锥角公差区

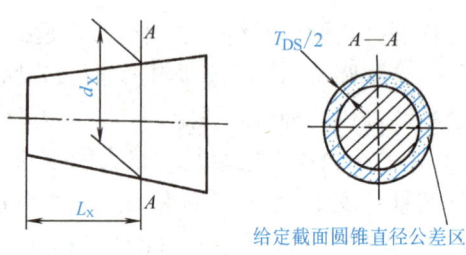

图6-5 给定截面圆锥直径公差区

三、圆锥公差及数值（GB/T 11334—2005）

圆锥是一个多参数零件，为满足其性能和互换性要求，国家标准对圆锥公差给出了四个项目。

1）圆锥直径公差T_D，即圆锥直径的允许变动量，如图6-3所示，以公称圆锥直径（一般取最大圆锥直径D）为公称尺寸，数值按GB/T 1800.1—2009规定的标准公差选取。其数值适用于圆锥长度范围内的所有圆锥直径。

2）给定截面圆锥直径公差T_{DS}，以给定截面圆锥直径d_X为公称尺寸，数值也按GB/T 1800.1—2009规定的标准公差选取。

3）圆锥角公差AT（用角度值AT_α或线性值AT_D给定），如图6-4所示，共分为12个公差等级，分别用AT1、AT2、…、AT12表示，其中AT1精度最高，等级依次降低，AT12精度最低。GB/T 11334—2005《圆锥公差》规定的圆锥角公差的数值见表6-5。

※<u>圆锥角公差 AT4～AT12 等级的应用</u>：AT4～AT6 用于高精度的圆锥量规和角度样板；AT7～AT9 用于工具圆锥、圆锥销和传递大转矩的摩擦圆锥；AT10～AT11 用于圆锥套、锥齿轮等中等精度零件；AT12 用于低精度零件。

4) 圆锥的形状公差 T_F，按 GB/T 5754—1995《技术制图圆锥尺寸和公差注法》的规定选取，GB/T 1184—1996《形状和位置公差未注公差值》可作为其选取公差值的参考。

表 6-5 圆锥角公差（摘自 GB/T 11334—2005）

公称圆锥长度 L /mm		圆锥角公差等级							
		AT4			AT5			AT6	
		AT_α		AT_D	AT_α		AT_D	AT_α		AT_D
大于	至	μrad	(″)	μm	μrad	(″)	μm	μrad	(′)(″)	μm
16	25	125	26″	>2.0～3.2	200	41″	>3.2～5.0	315	1′05″	>5.0～8.0
25	40	100	21″	>2.5～4.0	160	33″	>4.0～6.3	250	52″	>6.3～10.0
40	63	80	16″	>3.2～5.0	125	26″	>5.0～8.0	200	41″	>8.0～12.5
63	100	63	13″	>4.0～6.3	100	21″	>6.3～10.0	160	33″	>10.0～16.0
100	160	50	10″	>5.0～8.0	80	16″	>8.0～12.5	125	26″	>12.5～20.0

公称圆锥长度 L /mm		圆锥角公差等级							
		AT7			AT8			AT9	
		AT_α		AT_D	AT_α		AT_D	AT_α		AT_D
大于	至	μrad	(′)(″)	μm	μrad	(′)(″)	μm	μrad	(′)(″)	μm
16	25	500	1′43″	>8.0～12.5	800	2′45″	>12.5～20.0	1250	4′18″	>20～32
25	40	400	1′22″	>10.0～16.0	630	2′10″	>16.0～20.5	1000	3′26″	>25～40
40	63	315	1′05″	>12.5～20.0	500	1′43″	>20.0～32.0	800	2′45″	>32～50
63	100	250	52″	>16.0～25.0	400	1′22″	>25.0～40.0	630	2′10″	>40～63
100	160	200	41″	>20.0～32.0	315	1′05″	>32.0～50.0	500	1′43″	>50～80

四、圆锥的公差标注

圆锥的公差标注应根据圆锥的功能要求和工艺特点选择公差项目。在图样上标注相配合的内、外圆锥的尺寸和公差时，内、外圆锥必须具有相同的公称圆锥角（或公称锥度），标注直径公差的圆锥直径必须具有相同公称尺寸。

圆锥公差通常可以采用面轮廓度法；有配合要求的结构型内、外圆锥，也可采用基本锥度法，见表 6-6。当圆锥仅对直径有较高要求和密封及非配合要求时，可采用公差锥度法标注锥度 C（图 6-6）。

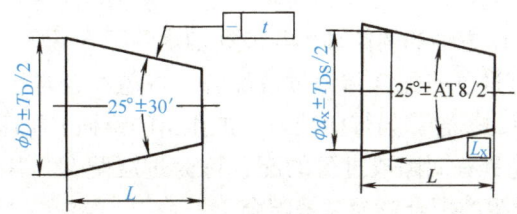

图 6-6 公差锥度法标注实例（各项要求应各自独立考虑）

表 6-6　圆锥公差标注实例

序号	面轮廓度标注法	序号	基本锥度标注法
1	给定圆锥角 α 与最大端圆锥直径 D 给出面轮廓度公差 t	4	给定圆锥角 α 与最大圆锥直径与公差
2	给定锥度 C 与最大端圆锥直径 D 给出面轮廓度公差 t	5	给定锥度与给定截面的圆锥直径与公差
3	给定锥度 C 与轴向位置尺寸 L_X 和 d_X 以理论正确的 C 和 L_X、d_X 给出面轮廓度公差 t	6	给定锥度 C 及最大圆锥直径及公差 同时又给出相对基准 A 的倾斜度公差 t,以限制实际圆锥面相对于基准 A 的倾斜

注：1. 相配合的圆锥面应注意其所给定尺寸的一致性。
　　2. 进一步限制的要求除倾斜度外，还可用直线度、圆度等几何公差项目及控制量规涂色接触率等方法限制。

※当圆锥公差给定方法为圆锥角 α（或锥度 C）和直径 T_D 时，按 GB/T 11334—2005 推荐圆锥直径偏差后标注 "Ⓣ" 符号，如 $\phi 50^{+0.039}_{0}$ Ⓣ。

五、圆锥配合的种类、术语及定义（GB/T 12360—2005）

圆锥配合是指基本圆锥相同的内、外圆锥直径之间，由于结合不同所形成的相互关系。

1. 圆锥配合的种类

圆锥配合由于松紧程度不同可分为间隙配合、紧密配合和过盈配合三类。

（1）间隙配合　具有间隙的配合称为间隙配合。间隙配合主要用于有相对运动的、间隙可以调整的场合，如车床主轴的圆锥轴颈与滑动轴承的配合。

（2）过盈配合　具有过盈的配合称为过盈配合。过盈配合常用于具有自锁性、过盈量大小可调或定心传递转矩的场合，如带柄铰刀、扩孔钻的锥柄与机床主轴锥孔的配合。

（3）过渡配合　可能具有间隙或过盈的配合称为过渡配合，其中要求内、外圆锥紧密接触，间隙为零或稍有过盈的配合称为紧密配合。

为了保证良好的密封性，通常将内、外锥面成对研磨，此时相配合的零件无互换性。

2. 圆锥配合的形成特点

基面距是相互配合的圆锥基准平面之间的距离。它用于极限初始（或终止）位置的计算和检测，导出了圆锥参数间计算及检测的方法。

基面距基准平面可选在圆锥直径的大端或小端，如图 6-7 所示，即是基面距所处的位置。

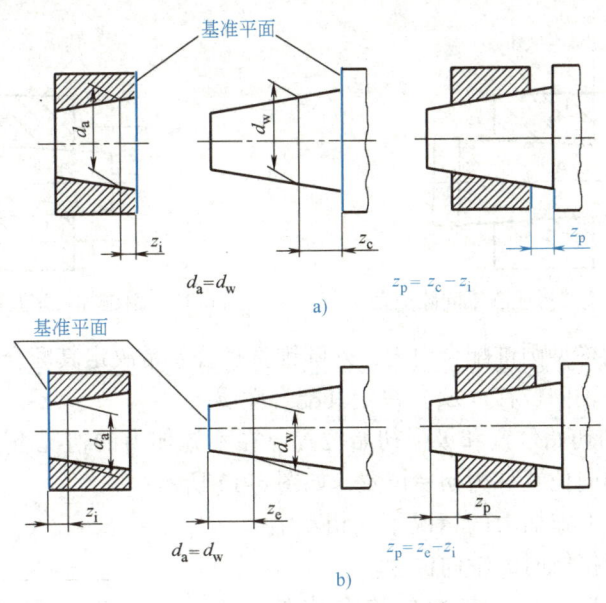

图 6-7 基准平面的位置
a）基准平面在锥体直径大端形成基面距　b）基准平面在锥体直径小端形成基面距

圆锥配合的配合特征是通过规定相互结合的内、外圆锥的轴向相对位置形成间隙或过盈的。按圆锥轴向位置的不同，圆锥配合的形成有以下两种方式。

（1）结构型圆锥配合　由内、外圆锥的结构或基面距确定它们之间最终的轴向相对位置，并因此获得指定配合性质的圆锥配合。

例如，图 6-8 所示为由内、外圆锥的轴肩接触得到的间隙配合，图 6-9 所示为由保证基面距得到过盈配合的示例。

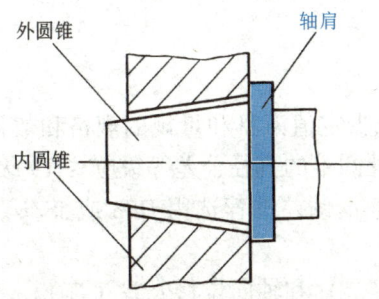

图 6-8 由结构形成的圆锥间隙配合

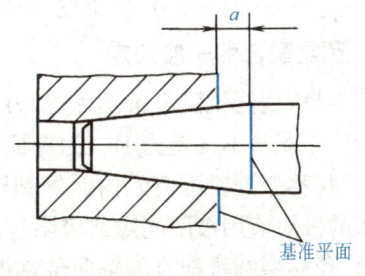

图 6-9 由基面距形成的圆锥过盈配合

（2）位移型圆锥配合　由内、外圆锥实际初始位置（P_a）开始，作一定的相对轴向位移（E_a）或施加一定的装配力产生轴向位移而获得的圆锥配合。

例如，图 6-10 所示是在不受力的情况下，内、外圆锥相接触，由实际初始位置 P_a 开始，内圆锥向左作轴向位移 E_a，到达终止位置 P_f 而获得的间隙配合。图 6-11 所示为由实际初始位置 P_a 开始，对内圆锥施加一定的装配力，使内圆锥向右产生轴向位移 E_a，到达终止位置 P_f 而获得的过盈配合。

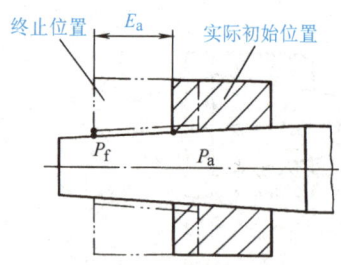
图 6-10　由相对轴向位移形成圆锥间隙配合

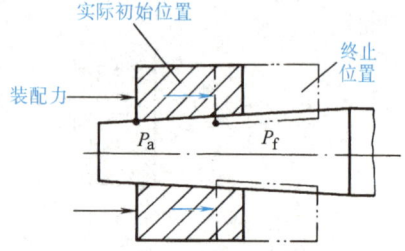
图 6-11　由施加一定装配力形成圆锥过盈配合

※应当指出：结构型圆锥配合由内、外圆锥直径公差带决定其配合性质；位移型圆锥配合由内、外圆锥相对轴向位移（E_a）决定其配合性质。

（3）圆锥配合的初始位置和极限初始位置　在不施加力的情况下，相互结合的内、外圆锥表面接触时的轴向位置称为初始位置，如图 6-12 所示。

初始位置 P：在不施加力的情况下，相互结合的内、外圆锥表面接触时的轴向位置。

极限初始位置 P_1、P_2：初始位置允许的界限。

极限初始位置 P_1：内圆锥以最小极限圆锥、外圆锥以最大极限圆锥接触时的位置。

极限初始位置 P_2：内圆锥以最大极限圆锥、外圆锥以最小极限圆锥接触时的位置。

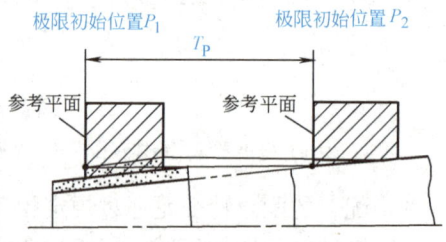
图 6-12　极限初始位置和初始位置公差

初始位置公差 T_p：实际初始位置必须位于极限初始位置的范围内，表征初始位置的允许变动量，等于 P_1 和 P_2 间的距离，即

$$T_p = (T_{Di} + T_{De})/C \tag{6-3}$$

式中　C——锥度；

T_{Di}（T_{De}）——内（外）圆锥的直径公差。

3. 圆锥配合的一般规定

1）结构型圆锥配合推荐优先采用基孔制。为了减少定值刀具和量规的规格和数目，内圆锥的公差取基本偏差为 H，为保证配合精度，内、外圆锥的直径公差等级应≤IT9 级。

2）位移型圆锥配合的内、外圆锥直径公差带的基本偏差推荐选用 H/h 或 JS/js。其轴向位移的极限值用极限间隙或极限过盈来计算。

3）位移型圆锥配合的轴向位移极限值（E_{amin}、E_{amax}）和轴向位移公差（T_E）。

相互结合的内、外圆锥从实际初始位置移动到终止位置的距离所允许的界限称为极限轴向位移。

得到最小间隙 S_{min} 或最小过盈 δ_{min} 的轴向位移称为最小轴向位移 E_{amin}；得到最大间隙 S_{max} 或最大过盈 δ_{max} 的轴向位移称为最大轴向位移 E_{amax}。实际轴向位移应在 $E_{amin} \sim E_{max}$ 范围内，如图 6-13 所示。

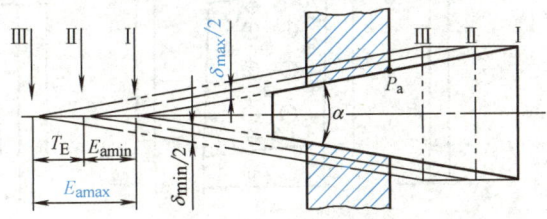

图 6-13　轴向位移及其公差

Ⅰ—实际初始位置　Ⅱ—最小过盈位置　Ⅲ—最大过盈位置

轴向位移的变动量称为轴向位移公差 T_{Ea}，它等于最大轴向位移与最小轴向位移之差，即

$$T_E = E_{amax} - E_{amin} \tag{6-4}$$

对于间隙配合

$$E_{amin} = \frac{|S_{min}|}{C}, \quad E_{amax} = \frac{|S_{max}|}{C}$$

$$T_E = \frac{S_{max} - S_{min}}{C} \tag{6-5}$$

对于过盈配合

$$E_{amin} = \frac{|\delta_{min}|}{C}, \quad E_{amax} = \frac{|\delta_{max}|}{C}$$

$$T_E = \frac{|\delta_{max} - \delta_{min}|}{C} \tag{6-6}$$

对于过渡配合

$$T_E = \frac{|S_{max} - \delta_{max}|}{C} \tag{6-7}$$

式中　C——轴向位移折算为径向位移的系数，即锥度。

4) 圆锥的表面粗糙度。圆锥表面粗糙度的选用参见表 6-7。

表 6-7　圆锥的表面粗糙度推荐值

连接形式 表面粗糙度值 表面	定心连接	紧密连接	固定连接	支承轴	工具圆锥面	其他
	Ra 不大于/μm					
外表面	0.4~1.6	0.1~0.4	0.4	0.4	0.4	1.6~6.3
内表面	0.8~3.2	0.2~0.8	0.6	0.8	0.8	1.6~6.3

六、圆锥角和锥度的检测

1. 比较测量法

比较测量法是用定角度量具与被测角度相比较，用光隙法或涂色法估计被测角度的偏差。比较测量法常用的量具有角度量块、90°角尺、圆锥量规、角度量块或锥度样板等，如

图 6-14 所示。

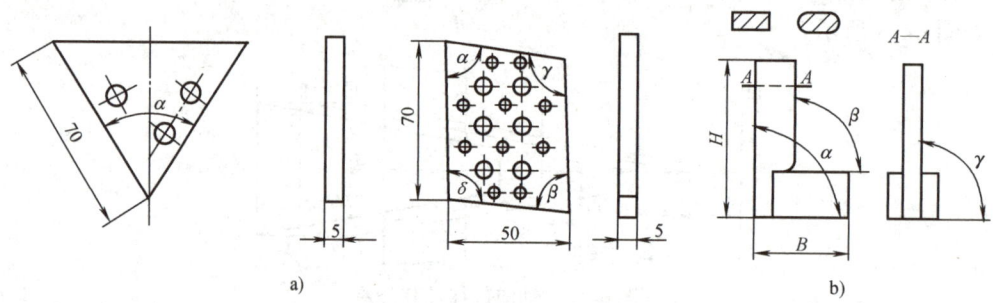

图 6-14 角度量块及 90°角尺
a) 角度量块　b) 90°角尺

圆锥量规用于检验成批生产的内、外圆锥的锥度和基面距偏差，检验内锥体用锥度塞规，检验外锥体用锥度环规。圆锥量规的结构形式如图 6-15 所示。

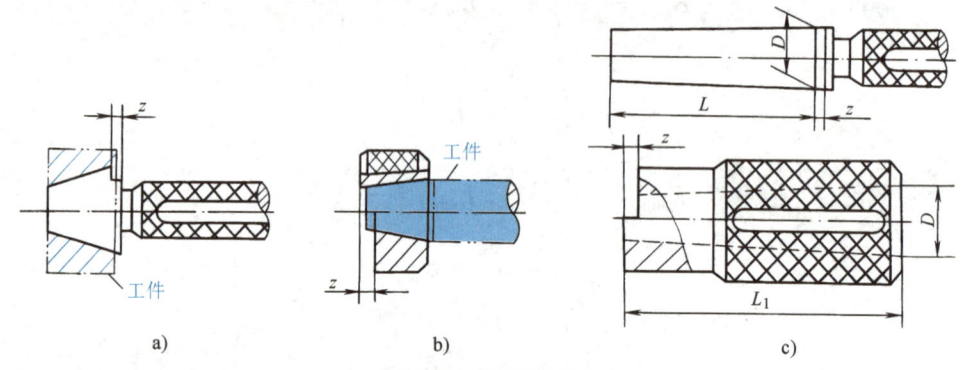

图 6-15 圆锥量规
a) 工件为圆锥孔　b) 工件为圆锥轴
c) 锥度塞规与环规

圆锥连接时，一般对锥度要求比对直径要求严格，所以用圆锥量规检验工件时，首先用涂色法检验工件的锥度，即在量规上沿母线方向薄薄地涂上 2~3 条显示剂（红丹粉或蓝油），然后轻轻地和工件相对转动（转动角度不大于 180°），根据着色接触情况的接触率判断锥角偏差，显示剂是否均匀地被擦去说明锥角偏差的大小，称为涂色研合法。对涂色层厚度及接触率的要求详见 GB/T 11852—2003。

然后，再用圆锥量规检验工件配合的基面距偏差，即基面距处于圆锥量规上相距为 z 的两条刻线之间为合格，z 为允许的轴向位移量单位为 mm。

圆锥工作量规锥角公差分为 3 级：

1 级圆锥工作量规：用于检验工件锥角的公差等级为 AT3 和 AT4；

2 级圆锥工作量规：用于检验工件锥角的公差等级为 AT5 和 AT6；

3 级圆锥工作量规：用于检验工件锥角的公差等级为 AT7 和 AT8。

2. 直接测量法

直接测量法就是直接从角度计量器具上读出被测角度。对于精度不高的工件，常用游标万能角度尺进行测量,如图6-16所示;对精度高的角度工件,则常用光学分度头(图6-17)测量,其分度值有1″、2″、5″和10″等。

3. 间接测量法

间接测量法是指测量与被测角度有关的线值尺寸,通过三角函数的关系计算被测角度值,常用的计量器具为正弦规。

测量前,首先按公式 $h=L\sin\alpha$ 计算量块组的高度(式中 α 为公称圆锥角,L 为正弦尺两圆柱中心距,分为100mm和200mm两种),完成上述工作后,可按图6-18所示进行测量。

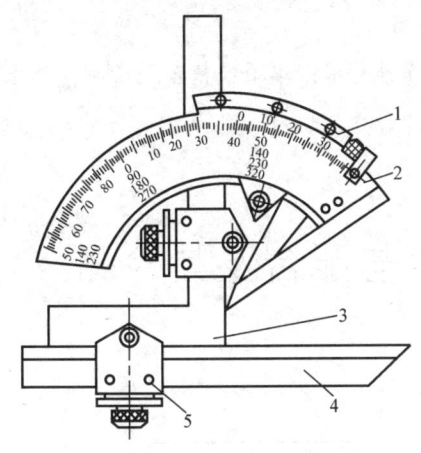

图6-16 游标万能角度尺
1—游标尺 2—尺身 3—90°角尺架
4—直尺 5—夹子

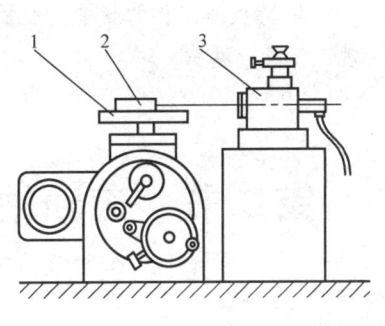

图6-17 用光学分度头和自准直仪检定角度块
1—专角检具 2—被检角度块 3—自准直仪

如果被测角度有偏差,则 a、b 两点距离 l 的表示值必有一读数差值 Δh,此时锥度偏差(rad)为

$$\Delta C = \Delta h/l$$

如换算成锥角偏差 $\Delta\alpha$ (″)时,可按下式近似计算

因 $1\text{rad} = 2.06 \times 10^5 ″$,则

$$\Delta\alpha = 2.06 \times 10^5 \times \Delta h/l$$

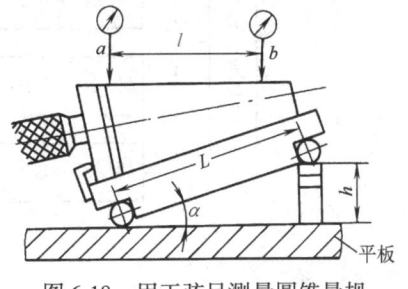

图6-18 用正弦尺测量圆锥量规

【例6-1】 有一位移型圆锥配合,锥度 C 为1:30,内、外圆锥的公称直径为60mm,要求装配后得到 H7/u6 的配合性质,试计算极限轴向位移并确定轴向位移公差。

解:按 ϕ60H7/u6,可查表得 $\delta_{\min} = -0.057\text{mm}$,$\delta_{\max} = -0.106\text{mm}$。按式(6-6)和式(6-4)计算得

最小轴向位移 $E_{a\min} = |\delta_{\min}|/C = 0.057\text{mm} \times 30 = 1.71\text{mm}$

最大轴向位移 $E_{a\max} = |\delta_{\max}|/C = 0.106\text{mm} \times 30 = 3.18\text{mm}$

轴向位移公差 $T_E = E_{a\max} - E_{a\min} = (3.18 - 1.71)\text{mm} = 1.47\text{mm}$

小结（一）

1. 圆锥配合的形成有两种方式：结构型配合由保证基面距 "z" 得到圆锥间的间隙或过盈；位移型配合由轴向位移量 E_a 得到圆锥间的间隙或过盈。

2. 圆锥公差项目有 4 个，即圆锥直径公差 T_D、给定截面圆锥直径公差 T_{DS}、圆锥角公差 AT 和圆锥的形状公差 T_F。

3. 圆锥公差的给定有两种方法，分别是给出圆锥理论正确圆锥角 α；或锥度 C 和 T_D 及给出 T_{DS} 和 AT。

4. 对圆锥工件的测量，批量生产时，多用圆锥量规；单项或精密测量时，用正弦规或光学分度头。

第二节　滚动轴承的公差与配合及其检测

内容构架

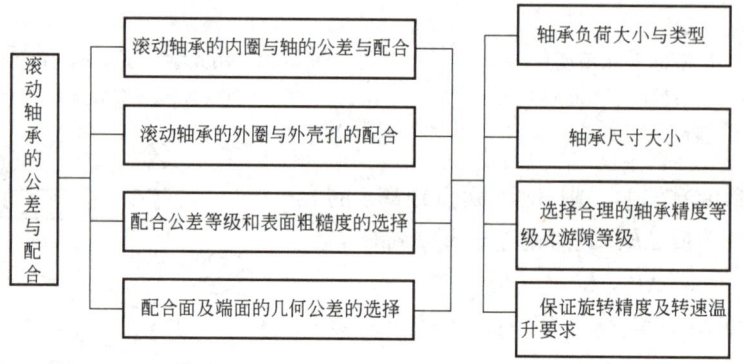

内容要点

1. 掌握滚动轴承的公差等级代号与游隙代号的意义和应用。
2. 了解轴承公差及其特点。
3. 掌握滚动轴承与轴及外壳孔配合的公差带的特点，配合面粗糙度及几何公差等级。

一、滚动轴承概述

滚动轴承是机械制造业中应用极为广泛的一种标准部件，通用轴承一般由外圈、内圈、滚动体（钢球或滚子）和保持架组成，如图 6-19 所示。滚动轴承具有减摩、承受径向载荷、轴向载荷或径向与轴向联合载荷，并起对机械零部件相互间位置进行定位的功能。

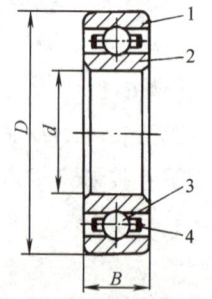

图 6-19　通用滚动轴承
1—外圈　2—内圈　3—滚动体　4—保持架

滚动轴承的工作性能及使用寿命不仅与其精度有关，而且与安装的支架或箱体孔直径 D、传动轴颈直径 d 及套圈宽度 B（内圈）或 C（外圈）的配合尺寸精度、几何精度及表面粗糙度有关。

二、滚动轴承的公差等级及应用（GB/T 307.1—2005）

1. 轴承的尺寸精度

轴承的尺寸精度指轴承内径、外径和宽度等尺寸公差；轴承的旋转精度指轴承内、外圈的径向圆跳动、端面对滚道的跳动和端面对内孔的跳动等公差。

2. 轴承制造精度用公差等级

轴承制造精度用公差等级由低到高分为 0 级、6（6x）级、5 级、4 级、2 级五个级别，代号为 P0、P6、P6X、P5、P4 和 P2。只有向心轴承（圆锥滚子轴承除外）有 2 级；圆锥滚子轴承有 6x 级而无 6 级；推力轴承无 6x 级和 2 级；0 级为普通级，代号省略不标注，应用最广，2 级是最高级，市面上很少有现货。

3. 滚动轴承各级精度的应用情况

1）0 级为普通精度级，各类轴承均有 0 级精度的产品，在机器制造业中应用最广，用于旋转精度要求不高的中等负荷、中等转速的一般机构中，如广泛用于普通机床变速机构、进给机构，汽车和拖拉机中的变速机构，普通电动机、水泵和内燃机、压缩机和涡轮机中。

2）6、6x、5、4 和 P2 级统称为高精度级轴承，均应用于旋转精度要求较高或转速较高的旋转机构中，如普通机床的主轴，前轴承多用 P5 级，后轴承多用 P6 级。较精密机床主轴的轴承采用 P4 级，精密仪器和仪表的旋转机构也常用 P4 级轴承。

3）P2 级是最高精度级别的轴承，应用在高精度、高速运转、特别精密机械的主要部位上，如精密坐标镗床主轴。

4. 滚动轴承的配合

滚动轴承安装在机器上，其内圈与轴颈配合，外圈与外壳孔配合。它们的配合性质应保证轴承的工作性能，因此必须满足下列两项要求。

1）合理必要的旋转精度。轴承工作时其内、外圈和端面的跳动能引起机件运转不平稳，从而导致振动和噪声。

2）滚动体与套圈之间有合适的径向游隙和轴向游隙，如图 6-20 所示。此游隙指在非预紧和不承受任何外载荷状态下的游隙。

5. 滚动轴承的游隙

滚动轴承的游隙指一个套圈固定时，另一个套圈沿径向或轴向由一个极端位置到另一个极端位置的最大活动量。

径向或轴向游隙过大，均会引起轴承较大的振动和噪声，以及转轴的径向或轴向窜动。

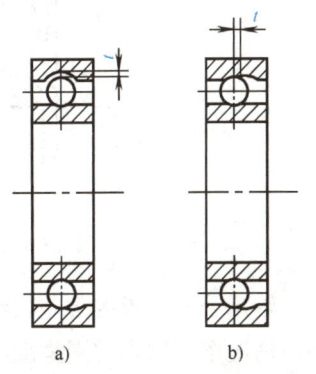

图 6-20 滚动轴承游隙

a）径向游隙 b）轴向游隙

游隙过小,则因滚动体与套圈之间产生较大的接触应力而摩擦发热,以致使轴承寿命下降。

游隙代号分为6组,常用基本组代号为0,且一般不标注。

公差等级代号与游隙代号需同时表示时,可进行简化,取公差等级代号加上游隙组号(0组不表示)组合表示。0组称基本组,其他组称辅助组,为C1、C2、0、C3、C4、C5组,其游隙依次由小到大。滚动轴承径向游隙数值见GB/T 4604—2006。

三、滚动轴承公差及其特点

1. 滚动轴承的尺寸公差特点

滚动轴承的尺寸公差主要指成套轴承的内径和外径的公差。滚动轴承的内圈和外圈都是薄壁零件,在制造和保管过程中容易变形,但当轴承内圈与轴和外圈与外壳孔装配后,这种微量变形又能得到矫正,在一般的情况下,也不影响工作性能。因此,国家标准对轴承内径和外径两种尺寸公差及形状公差做了规定。

两种尺寸公差为:

一是规定了内、外径尺寸的最大值和最小值所允许的极限偏差(即单一内、外径偏差 Δ_{ds}、Δ_{DS}),其主要目的是限制变形量。

二是规定了内、外径实际量得尺寸的最大值和最小值的平均值极限偏差(即单一平面平均内、外径偏差 Δd_{mp} 和 ΔD_{mp}),主要目的是控制轴承与轴和外壳孔装配后的配合尺寸偏差。

2. 轴承内、外径尺寸公差的特点

轴承内、外径尺寸公差采用单向制,即所有公差等级的公差都单向配置在零线下侧,即上极限偏差为零,下极限偏差为负值,如图6-21所示。

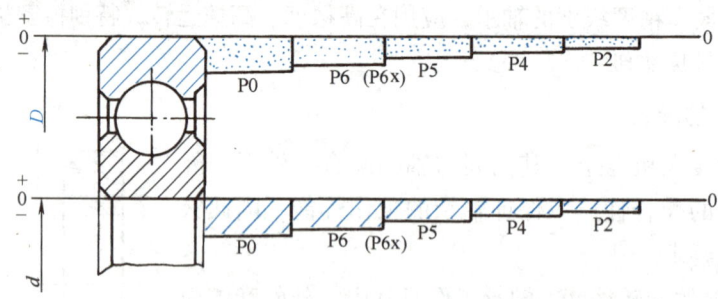

图6-21 不同公差等级轴承内、外径公差带的分布图

轴承公差等级的公差带都偏置在零线之下,这主要是考虑轴承配合的特殊需要。因为在多数情况下,轴承内圈是随轴一起转动的,两者之间的配合必须有一定的过盈。但由于内圈是薄壁零件,且使用一定时间之后,轴承往往要拆换,因此过盈量的数值又不宜过大。

当轴承内孔的公差带与一般基准孔的公差带相同,单向偏置在零线上侧,并采用《极限与配合》标准中推荐的常用(或优先)的过盈配合时,所取得的过盈量往往太大;如改用过渡配合,又担心可能出现轴孔结合不可靠。为此,轴承标准将内径公差带偏置在零线下侧,再与《极限与配合》标准推荐的常用或优先过渡配合中某些轴的公差带结合时,完全

能满足轴承内孔与轴配合性能的要求。

轴承是标准件,轴承外圈与外壳孔配合采用基轴制。其轴承外圈公差带与《极限与配合》基轴制的基准轴虽然都在零线下侧,都是上极限偏差为零,下极限偏差为负值,但是两者的公差数值是不同的,因此配合性质也就不完全相同。

例如国家标准 GB/T 275—1993《滚动轴承与轴和外壳的配合》中,其中的 P0、P6 级公差的轴承常用配合及轴、轴承座孔的公差带位置如图 6-22 所示。轴一般为 IT6 级,座孔一般为 IT7 级,其几何公差及配合面的表面粗糙度详见国标 GB/T 275—1993。

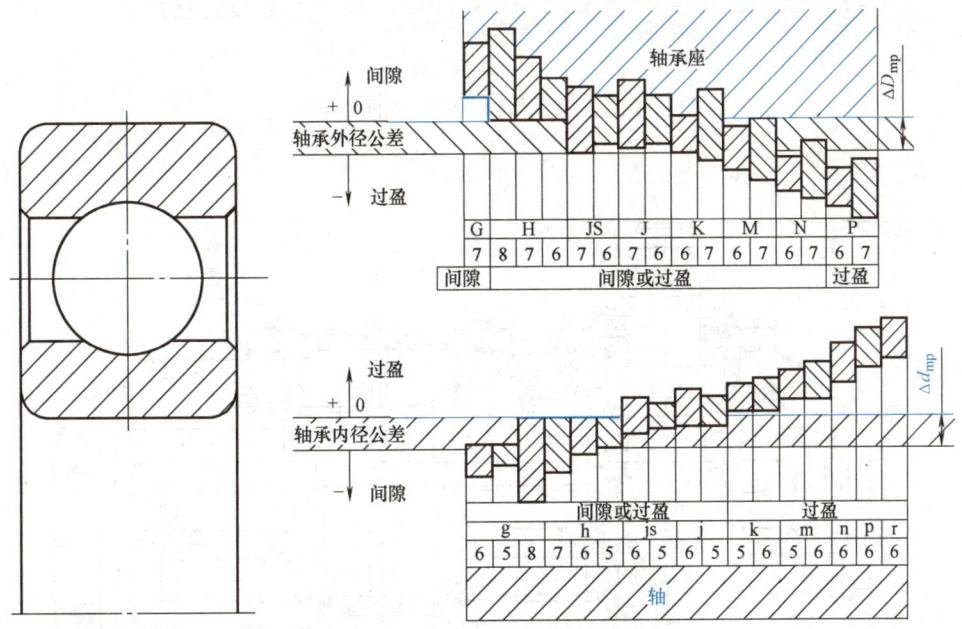

图 6-22 滚动轴承与轴和轴承座孔的配合

四、轴承配合图例及检测

1. 滚动轴承的配合

滚动轴承的配合指成套轴承的内孔与轴和轴承的外径与外壳孔的尺寸配合。合理地选择其配合对于充分发挥轴承的技术性能,保证机器正常运转,提高机械效率和延长机器的使用寿命都有极重要的意义。

如图 6-23 所示为轴承与轴及外壳孔的配合图。

如图 6-24 所示为轴承在减速器中的安装图。

2. 轴承游隙的检测方法

1)径向游隙用手感法检查:安装正确的轴承,用手转动轴承旋转应灵活平稳,无阻滞或制动现象。

如对单列深沟球轴承,用手摇晃轴承外圈,即使有 0.01mm 的径向间隙,最上面一点也要有 0.01~0.15mm 的轴向移动量。

2)径向游隙可用塞尺检测:将塞尺插入轴承未承受负荷部位的滚动体与外圈(或内

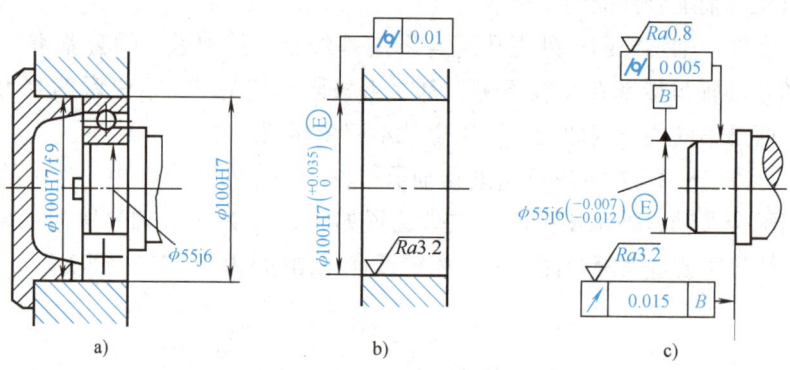

图 6-23 轴承与轴及外壳孔的配合图

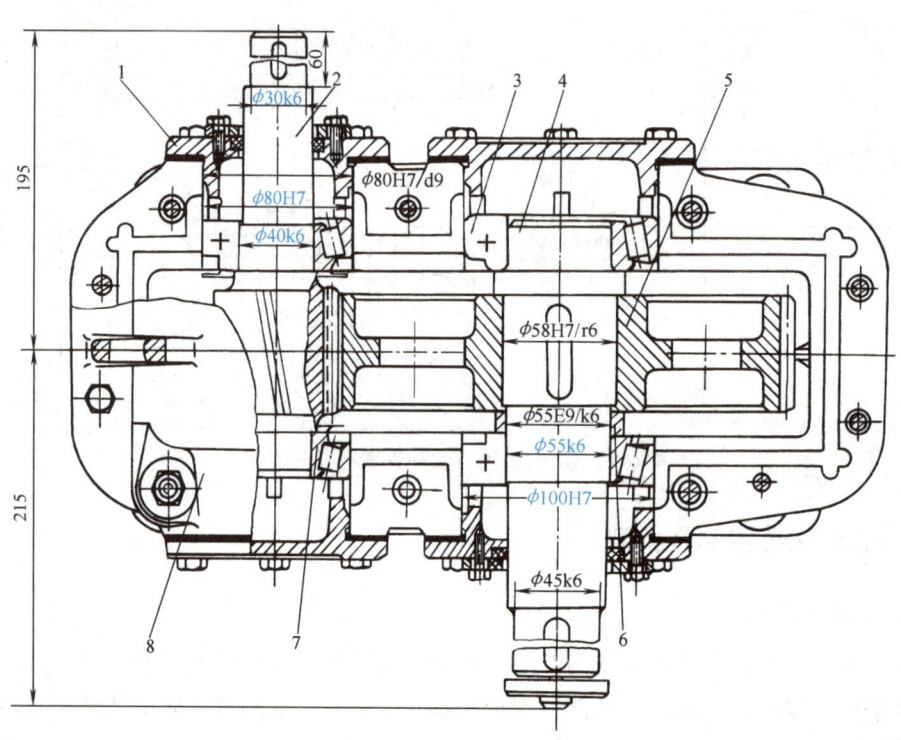

图 6-24 轴承在减速器中的安装图

1—端盖 2—齿轮轴 3、7—轴承 4—轴 5—大齿轮 6—定距圈 8—机座

圈）之间进行测量。

3）径向游隙用千分表检测：检测时，将轴承外圈顶起，即可测量游隙。

轴承安装后要检测的游隙是安装游隙。安装游隙等于原始游隙减去安装引起的游隙减少值。

4）对轴承的轴向游隙的检测：由于轴承的内、外圈一般壁厚较薄，为了使检测精确方便，首选杠杆千分表。

小结(二)

1. 常用滚动轴承的公差等级有五级：P0、P6（P6x）、P5、P4、P2，等级依次增高。圆锥滚子轴承和推力轴承的公差等级均有四级。常用游隙代号有六组，C1、C2、0组（基本组）、C3、C4、C5，其游隙由小到大，合理的游隙可提高轴承的工作质量和寿命。

2. 轴承内圈与轴配合采用基孔制；外圈与外壳孔配合采用基轴制。由于轴承内、外径上极限偏差均为零，所以与轴配合较紧，与外壳孔配合较松，从而保证了内、外圈工作不"爬行"。

3. 常用的轴承游隙检测方法有三种，即手感法、塞尺检测法和千分表检测法。

第三节　螺纹的公差与配合及其检测

内容构架

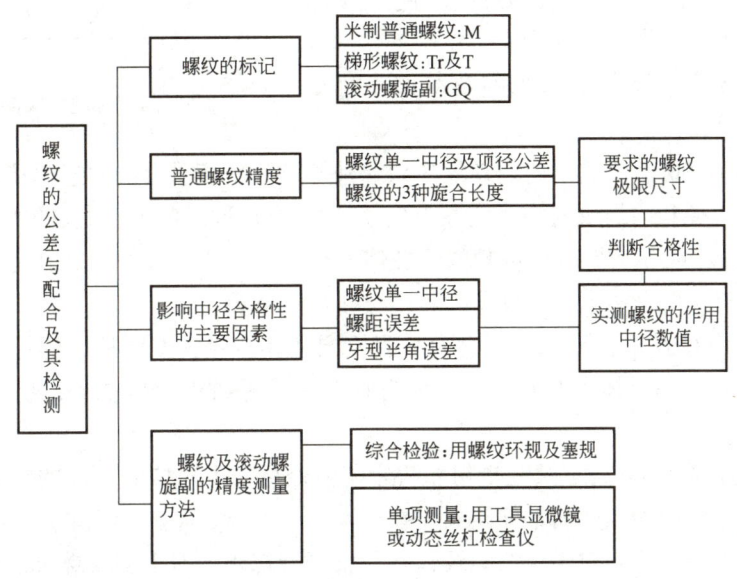

内容要点

1. 了解螺纹的几何参数及其对螺纹互换性的影响。
2. 掌握普通螺纹的主要参数及梯形丝杠的技术要求项目的标注方法。
3. 掌握普通螺纹及梯形丝杠的检测方法。

一、螺纹的分类及使用要求

螺纹结合在机械制造及装配安装中是广泛采用的一种结合形式,按用途不同可分为两大类。

(1) 联接螺纹　代号为 M。

联接螺纹主要用于紧固和联接零件,因此又称紧固螺纹,如米制普通(粗、细牙)螺纹是使用最广泛的一种螺纹,要求其有良好的旋入性和联接的可靠性,其牙型为三角形。

(2) 传动螺纹　常用牙型为梯形,代号为 Tr。

传动螺纹主要用于传递动力或精确位移,要求具有足够的强度和保证精确的位移。传动螺纹牙型有梯形和矩形等。机床中的丝杠螺旋副常采用梯形牙型,而数控机床中采用的滚动螺旋副(即滚珠丝杠副)则采用单、双圆弧滚道。

本章主要学习普通螺纹,同时对梯形丝杠的识别和标注做一般介绍。

二、普通螺纹的基本几何参数

米制普通螺纹的基本牙型如图 6-25 所示。它是将原始三角形按 GB/T 192—2003 的规定削平高度,截去顶部和底部所形成的螺纹牙型,称基本牙型。

(1) 大径 D 或 d　它指与内螺纹牙底或外螺纹牙顶相重合的假想圆柱体直径。

国标规定米制普通螺纹大径的基本尺寸为螺纹的公称直径。

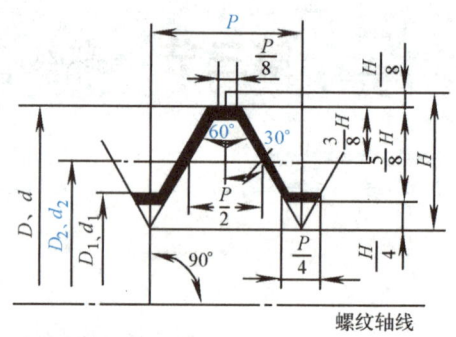

图 6-25　普通螺纹的基本牙型

(2) 小径 D_1 或 d_1　它指与内螺纹牙顶或外螺纹牙底相重合的假想圆柱体直径。

外螺纹的大径和内螺纹的小径统称为顶径,外螺纹的小径和内螺纹的大径统称为底径。

(3) 中径 D_2 或 d_2　它为一假想的圆柱体直径,其母线在 $H/2$ 处,在此母线上牙体与牙槽的宽度相等。

(4) 单一中径 $D_{2单}$ 或 $d_{2单}$　它为一假想圆柱体直径,该圆柱体的母线在牙槽宽度等于 $P/2$ 处,而不考虑牙体宽度的大小。因为它在实际螺纹上可以测得,所示它代表螺纹中径的实际尺寸。

(5) 螺距 P 和导程 P_h　螺距指相邻两牙在中径母线上对应两点间的轴向距离;导程指同一条螺旋线上对应两点间的轴向距离。

螺距和导程的关系:对于单线螺纹,导程就等于螺距;对于多线螺纹,导程等于螺距和螺纹线数的乘积。如下式中,n 是螺纹的线数,常用的 $n = 2 \sim 4$ 线。

$$P_h = nP$$

(6) 牙型角 α 与牙型半角 $\alpha/2$　α 指在螺纹牙型上相邻两牙侧间的夹角,对米制普通螺纹,$\alpha = 60°$。

牙型半角 $\alpha/2$ 指牙侧与螺纹轴线的垂线间的夹角,米制普通螺纹 $\alpha/2 = 30°$。

注意:牙型角正确($\alpha = 60°$)时,其牙型半角可能会有误差,例如半角分别为 29° 和

31°即属此类,所以对加工的螺纹还应测量半角,以防出现螺纹牙型"倒牙"的现象。

(7) 原始三角形高度 H 它指原始等边三角形顶点到底边的垂直距离,$H = \sqrt{3}P/2$。

(8) 牙型高度 h 它指螺纹牙顶与牙底间的垂直距离,$h = 5H/8$。

(9) 螺纹旋合长度 L 它指两配合螺纹沿螺纹轴线方向相互旋合部分的长度。

三、普通螺纹几何参数对互换性的影响(GB/T 197—2003)

影响螺纹互换性的几何参数有五个:大径、中径、小径、螺距和牙型半角,其主要因素是螺距误差、牙型半角误差和中径误差。因普通螺纹主要保证旋合性和联接的可靠性要求,标准只规定了中径公差,而不分别制定三项公差。

1. 螺距误差的影响

螺距误差包括局部误差,如单个螺距误差和累积误差,后者与旋合长度有关,是主要影响因素。

由于螺距有误差,故在旋合长度上产生螺距累积误差 ΔP_Σ,使内、外螺纹无法旋合,如图 6-26 所示。

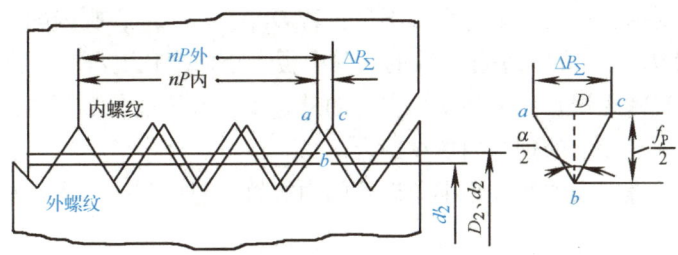

图 6-26 螺距误差对互换性的影响

为讨论方便,设内、外螺纹的中径和牙型半角均无误差,内螺纹无螺距误差,仅外螺纹有螺距误差。此误差 ΔP_Σ 相当于使外螺纹中径增大一个 f_p 值,此 f_p 值称为螺距误差的中径当量或补偿值。从图 6-26 的 △abc 中可知:

$$f_p = |\Delta P_\Sigma| \cot \frac{\alpha}{2}$$

当 $\alpha = 60°$ 时,则
$$f_p = 1.732 |\Delta P_\Sigma| \tag{6-8}$$

式中,f_p 和 ΔP_Σ 的单位是 μm。

为使有螺距误差的外螺纹可旋入标准的内螺纹,可设想将外螺纹的中径减小一个 f_p 数值。

同理,上式也适合于对内螺纹螺距误差 f_p 的计算。

2. 牙型半角误差的影响

牙型半角误差可能是由于牙型角 α 本身不准确,或由于它与轴线的相对位置不正确而造成的,也可能是两者综合误差的结果。牙型半角误差对螺纹的可旋入性和联接强度有影响。因此,必须限制牙型半角误差。

对一对内、外螺纹,实际制造与结合时通常是左、右半角不相等,产生牙型歪斜。$\Delta \frac{\alpha}{2}$

可能为正,也可能为负,也会同时产生上述两种干涉。因此,$f_{\alpha/2}$可按下述式的平均值计算,即

$$f_{\alpha/2} = 0.37P \mid \Delta\frac{\alpha}{2} \mid \ (\mu m) \tag{6-9}$$

内、外螺纹当左、右牙型半角误差不相等时,$\Delta\frac{\alpha}{2}$可按下式计算

$$\Delta\frac{\alpha}{2} = \left(\left| \Delta\frac{\alpha}{2_{左}} \right| + \left| \Delta\frac{\alpha}{2_{右}} \right| \right) / 2 \tag{6-10}$$

生产中应根据产品精度、用途及技术要求,决定该项目检测与否。对高精度的联接螺纹和传动螺纹的牙型半角误差,应用工具显微镜测量。对一般精度的螺纹,其牙型半角误差在生产时只作为首件加工对刀具或生产过程中的抽查检测。在国家标准中对普通螺纹牙型半角误差不做具体规定,而采用减小外螺纹中径或加大内螺纹中径的办法来达到螺纹的配合要求。

3. 单一中径误差的影响

生产制造中,螺纹的中径误差 $\Delta D_{2单一}$ 或 $\Delta d_{2单一}$ 将直接影响螺纹的旋合性和结合强度。若 $D_{2单一} \gg d_{2单一}$,则结合过松、结合强度不足;若 $D_{2单一} < d_{2单一}$,则因配合过紧而无法自由旋合。$d_{2单一}$(或 $\Delta D_{2单一}$)的大小随螺纹的实际中径大小而变化。

说明:一个具有螺距误差和牙型半角误差的外螺纹,并不能与实际中径相同的内螺纹旋合,而只能与一个中径较大的理想内螺纹旋合。

同理:一个具有螺距误差和牙型半角误差的内螺纹,只能与一个中径较小的理想外螺纹旋合。

可以看出:螺纹的大、小径误差是不影响螺纹配合性质的,而螺距和牙型半角误差可用螺纹中径当量来处理,所以螺纹中径是影响互换性的主要参数。

4. 作用中径及螺纹中径合格性的判断原则

由于螺距误差和牙型半角误差均用中径补偿,对内螺纹来讲相当于螺纹中径变小,对外螺纹来讲相当于螺纹中径变大,此变化后的中径被称为作用中径,即螺纹配合中实际起作用的中径。

$$D_{2作用} = D_{2单一} - (f_p + f_{\alpha/2}) \tag{6-11}$$

$$d_{2作用} = d_{2单一} + (f_p + f_{\alpha/2}) \tag{6-12}$$

作用中径把螺距误差 ΔP_Σ、牙型半角误差 $\Delta\frac{\alpha}{2}$ 及单一中径误差($\Delta D_{2单一}$ 或 $\Delta d_{2单一}$)三者联系在了一起,它是保证螺纹互换性的最主要参数。米制普通螺纹仅用中径公差 T_{D2} 或 T_{d2} 即可综合控制三项误差。

判断螺纹中径合格性根据螺纹的极限尺寸判断原则(泰勒原则),如图6-27所示,即:实际螺纹的作用中径($D_{2作用}$、$d_{2作用}$)不允许超出最大实体牙型的中径;实际螺纹任何部位的实际中径(单一中径)不允许超出最小实体牙型的中径。

内、外螺纹能正确旋合且合格的螺纹中径,应满足以下关系式

内螺纹: $D_{2作用} \geq D_{2min}, D_{2单一} \leq D_{2max}$

外螺纹： $d_{2作用} \leq d_{2\max}, d_{2单一} \geq d_{2\min}$

四、普通螺纹的公差与配合

1. 螺纹的公差等级

国家标准 GB/T 197—2003《普通螺纹 公差与配合》中，按内、外螺纹的中径、大径和小径公差的大小，螺纹可分为不同的公差等级，见表6-8。其中3级精度最高，9级精度最低，一般6级为基本级。

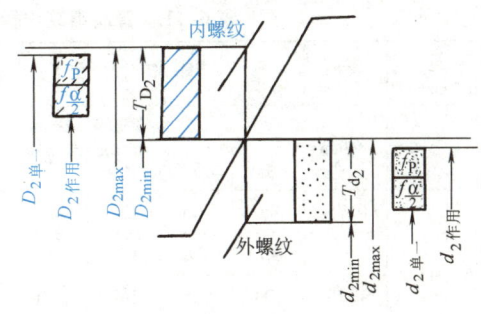

图 6-27 实际中径、螺距误差、牙型半角误差和中径公差的关系

对内螺纹的大径和外螺纹的小径，不规定具体公差值，而只规定内、外螺纹牙底实际轮廓不得超过按基本偏差所确定的最大实体牙型，即保证旋合时不发生干涉。

普通螺纹基本尺寸及各级公差值可分别查阅表6-9、表6-10及表6-11。

表 6-8 螺纹公差等级

螺纹直径	公差等级	螺纹直径	公差等级
内螺纹小径 D_1	4、5、6、7、8	外螺纹大径 d	4、6、8
内螺纹中径 D_2	4、5、6、7、8	外螺纹中径 d_2	3、4、5、6、7、8、9

表 6-9 普通螺纹基本尺寸（摘自 GB/T 196—2003） （单位：mm）

公称直径 D、d	螺距 P	中径 D_2 或 d_2	小径 D_1 或 d_1	公称直径 D、d	螺距 P	中径 D_2 或 d_2	小径 D_1 或 d_1
20	2.5	18.376	17.294	30	3.5	27.727	26.211
	2	18.701	17.835		3	28.051	26.752
24	3	22.051	20.752	36	4	33.402	31.670
	2	22.701	21.835		3	34.051	32.752

注：表中红数字为粗牙螺纹，黑数字为细牙螺纹。

表 6-10 普通螺纹的基本偏差和 T_{D_1}、T_d 公差（摘自 GB/T 197—2003）（单位：μm）

螺距 P /mm	内螺纹的基本偏差 EI		外螺纹的基本偏差 es				内螺纹小径公差 T_{D_1} 公差等级					外螺纹大径公差 T_d 公差等级		
	G	H	e	f	g	h	4	5	6	7	8	4	6	8
1	+26	0	−60	−40	−26	0	150	190	236	300	375	112	180	280
1.25	+28	0	−63	−42	−28	0	170	212	265	335	425	132	212	335
1.5	+32	0	−67	−45	−32	0	190	236	300	375	475	150	236	375
1.75	+34	0	−71	−48	−34	0	212	265	335	425	530	170	265	425
2	+38	0	−71	−52	−38	0	236	300	375	475	600	180	280	450
2.5	+42	0	−80	−58	−42	0	280	355	450	560	710	212	335	530
3	+48	0	−85	−63	−48	0	315	400	500	630	800	236	375	600
3.5	+53	0	−90	−70	−53	0	355	450	560	710	900	265	425	670
4	+60	0	−95	−75	−60	0	375	475	600	750	950	300	475	750

表 6-11 普通螺纹中径公差（摘自 GB/T 197—2003） （单位：μm）

公称直径 D/mm		螺距 P/mm	内螺纹中径公差 T_{D_2}					外螺纹中径公差 T_{d_2}					
			公 差 等 级					公 差 等 级					
>	≤		4	5	6	7	8	3	4	5	6	7	8	9
5.6	11.2	0.75	85	106	132	170	—	50	63	80	100	125	—	—
		1	95	118	150	190	236	56	71	90	112	140	180	224
		1.25	100	125	160	200	250	60	75	95	118	150	190	236
		1.5	112	140	180	224	280	67	85	106	132	170	212	295
11.2	22.4	1	100	125	160	200	250	60	75	95	118	150	190	236
		1.25	112	140	180	224	280	67	85	106	132	170	212	265
		1.5	118	150	190	236	300	71	90	112	140	180	224	280
		1.75	125	160	200	250	315	75	95	118	150	190	236	300
		2	132	170	212	265	335	80	100	125	160	200	250	315
		2.5	140	180	224	280	355	85	106	132	170	212	265	335
22.4	45	1	106	132	170	212	—	63	80	100	125	160	200	250
		1.5	125	160	200	250	315	75	95	118	150	190	236	300
		2	140	180	224	280	355	85	106	132	170	212	265	335
		3	170	212	265	335	425	100	125	160	200	250	315	400
		3.5	180	224	280	355	450	106	132	170	212	265	335	425
		4	190	236	300	375	415	112	140	180	224	280	355	450
		4.5	200	250	315	400	500	118	150	190	236	300	375	475

【例 6-2】 M36-6h 的螺栓，量得其单一中径 $d_{2\text{单}} = 33.24$ mm，$\Delta P_\Sigma = +40$ μm，其 $\Delta \dfrac{\alpha}{2}_{\text{左}} = +50'$，$\Delta \dfrac{\alpha}{2}_{\text{右}} = -30'$，问：此螺栓是否合格？

解： 由表 6-9 可知，螺距系列 $P = 4$ mm，中径基本尺寸 $d_2 = 33.402$ mm，查表 6-10，得 h 公差带的上极限偏差 es = 0，则 $d_{2\max} = 33.402$ mm。再查表 6-11，得中径公差 $T_{d_2} = 0.224$ mm，则 $d_{2\min} = 33.178$ mm；

$$\Delta \frac{\alpha}{2} = \left(\left|\Delta \frac{\alpha}{2}_{\text{左}}\right| + \left|\Delta \frac{\alpha}{2}_{\text{右}}\right|\right)/2 = (|+50'| + |-30'|)/2 = 40'$$

则

$$f_p = 1.732 |\Delta P_\Sigma| = 1.732 \times 40 \text{μm} = 69 \text{μm}$$

$$f_{\alpha/2} = 0.29P |\Delta \frac{\alpha}{2}| = 0.29 \times 4 \times 40 \text{μm} = 46 \text{μm}$$

螺栓的 $d_{2\text{单}} = 33.24$ mm 大于 $d_{2\min} = 33.178$ mm；

$d_{2\text{作用}} = d_{2\text{单}} + f_p + f_{\alpha/2} = (33.24 + 0.069 + 0.046)$ mm = 33.355 mm 小于 $d_{2\max} = 33.402$ mm。

该螺栓中径合格，其公差带分布如图 6-28 所示。

2. 螺纹的基本偏差

国家标准中对内螺纹的中径、小径规定采用 G、H 两种公差带位置，以下极限偏差 EI 为基本偏差，内螺纹上极限偏差为 ES = EI + T，如图 6-29a 所示；对外螺纹的中径、大径规定了 e、f、g、h 四种公差带位置，以极限上偏差 es 为基本偏差，外螺纹下极限偏差为 ei = es - T，如图 6-29b 所示。

普通螺纹的基本偏差值（G、H、e、f、g、h）见表 6-10。

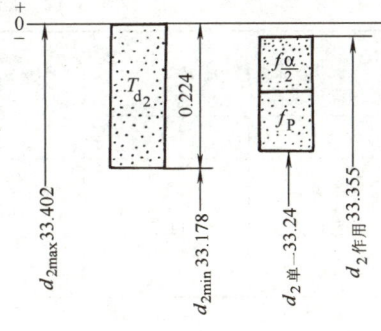

图 6-28 例 6-2 螺栓中径公差和各项误差的分布

3. 旋合长度与配合精度

螺纹的配合精度不仅与公差等级有关，而且与旋合长度密切相关。

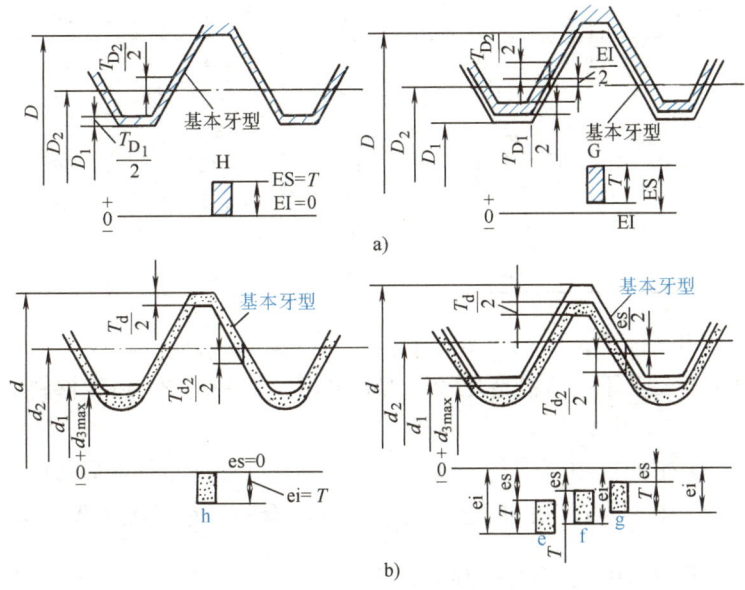

图 6-29 内、外螺纹的基本偏差

螺纹旋合长度分短旋合长度 S、中等旋合长度 N 和长旋合长度 L 三组。螺纹公差带按短、中、长三组旋合长度给出了精密、中等及粗糙三种等级。这是衡量螺纹质量的综合指标。

对于不同旋合长度组的螺纹，应采用不同的公差等级，以保证同一精度下螺纹配合的精度和加工难易程度相差不多，其值可从表 6-12 中选取。

一般情况下，采用中等旋合长度，集中生产的紧固件螺纹、图样上没注明旋合长度代号的，制造时螺纹公差均按中等旋合长度考虑，其值往往取螺纹公称直径的 0.5～1.5 倍。

4. 螺纹公差带的选用

选用公差带与配合：由螺纹公差等级和公差带位置组合，可得到各种公差带。

精密级：适用于精密螺纹，当要求配合性质变动较小时采用，如飞机上采用的 4h 及 4H、5H 的螺纹。

表 6-12 螺纹旋合长度（摘自 GB/T 193—2003） （单位：mm）

公称直径 D、d		螺距 P	旋合长度			
			S	N		L
>	≤		≤	>	≤	>
5.6	11.2	0.75	2.4	2.4	7.1	7.1
		1	3	3	9	9
		1.25	4	4	12	12
		1.5	5	5	15	15
11.2	22.4	1	3.8	3.8	11	11
		1.25	4.5	4.5	13	13
		1.5	5.6	5.6	16	16
		1.75	6	6	18	18
		2	8	8	24	24
		2.5	10	10	30	30
22.4	45	1	4	4	12	12
		1.5	6.3	6.3	19	19
		2	8.5	8.5	25	25
		3	12	12	36	36
		3.5	15	15	45	45
		4	18	18	53	53
		4.5	21	21	63	63

中等级：一般用途选用，如 6H、6h、6g 等。

粗糙级：对精度要求不高或制造比较困难时采用，如 7H、8h 热轧棒料螺纹和长不通孔螺纹。

内、外螺纹公差带的选用原则是：满足使用要求，为保证足够的联接强度，完工后的螺纹最好组合成 H/g、H/h 或 G/h 的配合，其中 H/h 配合的最小间隙为零，应用最广。

五、螺纹标记（GB/T 197—2003）

1）螺纹标记由螺纹特征代号（M 为米制普通螺纹）、尺寸代号（公称直径×螺距）、螺纹公差带代号（中径和顶径公差带代号）和必须说明的信息标记代号（短、长旋合长度，左旋螺纹）四部分组成。

在装配图上，内、外螺纹公差带代号用斜线分开，斜线左表示内螺纹公差带代号，斜线右表示外螺纹公差带代号，如

$$M20 \times 2\text{-}5H/5g6g\text{-}S\text{-}LH$$

在零件图上，外螺纹和内螺纹的标记方法如下：

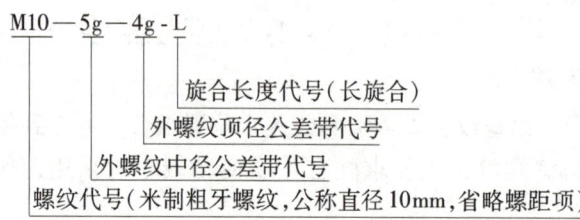

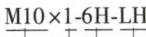

```
M10×1-6H-LH
        │ │   │
        │ │   └─ 左旋螺纹（右旋不标）
        │ └──── 内螺纹中径和顶径公差带代号（相同时）
        └────── 细牙螺纹（标出螺距）
              螺纹代号（米制，公称直径10mm）
```

多线螺纹：M36×P_h4P_2　用英语说明为　M36×P_h4P_2（two starts）。表示公称直径为36mm，导程P_h为4mm，螺距为2mm的双线螺纹。

M6-5G/5h6h-S-LH 表示粗牙、短旋合长度的左旋螺纹副。

※简化标注 M10：可表示公称直径 10mm、螺距为 1.5mm、粗牙、单线、公差带为 6H、中等旋合长度、中等精度的右旋螺纹；或公差带为 6g（其他项与前相同）的外螺纹；或是 6H/6g（其他项与前相同）的螺旋副。至于是内螺纹、外螺纹还是螺旋副，则要由具体情况而定。

2）梯形螺纹（GB/T 5796.1~4—2005）适用于一般机械传动和紧固的梯形螺纹联接，不适于精密传动丝杠。标注方法为：螺纹种类代号 Tr 后跟公称直径×导程（或 P 螺距）、旋向代号（左旋为 LH，右旋不写）、依次接公差带代号和旋合长度代号，中等旋合长度不标 N。

中径公差带为 8e 的双线左旋外螺纹：Tr40×14（P7）LH-8e

中径公差带为 7H 的内螺纹：Tr40×7-7H

长旋合长度的螺纹副：Tr40×7-7H/7e-L

3）机床梯形螺纹丝杠和螺母应按 JB/T 2886—2008 进行标注，如：

$$T55\times12-6$$

$$T55\times12LH-6$$

其中 T 为螺纹种类代号，6 为精度等级，其余代号意义同前。

对丝杠为 Tr18×4LH-7e、螺母为 Tr18×4LH-7H 的梯形螺纹丝杠副进行技术要求标注，参见图 6-30a、b，其中 7e、7H 仅为外、内螺纹中径的公差带、中等旋合长度。

为了满足丝杠的使用要求，在技术要求中还可增加标注，所限制的要求应不大于规定数值项目，如：螺距误差：$\Delta P \leq 0.012$mm；螺距累积误差：在任意 60mm、300mm 螺纹长度内 $\Delta P_{60} \leq 0.02$mm，$\Delta P_{300} \leq 0.035$mm，有效长度内 $\Delta P_{Lu} \leq 0.07$mm，螺纹有效长度上中径尺寸的一致性为 0.05mm 等要求。

4）当前，由于滚动螺旋丝杠副具有摩擦阻力小，传动效率高；具有传动可逆性，运转平稳，起动时无颤动，低速不爬行；螺母丝杠经调整预紧可达到很高的定位精度和重复定位精度，并可提高轴向刚度；工作寿命长，不易发生故障等优点，被广泛地应用于数控机床、精密机床、测试机械和仪器的传动螺旋和调整螺旋，起重机构和汽车等的传力螺旋，飞行器、船舶、兵器等自控系统的传动和传力螺旋中。

滚动螺旋副螺纹的标注按 GB/T 17587.1~2—2008 进行，如：

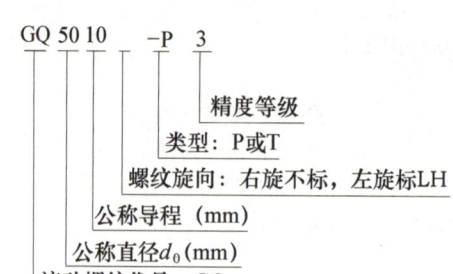

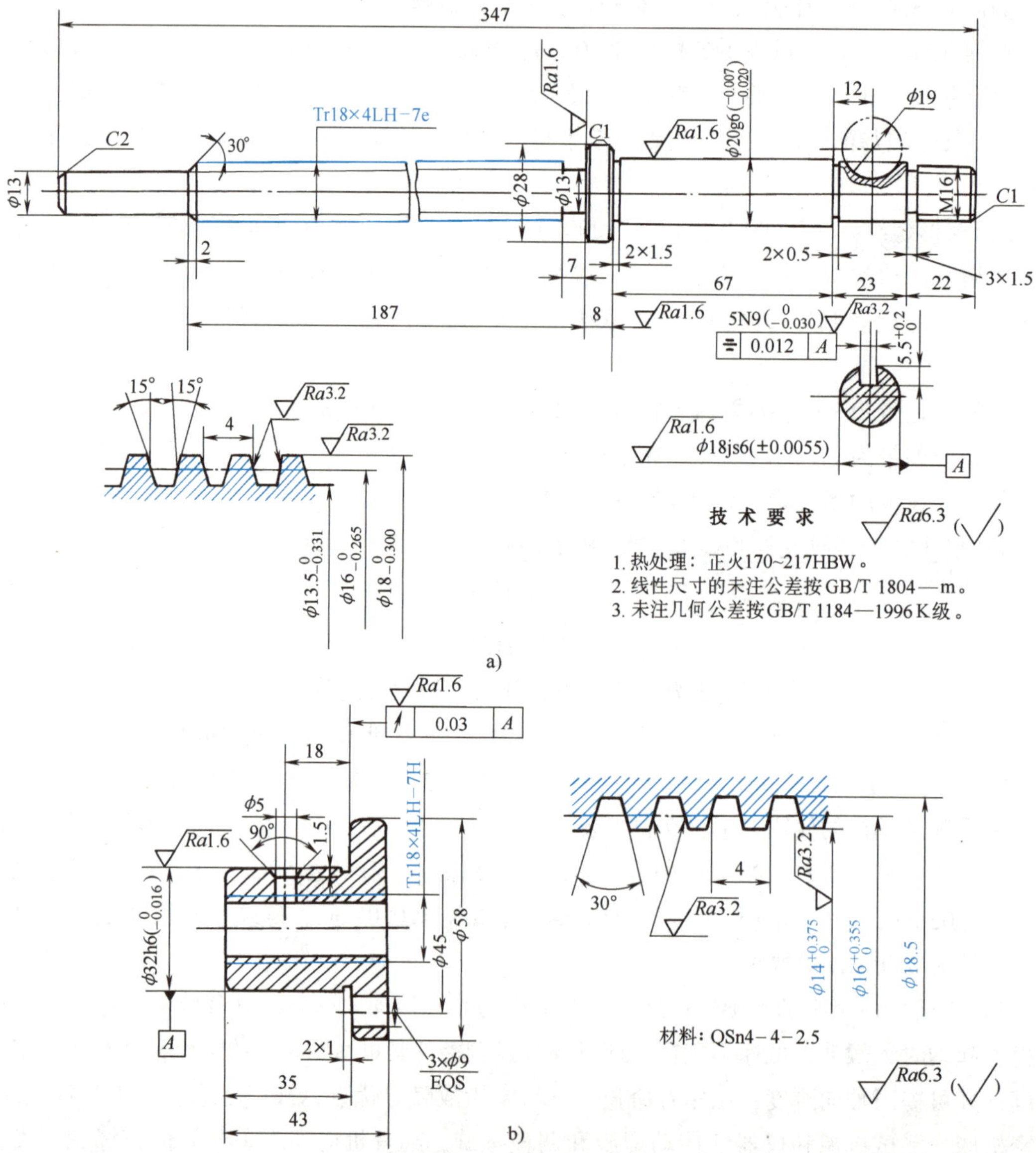

图 6-30 梯形丝杠副
a) 尾座丝杠　b) 尾座螺母

六、螺纹测量简述

螺纹的测量方法可分为综合检验和单项测量。

1. 综合检验

综合检验主要用于只要求保证可旋合性的螺纹，用螺纹极限量规按极限尺寸判断原则进行检验。在成批生产中，用螺纹环规检验螺栓如图 6-31 所示，用螺纹塞规检验螺母如图 6-32 所示。

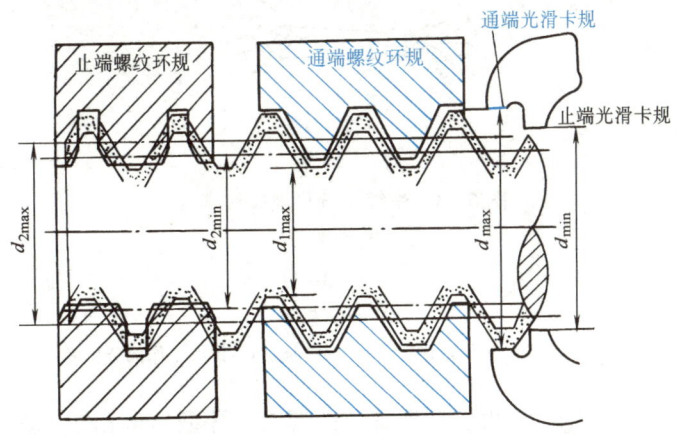

图 6-31　用螺纹环规检验螺栓

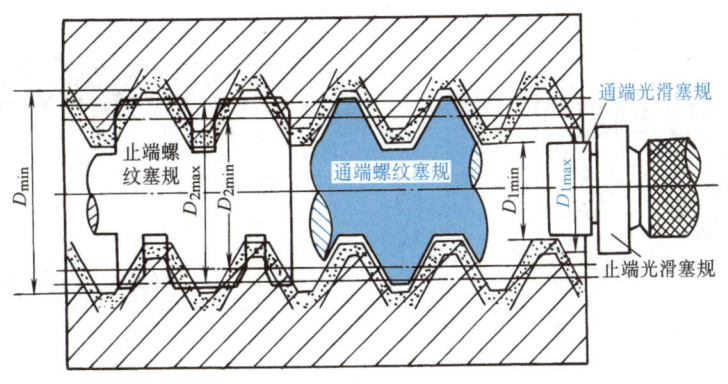

图 6-32　用螺纹塞规检验螺母

用螺纹量规"通"端：控制作用中径不超过最大实体尺寸 d_{2max} 或 D_{2min}，同时也控制了 d_{1max} 或 D_{1min}。通端用完整牙型，其螺纹长度与被检螺纹的旋合长度相同。

用螺纹量规"止"端：控制实际中径不超过最小实体尺寸 d_{2min} 或 D_{2max}。为消除螺距误差和牙型半角误差对检验结果的影响，采用螺牙圈数减少的截短牙型。

用光滑极限量规：控制顶径极限尺寸（d_{max}、d_{min}、D_{1max}、D_{1min}）。

2. 单项测量

1）对于低精度外螺纹，可用螺纹千分尺直接测量 $d_{2单}$ 数值。在加工中，常使用齿形样板和螺纹卡规检验牙型半角 $\alpha/2$ 及螺距 P 的加工误差，如图 6-33 所示。

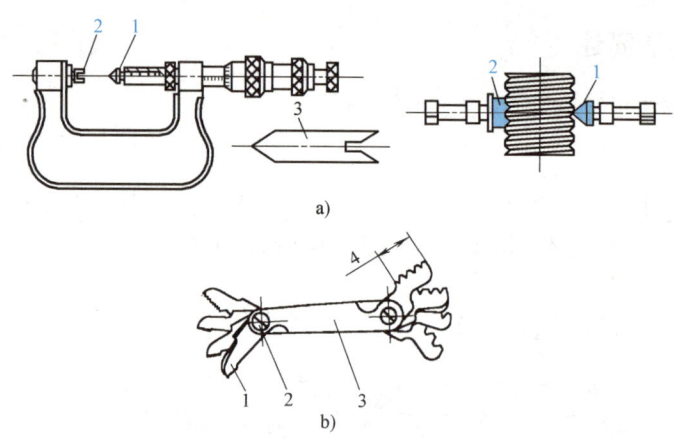

图6-33 螺纹千分尺及螺纹卡规
a) 螺纹千分尺
1、2—测头 3—校对板
b) 螺纹卡规
1—样板 2—螺钉或铆钉 3—保护板 4—螺纹工作部分长度

2) 三针法测量中径 $d_{2单一}$。根据被测螺纹的螺距和牙型半角 $\alpha/2$，选取三根直径相同的精密金属针落于中径线上，放在外螺纹牙槽内，用杠杆千分尺光学计或比较仪量出 M 值。由几何关系算出单一中径 d_2，$d_{0最佳}$ 为最佳针径，如图6-34所示。

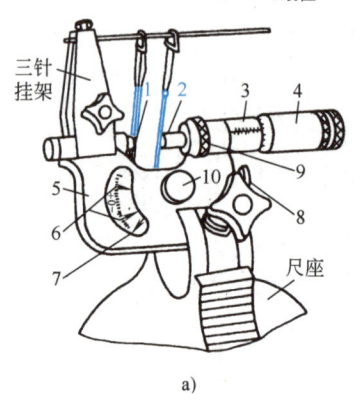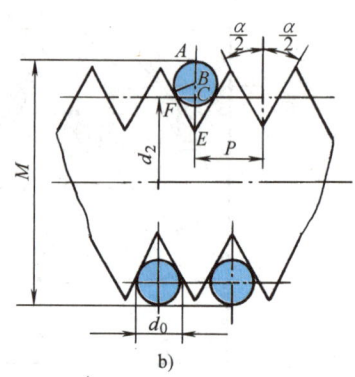

图6-34 杠杆千分尺用三针法测量中径
a) 杠杆千分尺 b) 三针
1—活动量砧 2—测微螺杆 3—刻度套筒 4—微分筒 5—尺体 6—指针
7—表盘 8—退让按钮 9—制动环 10—调整钮

对于米制螺纹： $\alpha/2 = 30°, d_{0最佳} = 0.57735P$

$$d_{2单一} = M - 3d_0 + 0.866P$$

对于梯形螺纹： $\alpha/2 = 15°, d_{0最佳} = 0.51765P$

$$d_{2单一} = M - 4.8637d_0 + 1.866P$$

3) 工具显微镜测量法。可用影像法或轴切法来测量螺纹的螺距、中径和牙型半角误差等参数。工具显微镜按等级可分为小型、大型、万能和重型显微镜。对数控机床所用的高精

滚动螺旋丝杠副,则需要用丝杠动态检查仪对滚动螺旋丝杠副的多项精度参数进行连续的绝对或相对量测量。

图 6-35 所示为大型工具显微镜,其常用的测量方法有以下两种。

① 影像法。用工具显微镜中目镜的中心虚线与螺牙侧面的阴影边界直接对准后进行测量,如图 6-36 所示。

② 轴切法。比影像法有较高的测量精度,因使用了专用测量刀上面的细刻线代替牙廓影像进行瞄准测量,如图 6-37 所示。

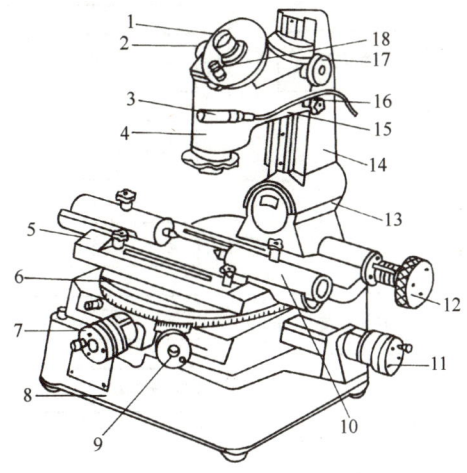

图 6-35 大型工具显微镜

1—目镜 2—旋转米字线手轮 3—角度读数目镜光源 4—光学放大镜组 5—顶尖座 6—圆工作台
7—横向千分尺 8—底座 9—圆工作台转动手轮 10—顶尖 11—纵向千分尺 12—立柱倾斜手轮
13—连接座 14—立柱 15—立臂 16—锁紧螺钉 17—升降手轮 18—角度目镜

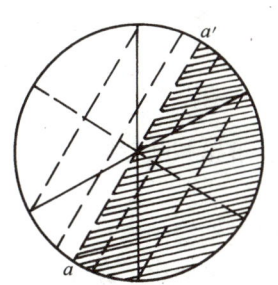

图 6-36 影像法测量示意图

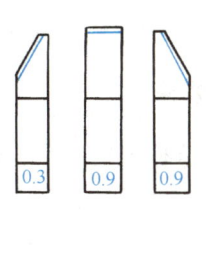
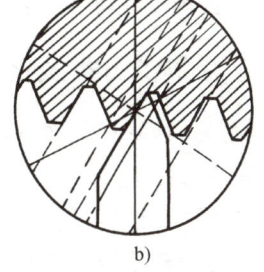

图 6-37 轴切法测量示意图
a) 测量刀 b) 轴切法

小结(三)

1. 本节学习了普通螺纹的几何参数及其对互换性的影响;螺纹公差配合中,基本偏差、公差带的特点;旋合长度、螺纹标注等,并介绍了螺纹的单项或综合测量方法。

2. 对梯形丝杠副和机床丝杠的应用及标注区别做了简述。

第四节 键与花键的公差与配合及其检测

内容构架

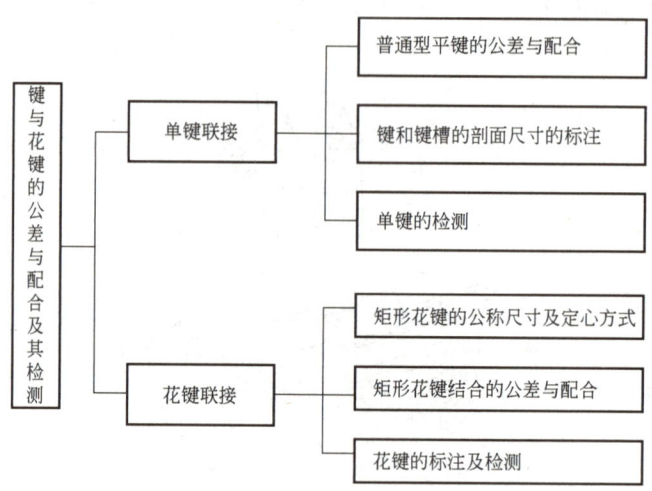

知识要点

1. 了解平键及花键联接的特点和结构参数,掌握平键的主参数 b 及其几何公差和表面粗糙度。

2. 掌握矩形花键小径定心的优点,内、外花键和花键副的标注含义与检验方法。

一、单键的分类及使用要求

单键是一种联接零件,常用来联接轴与轴上零件,如齿轮、带轮和凸轮等。

单键用来传递转矩和运动,有时还起导向作用。

单键的种类很多,有平键、半圆键、切向键和楔键等,其中以平键用得最广。

平键分为普通平键和导向平键,普通平键用于固定联接,导向平键用于移动联接。

单键联接由键、轴槽和轮毂槽三部分组成,其相应的剖面尺寸和形式在 GB/T 1095~1096—2003 中规定,主要配合尺寸是键和键槽的宽度尺寸 b。平键和键槽的剖面尺寸如图 6-38 所示。

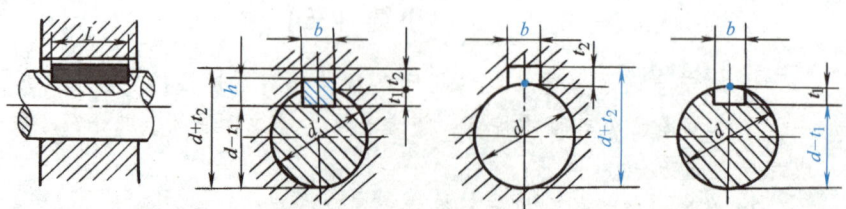

图 6-38 平键和键槽的剖面尺寸

二、普通型平键的公差与配合

国家标准规定：键为标准件，所以键与键槽宽 b 的配合采用基轴制，尺寸 b 的大小是根据轴的直径进行选取的。按照配合的松紧不同，平键联接的配合分为松联接、正常联接和紧密联接三类，各种联接的配合性质及应用见表6-13。

表6-13 平键联接的配合种类及应用

配合种类	尺寸 b 的公差			配合性质及应用
	键	轴槽	轮毂槽	
松联接	h8	H9	D10	键在轴槽中及轮毂中均能滑动，主要用于导向平键，轮毂可在轴上作轴向移动
正常联接		N9	JS9	键在轴槽中及轮毂中均固定，用于载荷不大的场合
紧密联接		P9	P9	键在轴槽中及轮毂中均固定，比上一种配合紧。主要用于载荷较大，载荷具有冲击性以及双向传递转矩的场合

平键联接中，键和键槽的公差见表6-14。其他非配合尺寸中，键长和轴槽长的公差分别采用 h14 和 H14。

表6-14 平键、键、键槽剖面尺寸及键槽公差（摘自 GB/T 1095—2003）　（单位：mm）

轴	键	键槽									
		宽度 b						深度			
基本直径	键尺寸	公称尺寸	极限偏差					轴槽 t_1		毂槽 t_2	
			松联接		正常联接		紧密联接				
d	$b \times h$	b	轴 H9	毂 D10	轴 N9	毂 JS9	轴和毂 P9	公称尺寸	极限偏差	公称尺寸	极限偏差
>22~30	8×7	8	+0.036　0	+0.098　+0.040	0　−0.036	±0.018	−0.015　−0.051	4.0	+0.2　0	3.3	+0.2　0
>30~38	10×8	10						5.0		3.3	
>38~44	12×8	12	+0.043　0	+0.120　+0.050	0　−0.043	±0.021	−0.018　−0.061	5.0		3.3	
>44~50	14×9	14						5.5		3.8	
>50~58	16×10	16						6.0		4.3	
>58~65	18×11	18						7.0		4.4	
>65~75	20×12	20	+0.052　0	+0.149　+0.065	0　−0.052	±0.028	−0.022　−0.074	7.5		4.9	
>75~85	22×14	22						9.0		5.4	
>85~95	25×14	25						9.0		5.4	
>95~110	28×16	28						10.0		6.4	

注：1. $(d-t_1)$ 和 $(d+t_2)$ 两个组合尺寸的偏差按相应的 t_1 和 t_2 的偏差选取，但 $(d-t_1)$ 偏差值应取负号（−）。
　　2. 导向平键的轴槽与轮毂槽用较松键联接的公差，尺寸应符合 GB/T 1097 的规定。

为了便于装配，轴槽及轮毂槽对轴及轮毂轴线的对称度公差可按 GB/T 1184—1996 附录中的 7~9 级选取。当键长 L 与键宽 b 之比大于或等于8时，键宽 b 的两侧面在长度方向的平行度公差应按 GB/T 1184—1996 选取：当 $b \leq 6$ mm 时，选 7 级；$b \geq 8 \sim 36$ mm 时，选 6 级；

当 $b \geqslant 40\mathrm{mm}$ 时，选 5 级。

表面粗糙度数值推荐为，键侧 Ra 为 $1.6\mu m$，轴槽及轮毂槽侧 Ra 为 $1.6 \sim 3.2\mu m$，键与键槽的非配合面 Ra 为 $6.3\mu m$。

轴槽和轮毂槽的剖面尺寸及其上、下极限偏差和键槽的几何公差、表面粗糙度参数值在图样上的标注如图 6-39 所示。

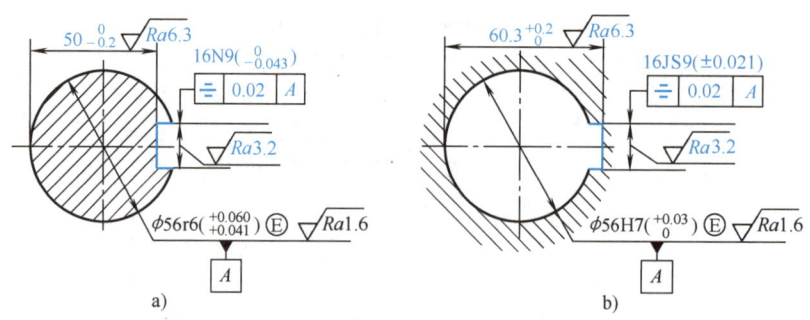

图 6-39 键槽尺寸和公差的标注
a) 轴键槽 b) 轮毂键槽

单键的检测：在单件小批生产中，可用游标卡尺和千分尺等通用量具检测；在成批大量生产中，常使用极限量规检测，如图 6-40 所示。

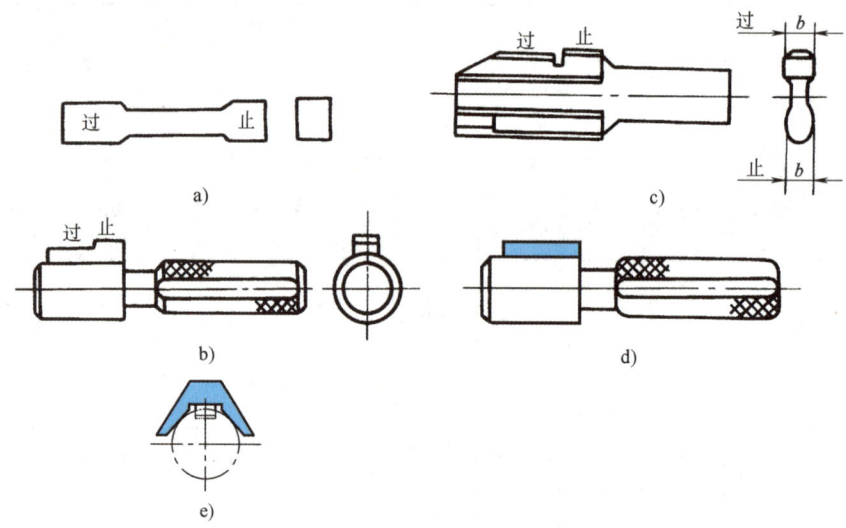

图 6-40 检验键槽的量规
a) 检验键槽宽 b 用的极限量规 b) 检验轮毂槽深 $D + t_2$ 用的极限量规 c) 检验轮毂槽宽和深度的键槽复合量规
d) 检验轮毂槽对称度误差的量规 e) 检验轴槽对称度误差的量规

三、花键的分类及使用要求

花键联接的两个联接件分别称为花键轴（外花键）和内花键，其作用是传递转矩和导向。花键联接与单键联接相比具有很多优点，其定心精度高、导向性能好、承载能力强、联接可靠。

1. 花键的种类

花键可分为矩形花键、渐开线花键和端齿花键，其中矩形花键应用最广；花键齿形可分为矩形和渐开线形，键齿在端面的花键有直齿和弧齿两种。

2. 矩形花键联接的公差与配合

矩形花键的公称尺寸和键槽截面形状如图 6-41 所示，其中小径 d、大径 D 和键（槽）宽 B 是三个主要尺寸参数。

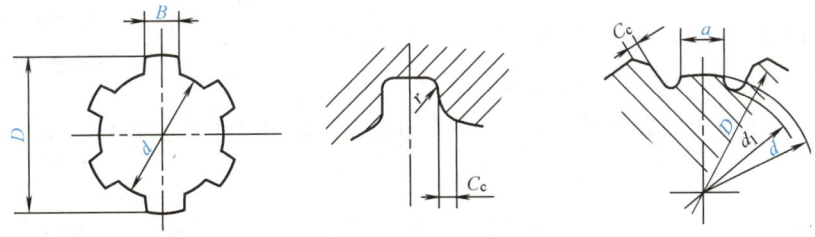

图 6-41 矩形花键的公称尺寸和键槽截面形状

花键联接有三种定心方式：小径定心、大径定心和键（槽）宽 B 定心。

在国家标准 GB/T 1144—2001 中，矩形花键共分为轻、中两个系列，键数随着小径的增大，分成 6 键、8 键和 10 键三种。轻系列键承载能力低，多用于机床行业；中系列键承载能力强，多用于汽车和工程机械产品。花键的公称尺寸系列见表 6-15。

表 6-15 矩形花键公称尺寸系列（摘自 GB/T 1144—2001） （单位：mm）

小径 d	轻 系 列				中 系 列			
	规 格 $N \times d \times D \times B$	键数 N	大径 D	键宽 B	规 格 $N \times d \times D \times B$	键数 N	大径 D	键宽 B
11	—	—	—	—	6×11×14×3	6	14	3
13	—	—	—	—	6×13×16×3.5		16	3.5
16	—	—	—	—	6×16×20×4		20	4
18	—	—	—	—	6×18×22×5		22	5
21	—	—	—	—	6×21×25×5		25	5
23	6×23×26×6	6	26	6	6×23×28×6		28	6
26	6×26×30×6		30	6	6×26×32×6		32	6
28	6×28×32×7		32	7	6×28×34×7		34	7
32	6×32×36×6		36	6	8×32×38×6	8	38	6
36	8×36×40×7	8	40	7	8×36×42×7		42	7
42	8×42×46×8		46	8	8×42×48×8		48	8
46	8×46×50×9		50	9	8×46×54×9		54	9
52	8×52×58×10		58	10	8×52×60×10		60	10
56	8×56×62×10		62	10	8×56×65×10		65	10
62	8×62×68×12		68	12	8×62×72×12		72	12
72	10×72×78×12	10	78	12	10×72×82×12	10	82	12
82	10×82×88×12		88	12	10×82×92×12		92	12
92	10×92×98×14		98	14	10×92×102×14		102	14
102	10×102×108×16		108	16	10×102×112×16		112	16
112	10×112×120×18		120	18	10×112×125×18		125	18

3. 矩形内、外花键的尺寸公差带

国家标准规定，矩形花键采用小径 d 作为定心尺寸，其大径 D 及键宽和键槽宽 B 为非定心尺寸，如图 6-42 所示。这不仅减少了定心种类，而且经热处理后的内、外花键的小径可采用内圆磨床及花键磨床精加工后，获得较高的加工及定心精度。

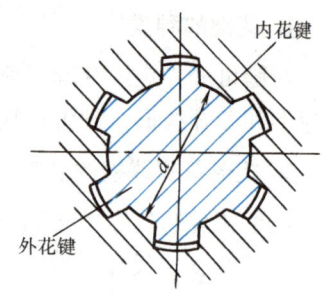

图 6-42 矩形花键的公称尺寸和键槽截面形状

内、外花键的尺寸公差带见表 6-16。表中把一般用的内花键槽的公差分为拉削后热处理和拉削后不热处理两种。精密传动用的内花键，当需要控制键侧配合时，槽宽可选 H7，一般情况选用 H9。当内花键小径 d 的公差带选用 H6 和 H7 时，允许与高一级的外花键配合。

表 6-16 矩形花键的尺寸公差带和表面粗糙度值 Ra（μm）（摘自 GB/T 1144—2001）

内 花 键								外 花 键						装配形式
d		D		B				d		D		B		
				公差带										
公差带	Ra	公差带	Ra	拉削后不热处理	拉削后热处理	Ra		公差带	Ra	公差带	Ra	公差带	Ra	
一般用														
H7	0.8~1.6	H10	3.2	H9	H11	3.2		f7	0.8~1.6	d10	3.2	f9	1.6	滑动
								g7		a11				紧滑动
								h7				h10		固定
精密传动用														
H5	0.4	H10	3.2	H7, H9		3.2		f5	0.4	d8	3.2	f7	0.8	滑动
								g5				h8		紧滑动
								h5		a11				固定
H6	0.8							f6	0.8	d8		f7		滑动
								g6						紧滑动
								h6				h8		固定

花键按装配形式又可分为滑动、紧滑动和固定三种。

小径 d 的几何误差应控制在尺寸公差带内，在其尺寸公差值或公差带代号后加注符号 Ⓔ。

4. 花键的形状和位置公差

在大批量生产时，为了便于使用综合量规检验，几何公差主要是控制键（键槽）的位置度公差（包括等分度、对称度）以及大径对小径的同轴度公差，并遵守最大实体要求，其标注及花键的位置度、对称度公差见表 6-17。

在单件或小批生产时，可用检验键（键槽）的对称度和等分度误差代替检验位置度误差，并遵守独立原则，其标注及花键的对称度公差见表 6-17。花键的等分度公差值与对称度公差值相同。

对较长的花键，可根据产品性能自行规定键侧对轴线的平行度公差。

花键小径、大径及键侧表面粗糙度值见表6-16。

表6-17 矩形花键的位置度、对称度公差（摘自 GB/T 1144—2001）（单位：mm）

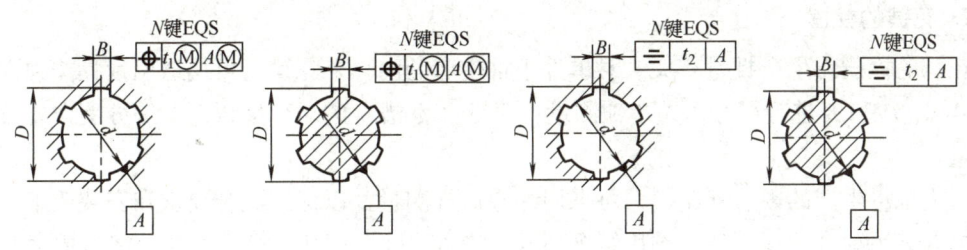

键槽宽或键宽 B		3	3.5~6	7~10	12~18
		t_1			
键槽		0.010	0.015	0.020	0.025
键	滑动、固定	0.010	0.015	0.020	0.025
	紧滑动	0.006	0.010	0.013	0.016
		t_2			
一般用		0.010	0.012	0.015	0.018
精密传动用		0.006	0.008	0.009	0.011

四、花键的标注及检测

1. 花键参数的标注

矩形花键在图样上的标注项目和顺序是：键数 N × 小径 d × 大径 D × 键宽 B，其各自的公差带代号可标注在各自的公称尺寸之后。

如矩形花键副 $N=8$，$d=23\dfrac{H7}{f7}$，$D=26\dfrac{H10}{a11}$，$B=6\dfrac{H11}{d10}$，不同需要情况下的各种标注如图6-43所示。

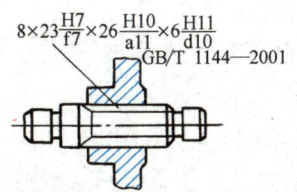 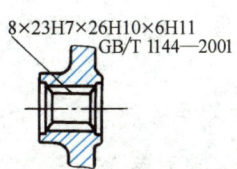 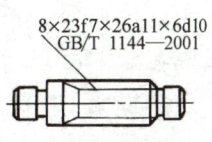

图6-43 矩形花键参数的标注

各标注的含义为：

花键规格：$8 \times 23 \times 26 \times 6$；

花键副：$8 \times 23 \frac{H7}{f7} \times 26 \frac{H10}{a11} \times 6 \frac{H11}{d10}$ GB/T 1144—2001；

内花键：$8 \times 23H7 \times 26H10 \times 6H11$ GB/T 1144—2001；

外花键：$8 \times 23f7 \times 26a11 \times 6d10$ GB7T 1144—2001。

2. 花键的检验

花键的检测与生产批量有关。对单件小批生产的内、外花键，可用通用量具按独立原则对尺寸 d、D 和 B 进行尺寸误差单项测量；对键（键槽）的对称度误差及等分度误差分别进行测量。

对大批量生产的内、外花键，可采用综合通规测量，以保证配合要求和安装要求。

内花键用综合塞规，外花键用综合环规（图6-44），对其小径、大径、键与槽宽及大径对小径的同轴度误差、键与槽的位置度误差（包括等分度、对称度）进行综合检验。综合通规只有"通"端，故还需用单项塞规的"止"端或卡板的"止"端分别检验大径、小径、键（槽）宽等是否超过各自的最小实体尺寸。

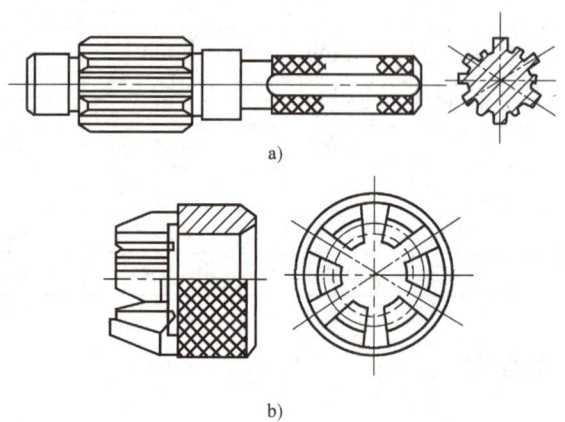

图6-44 花键综合通规
a) 花键塞规"T"　b) 花键环规"T"

检测时，综合"通"规能通过，单项量规的"止"规不能通过，则花键合格。

小结（四）

1. 平键联接中，键宽（槽宽）b 是主要参数，键是标准件，所以 b 尺寸为基轴制，只有 h8 一种公差带，而轴槽、毂槽各有三种公差带，形成松、正常、紧密三种类型的联接。

2. 矩形花键联接的尺寸为小径 d、大径 D、键（槽）宽 B，GB/T 1144—2001 规定以小径 d 为定心表面，d 为主参数，形成滑动、紧滑动、固定三种装配形式，标注按 $N \times d \times D \times B$ 加国标代号表示。对大批量花键联接件的检验，通常采用综合量规。

第五节　圆柱齿轮传动的公差及检测

内容构架

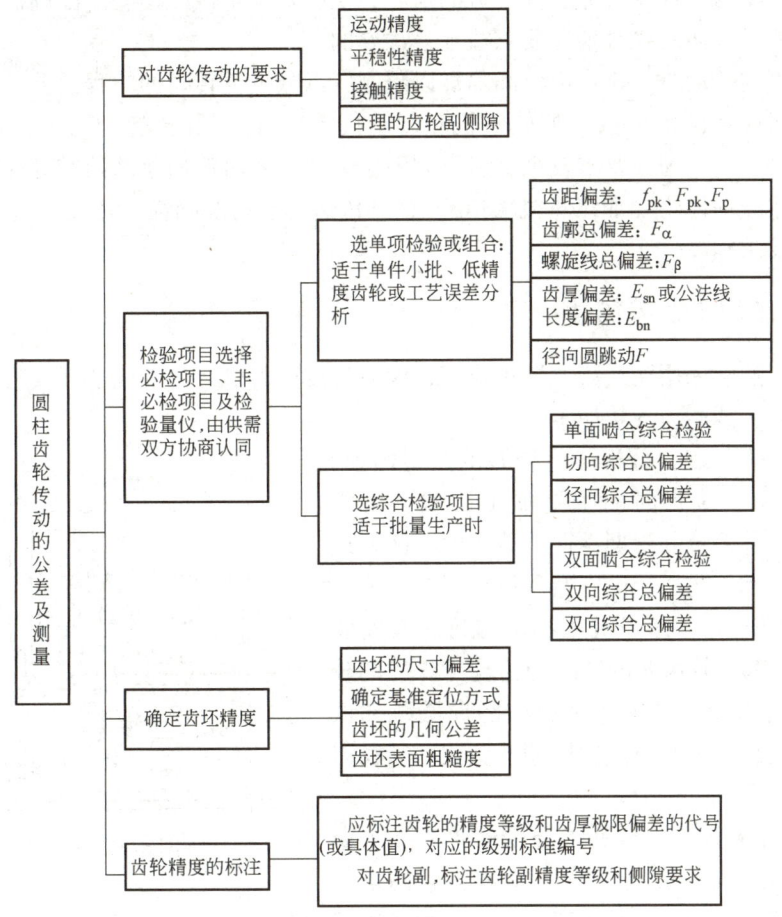

知识要点

1. 齿轮传动的四项要求及对传动性能的影响。
2. 渐开线圆柱齿轮的公差必检项目。
3. 学会齿轮和齿轮副常用齿轮量仪的名称及其常用误差项目的检测方法。

一、圆柱齿轮传动的要求

齿轮传动广泛应用于机器或各种机械设备中，其使用精度要求可归纳为以下四方面。

1）运动精度——传递运动的准确性，以保证从动件与主动件协调。

2）运动平稳性精度——要求齿轮运转平稳，无冲击，降低振动与噪声并达到标准要求。

3) 接触精度——要求齿轮在啮合过程中接触良好,载荷分布要均匀,以免引起应力集中,造成局部磨损,影响齿轮的使用寿命。

4) 齿侧间隙——在齿轮传动过程中,非接触面一定要有合理的间隙,用于储存润滑油,或容纳齿轮受热和受力的弹性变形以及制造和安装所产生的误差,保证传动中不出现卡死和齿面疲劳点蚀、拉毛、胶合烧伤及换向冲击等。

用于精密机床和仪器上分度和读数的齿轮,主要要求是传递运动的准确性,对传动平稳性也有一定要求,而对接触精度要求往往是次要的。

当需要可逆传动时,应对齿侧间隙加以限制,以减少反转时的空程误差。

对重型机械和矿山机械(如轧钢机和起重机等),由于其传递动力大,且圆周速度不高,对载荷分布的均匀性要求较高,齿侧间隙应大些,而对传递运动的准确性则要求不高。

对高速重载的齿轮(如汽轮机减速器),其传递运动的准确性、传动平稳性和载荷分布的均匀性都要求很高。

二、齿轮加工误差简述

齿轮加工通常采用展成法,即用滚刀在滚齿机或插齿机上加工成渐开线齿廓,高精度齿轮还需进行剃齿或磨齿等精加工。

现以滚齿为代表,分析产生误差的主要因素。如图 6-45 所示,滚齿时的主要加工误差是由机床—刀具—工件系统的周期性误差造成的,此外还与夹具、齿坯和工艺系统的安装和调整误差有关。

(1) 几何偏心 即当机床心轴与齿坯有安装偏心 e 时,引起齿轮齿圈的轴线与齿轮工作时的轴线不重合,使齿轮一转内产生齿圈径向圆跳动误差,并且使齿距和齿厚也产生周期性变化,属径向误差。

(2) 运动偏心 即当机床分度蜗轮有加工误差及与工作台有安装偏心 e_k 时,造成齿轮的齿距与公法线长度在局部上变长或变短,使齿轮产生切向误差。

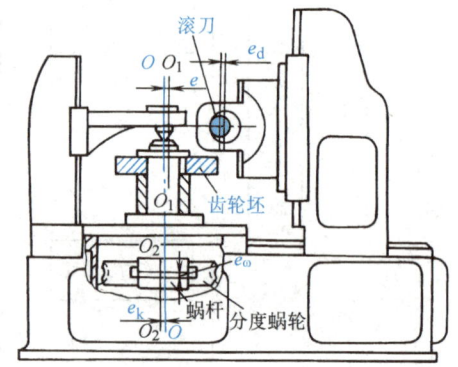

图 6-45 滚切齿轮

一个齿轮往往同时存在几何偏心和运动偏心,总的基圆偏心应取其矢量和,即

$$e_{总} = e + e_k$$

(3) 滚齿机床传动链产生的短周期误差 即机床分度蜗杆有安装偏心 e_ω 和轴向窜动,使分度蜗轮转速不均匀,造成齿轮的齿距和齿形误差。

(4) 滚刀的制造误差及安装误差 如滚刀有偏心 e_d、轴线倾斜及轴向跳动及刀具齿形角误差等,都会复映到被加工的轮齿上,产生基圆齿距偏差和齿廓偏差。

综合齿轮误差项目对传动性能的主要影响,可分为三个组:即影响运动准确性的误差为第Ⅰ组;影响传动平稳性的误差为第Ⅱ组;影响载荷分布均匀性的误差为第Ⅲ组。

三、圆柱齿轮的误差项目及检测

为了保证齿轮传动的工作质量,必须控制单个齿轮的误差。齿轮误差有综合误差与单项误差。现将《圆柱齿轮 精度制》GB/T 10095.1~2—2008 及《圆柱齿轮 检验实施规范》GB/Z 18620.1~4—2008 中的项目和个别常用项目及测量仪器（对高精度及齿形复杂的齿轮可用齿轮测量中心或齿轮测量机测量，不赘述）简介如下。

1. 影响传递运动准确性的误差及其测量

在齿轮传动中影响传递运动准确性的偏差项目有五项，为 F'_i、F_p、F_{pk}、F_r、F''_i。该组误差是以齿坯一转为一个周期的，称为长周期误差。

（1）切向综合总偏差 F'_i

1）F'_i 指被测齿轮与理想精确的测量齿轮单面啮合检验时，在被测齿轮一转内，齿轮分度圆上实际圆周位移与理论圆周位移的最大差值。

F'_i 反映齿轮一转的转角误差，说明齿轮传递运动的不准确性，其转速忽快忽慢地周期性变化，是由于制齿系统的几何偏心、运动偏心及各短周期误差综合影响的结果。

2）测量：F'_i 曲线（图6-46）在单面综合检查仪（单啮仪图6-47）上测得。仪器在检验过程中，使设计中心距 a 不变，齿轮的同侧齿面处于单面啮合状态。其测量齿轮（即标准齿轮）允许用精确齿条、标准蜗杆和测头等测量元件代替。

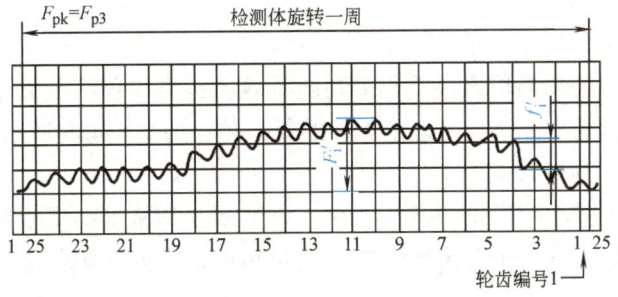

图 6-46 切向综合总偏差 F'_i 和一齿切向综合偏差 f'_i

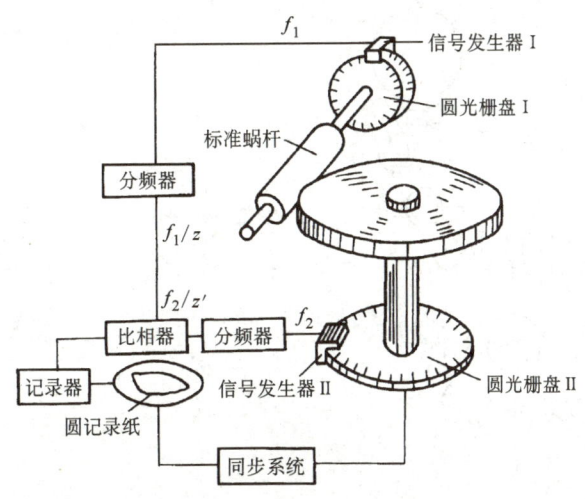

图 6-47 光栅式单啮仪原理图

（2）齿距累积总偏差 F_p 齿距累积总偏差 F_p 指齿轮同侧齿面任意弧段（$k=1$~z）内的最大齿距累积偏差。它表现为齿距累积偏差曲线的总幅值，如图6-48a所示。

F_p 反映了齿轮的几何偏心和运动偏心使齿轮齿距不均匀所产生的齿距累积总偏差。由

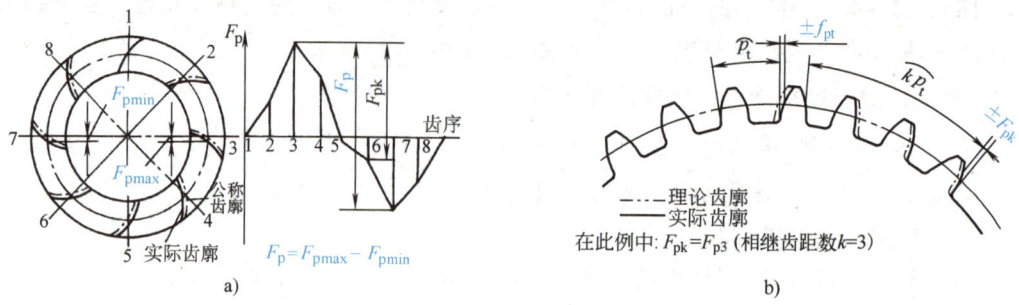

图 6-48 齿距累积总偏差 F_p 及齿距累积偏差 F_{pk}

a) F_p b) F_{pk}

于它能反映齿轮一转中偏心误差引起的转角误差,所以 F_p 可代替 F_i' 作为评定齿轮传递运动准确性的项目。

两者的差别是:F_p 不能反映两齿间瞬时传动比的变化,而 F_i' 能反映瞬时传动比的变化情况,与齿轮工作情况相近。

(3) 齿距累积偏差 F_{pk}

1) 为了控制齿轮的局部积累误差和提高测量效率,可以仅测量 k 个齿的齿距累积误差 F_{pk},即任意 k 个齿距的实际弧长与理论弧长的代数差,如图 6-48b 所示。一般 k 取小于 $z/6$ 或 $z/8$ 的最大整数,z 为齿数。

2) F_p 及 F_{pk} 的测量:按齿轮的模数大小、齿数多少和精度高低不同,手提式齿距仪有三种定位方式,如图 6-49 所示。齿顶圆定位测量精度低;内孔定位测量精度高,但测量需配置孔心轴。

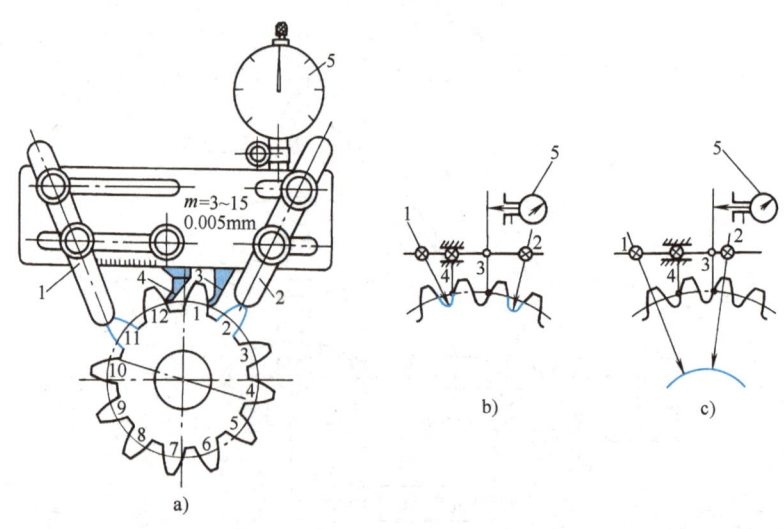

图 6-49 手提式齿距仪测量示意图

a) 齿顶圆定位 b) 齿根圆定位 c) 内孔定位

1、2—定位支脚 3—活动量爪 4—固定量爪 5—指示表

齿距累积误差 F_{pk} 对齿数多、精度较高的齿轮，一般在万能测齿仪上测量，如图 6-50 所示。

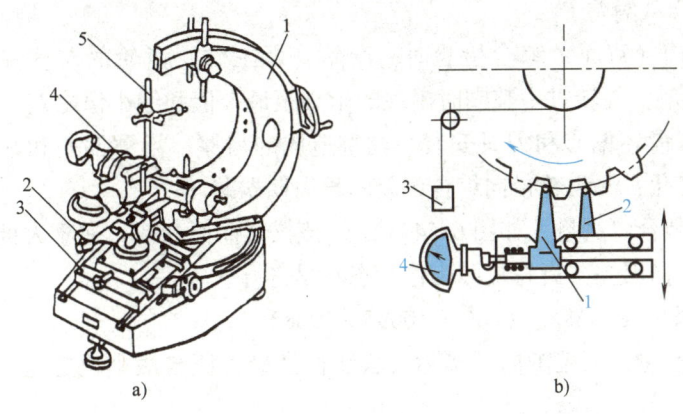

图 6-50 万能测齿仪（可测量 F_p、F_{pk} 与 f_{pt} 等）
a) 整体图
1—弓形支架 2—测量工作台 3—螺旋支承轴 4—测量附体 5—定位装置
b) 测量部分放大图
1—活动量脚 2—定位脚 3—重锤 4—指示表

（4）径向圆跳动偏差 F_r

1）F_r 是指测头（球形、圆柱形、砧形）相继置于齿槽内时，从它到齿轮轴线的最大和最小径向距离之差，如图 6-51 所示，图中偏心量 f_e 是径向圆跳动偏差的一部分，F_r 约为 $2f_e$。

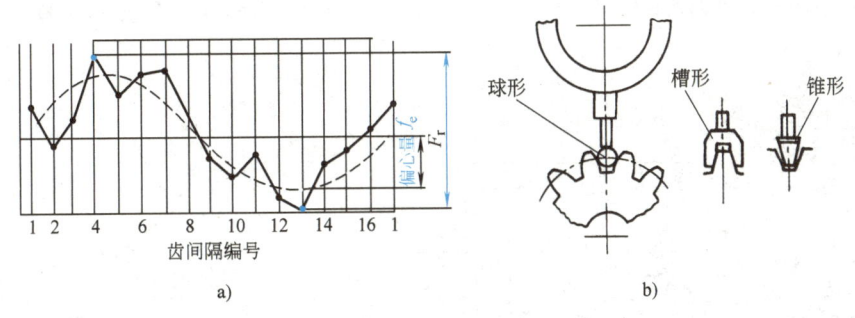

图 6-51 径向圆跳动 F_r
a) 径向圆跳动示意图 b) 测头

F_r 主要是由几何偏心引起的切齿造成齿圈上各点到孔轴线距离不等。

2）F_r 可用径向圆跳动检查仪或偏摆检查仪测量，如图 6-52 所示，可用不同模数的成套的 40°锥形或槽形测头及球形、圆柱测头进行测量。测量时，将测头放入齿槽调至中心一致，使测头与左、右齿廓在齿高中部接触，球测头直径 $d=1.68m$（m 为模数），选择测头提示：

① 当所有齿槽宽度相等而存在齿距偏差时，用槽形测头检测 F_r，指示径向位置的变化

最佳。

② 当齿轮机床分度蜗轮具有运动偏心 e_k 时，该测量方法是揭露不出来的。

(5) 径向综合总偏差 F_i''

1) F_i'' 指在径向（双面）综合检验时，产品（即工件）齿轮的左、右齿面同时与测量（即标准）齿轮接触，并转过一整圈时出现的中心距最大值和最小值之差，如图 6-53 所示。

F_i'' 主要反映了齿坯偏心和刀具安装、调整造成的齿厚、齿廓偏差和基圆齿距偏差，使啮合中心距发生变化，属齿轮径向综合偏差的长周期误差。

2) F_i'' 用双面啮合仪测量，如图 6-54 所示。该仪器简便高效，适于大批生产。但其反映的双面啮合时的径向误差与齿轮实际工作状态不尽符合。

(6) 公法线长度变动 ΔF_w（GB/T 10095—1988）

1) ΔF_w 指在齿轮一周范围内，实际公法线长度最大值与最小值之差，如图 6-55 所示，$\Delta F_w = W_{k\max} - W_{k\min}$。

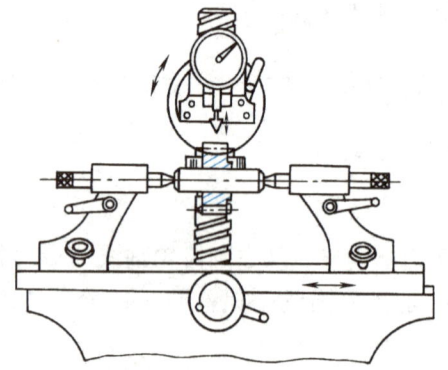

图 6-52　用径向圆跳动检查仪测量 F_r

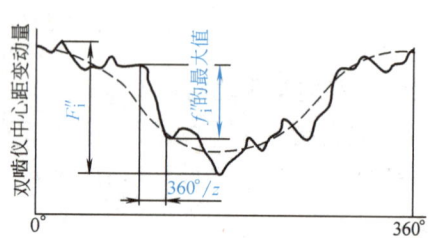

图 6-53　径向综合总偏差 F_i''

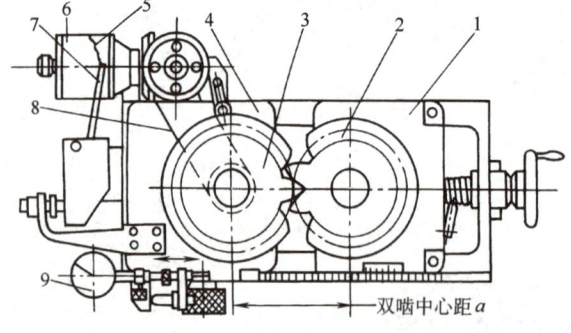

图 6-54　用双面啮合仪测量 F_i''

1—固定拖板　2—被测齿轮　3—测量齿轮　4—浮动滑板
5—误差曲线　6—记录纸　7—划针　8—传送带　9—指示表

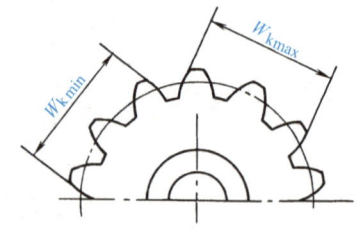

图 6-55　公法线长度变动量 ΔF_w

ΔF_w 是由机床分度蜗轮偏心使齿坯转速不均匀引起齿面左右切削不均所造成的齿轮切向长周期误差，即用 ΔF_w 揭示运动偏心 e_k。

2) ΔF_w 通常用公法线千分尺或公法线指示卡规测量，如图 6-56 所示。

国家标准 GB/T 10095—2008 中，无 ΔF_w 偏差项目，但由于加工齿轮时用公法线千分尺可在机测量（即不用卸下齿轮工件）ΔF_w，不仅方便，且测量精度高、所以在加工中用此法测量值作为制齿工序是否完成的依据。

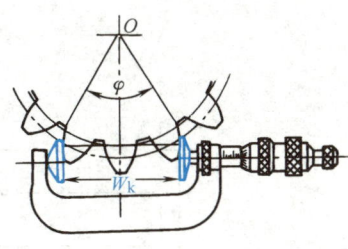

图 6-56　用公法线千分尺测量 ΔF_w

2. 影响传动平稳性的误差及其测量

引起齿轮瞬时传动比变化的属短周期误差，共有五项指标，即 f'_i、f''_i、F_α、f_{pt}、f_{pb}。

（1）一齿切向综合偏差 f'_i

1) f'_i 指被测齿轮与理想精确的测量齿轮单面啮合时，在被测齿轮一个齿距内的切向综合偏差。即图 6-46 中曲线上，小波纹的最大幅度值。

f'_i 主要反映由刀具的制造和安装误差及机床分度蜗杆的安装和制造误差所造成的齿轮短周期综合误差。f'_i 能综合反映转齿和换齿误差对传动平稳性的影响。f'_i 越大，转速越高，传动越不平稳，噪声振动也越大。

2) f'_i 的测量与 F'_i 相同，在单啮仪上测量，如图 6-47 所示。

（2）一齿径向综合偏差 f''_i

1) f''_i 指被测齿轮与理想精确的测量齿轮双面啮合时，被测齿轮一个齿距角 $360°/z$ 内，双啮中心距的最大变动量，如图 6-53 所示。

f''_i 主要反映由刀具制造与安装误差（如刀具的齿距、齿形误差及偏心等）所造成的齿轮径向短周期综合误差，但不能反映机床传动链的短周期误差引起的齿轮切向短周期误差。

2) f''_i 的优缺点及测量仪器与 F''_i 相同，且在双啮仪上同时测得，其曲线中高频波纹的最大幅值即为 f''_i。

（3）齿廓总偏差 F_α

1) F_α 指在计值范围内，包括实际齿廓迹线的两条设计齿廓迹线间的距离，如图 6-57 所示。齿廓计值范围 L_α 等于从有效长度 L_{AE} 的顶端和倒棱处减去 8%。

轮廓总偏差是由于刀具设计的制造误差和安装误差及机床传动链误差等引起的。此外，长周期误差对齿形精度也有影响。

齿廓总偏差对传动平稳性的影响如图 6-58 所示。啮合齿 A_1 与 A_2 应在啮合线上的 a 点接触，由于齿 A_2 有齿形误差，使接触点偏离了啮合线在 a' 点发生啮合，从而引起瞬时传动比的突变，破坏了传动的平稳性。

2) F_α 的测量：通常使用单盘式或万能式渐开线检查仪及齿轮单面啮合整体误差测量仪测量。如图 6-59 所示为用单盘渐开线检查仪测量 F_α。

（4）单个齿距偏差 f_{pt}

1) f_{pt} 指在端面上、接近齿高中部的一个与齿轮轴线同心的圆上，实际齿距与理论齿距的代数差，如图 6-60 所示。

滚齿加工时，f_{pt} 主要是由机床分度蜗杆跳动及轴向窜动，即机床传动链误差造成的。所以，f_{pt} 可以用来揭示传动链的短周期误差或加工中的分度误差，属单项指标。

2) f_{pt} 的测量方法及使用仪器与 F_p 相同，f_{pt} 需对轮齿的两侧面进行测量。

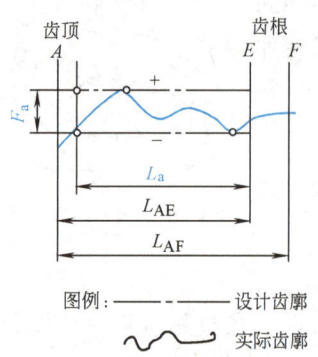

图例: ——— 设计齿廓
　　　～～～ 实际齿廓

设计齿廓: 未修形的渐开线; 实际齿廓: 在减薄区内具有偏向体内的负偏差

图 6-57　齿廓总偏差 F_α

A—轮齿齿顶或倒角的起点　E—有效齿廓起始点　F—可用齿廓被修齿根起始点　L_{AF}—可用长度　L_{AE}—有效长度

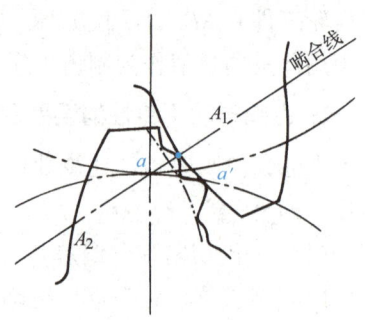

图 6-58　有齿形误差时的啮合情况

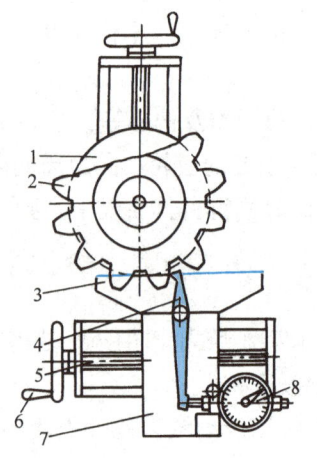

图 6-59　用单盘渐开线检查仪测量 F_α
1—基圆盘　2—被测齿轮　3—直尺　4—杠杆
5—丝杠　6—手轮　7—滑板　8—指示表

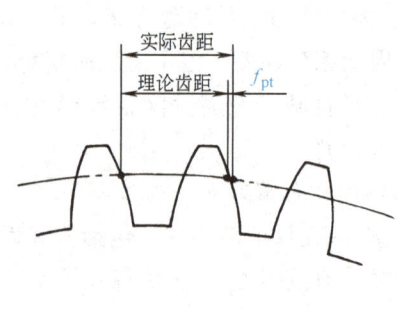

图 6-60　单个齿距偏差 f_{pt}

(5) 基圆齿距偏差 f_{pb}（GB/T 10095—1988）

1) f_{pb} 指实际基圆齿距与公称基圆齿距之差，如图 6-61 所示。$P_{bn} = \pi m \cos\alpha$，其公称值可由计算或查表求得。$f_{pb}$ 是很有用的指标，但 GB/Z 18620.1 中未给公差值，其数值由 GB/T 10095—1988 查取。

f_{pb} 主要是由于齿轮滚刀的齿距偏差及齿廓偏差、齿轮插刀的基圆齿距偏差及齿廓偏差造成的。f_{pb} 对传动的影响是由啮合的基圆齿距不等引起的，故因瞬时传动比

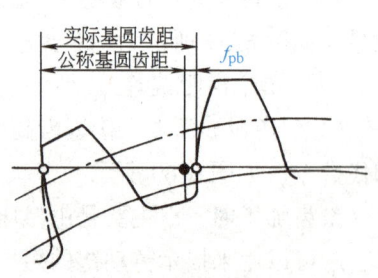

图 6-61　基圆齿距偏差 f_{pb}

将发生变化,影响齿轮传动的平稳性。

2) 通常用基圆齿距仪测量基圆齿距偏差 f_{pb},如图 6-62 所示。用基圆齿距仪测量的优点是可在机测量,与其他同类仪器测量相比,可避免制齿脱机后测量而使齿轮加工需要重新"对刀"、"定位"的问题。

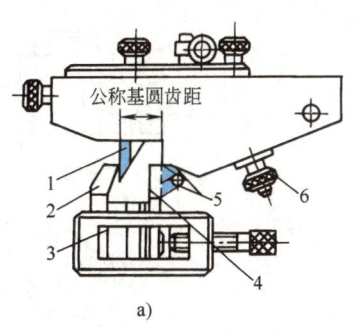
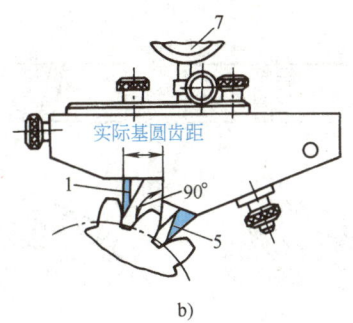

图 6-62 用基圆齿距仪测量 f_{pb}

a) 用量块组 3(尺寸等于公称基圆齿距),把测头 1 和 5 间的距离调整好
b) 调整到公称基圆齿距且指示表 7 调零,即可对轮齿进行比较测量

1、5—测头 2、4—特殊量爪 3—量块组 6—螺钉 7—指示表

3. 影响载荷分布均匀性的误差及测量

由于齿轮的制造和安装误差,一对齿轮轮齿的实际接触线只是理论接触线的一部分,影响了载荷分布的均匀性。国家标准规定用螺旋线偏差来评定载荷分布的均匀性。螺旋线偏差中的螺旋线总偏差 F_β 为常用必检项目(因 F_β 是造成齿面受力不均与非正常磨损的主要因素)。

1) 螺旋线总偏差 F_β。指在计值范围 L_β 内,包容实际螺旋线迹线的两条设计螺旋线迹线间的距离,如图 6-63 所示。螺旋线总公差是螺旋线总偏差的允许值。

螺旋线总偏差主要是由机床导轨倾斜以及夹具和齿坯的安装误差引起的,如图 6-64 和图 6-65 所示。对斜齿轮,还与附加运动链的调整误差有关。

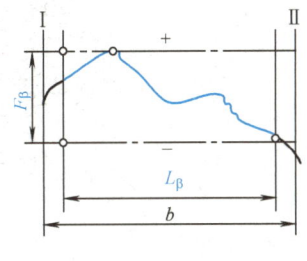

图 6-63 螺旋线总偏差 F_β

设计螺旋线:未修形的螺旋线;实际螺旋线:在减薄区内具有偏向体内的负偏差

2) 对精度低于 8 级的直齿圆柱齿轮,齿向偏差最简单的测量方法如图 6-66a 所示。将小圆棒 2($\phi d \approx 1.68m$)放入齿间内,用指示表 3 在两端测量读数差,并按齿宽长度折算缩小,即为齿向误差值。也可用图 6-66b 所示的方法测量,即调整杠杆千分表 4 的测头处于齿面的最高位置,在两端的齿面上接触并移进移出,两端最高点的读数差即是 F_β。

斜齿轮的齿向误差 F_β 可在导程仪、螺旋角检查仪、齿向仪或光学分度上进行测量。

4. 影响齿轮副侧隙的偏差及其测量

保证齿轮副的侧隙是传动正常工作的必要条件。在加工齿轮时，要适当地减薄齿厚，齿厚的检验项目共有两项。

（1）齿厚偏差 E_{sn} （齿厚上极限偏差 E_{sns}、下极限偏差 E_{sni} 和齿厚公差 T_{sn}） E_{sn} 指在分度圆柱面上，齿厚的实际值与公称齿厚值之差。对于斜齿轮，则指法向齿厚，如图 6-67 所示。

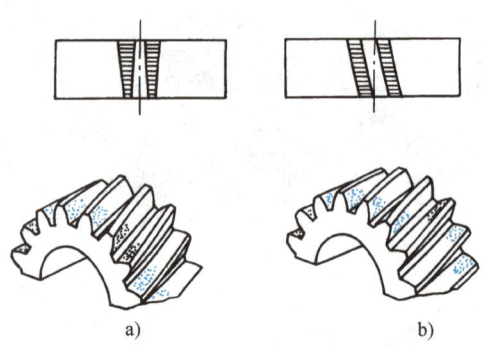

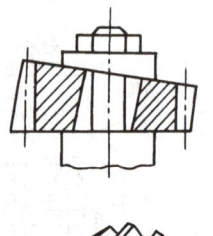

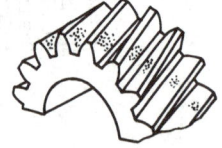

图 6-64 刀架导轨倾斜产生的齿向误差　　　　图 6-65 齿坯基准端面
a) 刀架导轨径向倾斜　b) 刀架导轨切向倾斜

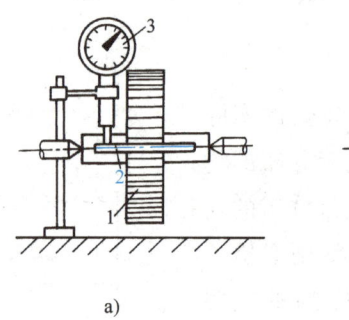

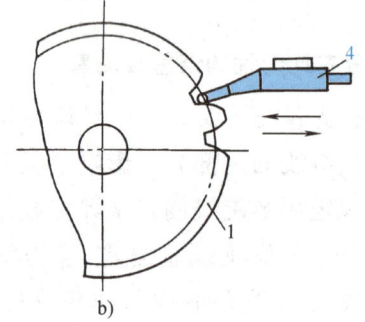

图 6-66 直齿轮齿向误差 F_β 的测量
a) 用小圆棒测齿向误差　b) 用指示表直接在齿面上测量齿向误差
1—被测齿轮　2—小圆棒　3—指示表　4—杠杆千分表

提　示

1) 不论外（或内）齿轮、直（或斜）齿轮还是标准（或变位）齿轮，其测量所需分度圆公称弦齿厚 $\bar{s}$ 或固定弦齿厚 $\bar{s}_c$ 及公称分度圆弦齿高 $\bar{h}_a$ 或固定弦齿高 $\bar{h}_c$ 均可由表分别查得，不必计算。

2) 测量齿厚偏差若是以齿顶圆为基准，测量结果受齿顶圆精度低的影响，测量的齿厚误差较大，因此仅适用于精度较低、模数较大的齿轮。为此，可用提高齿顶圆精度或改用测量公法线长度偏差 E_{bn} 的办法代替齿厚偏差 E_{sn} 的测量。

如图6-68所示为用齿厚游标卡尺测量 E_{sn}。

(2) 公法线长度偏差 E_{bn}（上极限偏差 E_{bns}、下极限偏差 E_{bni} 和公差 T_{bn}） E_{bn} 指在齿轮的一周内，公法线长度的平均值与公称值之差。公法线长度的平均值应在齿轮圆周上6个部位测取实际值后，取其平均值 $\overline{W}_k$。公法线长度公称值 W_{kn} 可由有关手册查取，不必计算。

公法线长度偏差 E_{bn} 之所以能代替齿厚偏差 E_{sn}，在于公法线长度 W_k 内包含有齿厚 S_{bn} 的影响。它与 E_{bn} 的关系由齿轮计算公式可知，为：公法线长度公称值 $W_k = (k-1)P_{bn} + S_{bn}$。

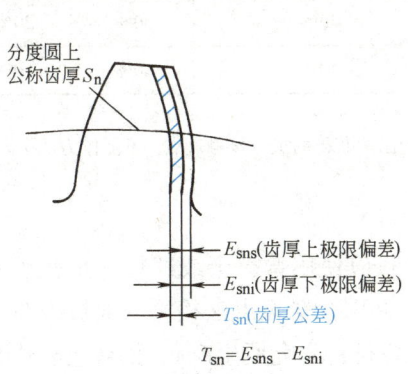

图6-67 齿厚偏差 E_{sn}

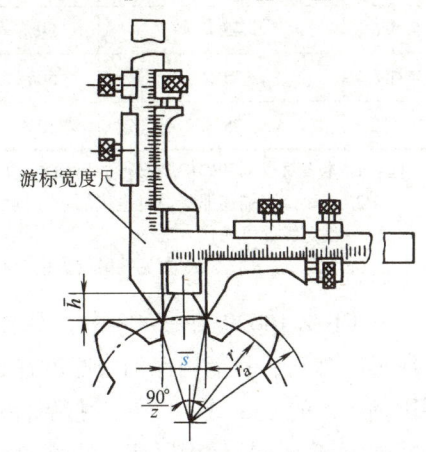

图6-68 齿厚偏差 E_{sn} 的测量

由于测量 E_{bn} 使用公法线千分尺，且不以齿顶圆定位，因此测量精度高，是比较理想的方法。在图样上标注公法线长度的公称值 W_{kthe} 和上极限偏差 E_{bns} 与下极限偏差 E_{bni}。若其测量结果在上、下极限偏差范围内，即为合格。因为齿轮的运动偏心会影响公法线长度，使公法线长度不相等，为了排除运动偏心对其长度的影响，故应取平均值，如图6-69所示。

5. 齿轮副的传动偏差项目及检测

(1) 齿轮副的接触斑点

1) 齿轮副的接触斑点指装配（在箱体或实验台上）好的齿轮副，在轻微的制动下，运转后的齿面上分布的接触擦亮痕迹，如图6-70所示。接触斑点可以沿齿高方向和齿长方向的百分数表示，所以是一个特殊的非几何量的检验项目，见表6-18，该表描述的是最好的接触斑点，不能作为齿轮精度等级的替代方法。

2) 接触斑点主要反映载荷分布的均匀性，检验时应使用滚动检验机，综合反映加工误差和安装误差对载荷分布的影响。

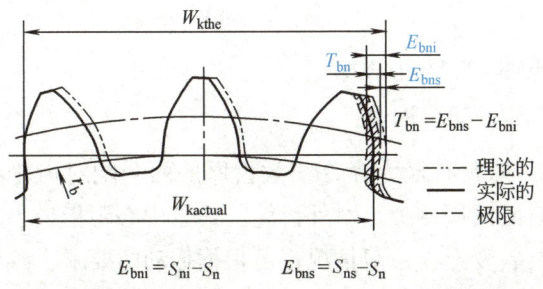

图6-69 公法线长度偏差 E_{bn} 及其上、下极限偏差的测量

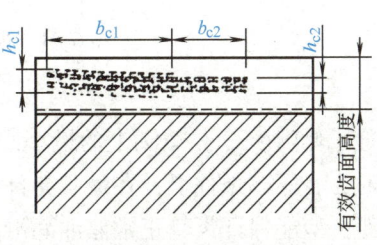

图6-70 齿轮副接触斑点的分布示意图

表 6-18 圆柱齿轮装配后的接触斑点（摘自 GB/Z 18620.4—2008）

精度等级按 GB/T 10095	b_{c1} 占齿宽的百分数		h_{c1} 占有效齿面高度的百分数		b_{c2} 占齿宽的百分数		h_{c2} 占有效齿面高度的百分数	
	直齿轮	斜齿轮	直齿轮	斜齿轮	直齿轮	斜齿轮	直齿轮	斜齿轮
4 级及更高	50%		70%	50%	50%		50%	30%
5 和 6	45%		50%	40%	40%		30%	20%
7 和 8	35%		50%	40%	40%		30%	20%
9～12	25%		50%	40%	40%		30%	20%

注：1. 本表对齿廓和螺旋线修行的齿面不适应。
2. 本表试图描述那些通过直接测量，证明符合表列精度的齿轮副中获得的最好接触斑点，不能作为证明齿轮精度等级的可替代方法。
3. b_{c1}、h_{c1}、b_{c2}、h_{c2} 参见接触斑点的分布示意图。

在 GB/Z 18620.4—2008 中，要求接触斑点印痕涂料应使用普鲁士或红丹（呈蓝色或红色印痕）涂料，且能确保油膜厚度在 0.006～0.012mm。用接触斑点法检测一般机械时，可用国内生产的 CT1 或 CT2 齿轮接触涂料（原机械部上海材料研究所生产），用着色法代替接触擦亮痕迹法，然后用照相、画草图或透明胶带记录并加以保存。

（2）齿轮副的侧隙　齿轮副的侧隙指两相啮合齿轮工作面接触时，在两个非工作齿面间形成的间隙，如图 6-71 所示。齿轮副的侧隙分为两种。

1）圆周侧隙 j_{wt}。它指两相啮合齿轮中的一个齿轮固定时，另一个齿轮能转过的节圆弧长的最大值，如图 6-71a 所示。它可用指示表测量。

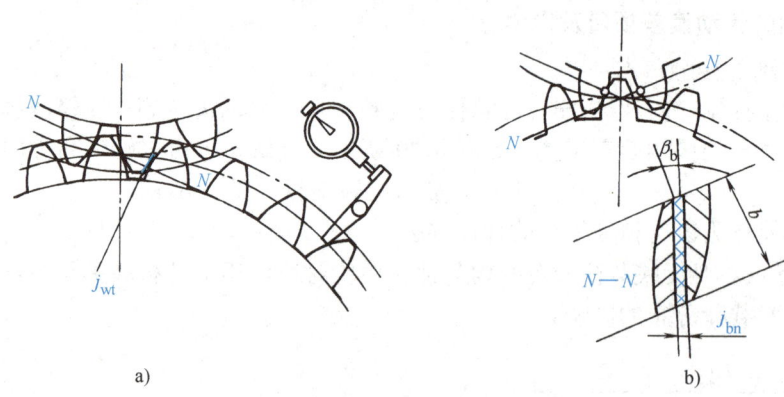

图 6-71　齿轮副圆周侧隙 j_{wt} 和法向侧隙 j_{bn}
a) 圆周侧隙 j_{wt}　b) 法向侧隙 j_{bn}

最小侧隙 j_{wtmin} 是节圆上的最小圆周侧隙，即具有最大允许实效齿厚的两个配对齿轮相啮合时，在静态条件下，在最紧允许中心距时的圆周侧隙。对外齿轮，最紧中心距指最小的中心距，应能保证齿轮正常储油润滑和补偿材料变形，一般情况也可根据传动的要求，参考表 6-19 选取最小侧隙。

表 6-19　对于粗齿距（中、大模数）齿轮最小侧隙 j_{bnmin} 的推荐值　　（单位：mm）

模数 m_n	最小中心距 a_i					
	50	100	200	400	800	1600
1.5	0.09	0.11	—	—	—	—
2	0.10	0.12	0.15	—	—	—
3	0.12	0.14	0.17	0.24	—	—
5	—	0.18	0.21	0.28	—	—
8	—	0.24	0.27	0.34	0.47	—
12	—	—	0.35	0.42	0.55	—
18	—	—	—	0.54	0.67	0.94

最大侧隙 j_{wtmax} 是节圆上的最大圆周侧隙，即具有最小允许实效齿厚的两个配对齿轮相啮合时，在静态条件下，在最大允许中心距时的圆周侧隙。

2）法向侧隙指两相啮合齿轮工作齿面接触时，在两非工作齿面间的最短距离。

测量圆周侧隙或法向侧隙是等效的，可用塞尺或齿侧隙压铅丝法测量法向侧隙。

3）径向侧隙 j_r 是将两相啮合齿轮的中心距缩小，直到其左、右两齿面都接触时，其缩小量即为径向侧隙。

如以上 3 项要求均能满足，则认为此齿轮副合格。

（3）齿轮副的中心距偏差 f_a

1）f_a 指在齿轮副的齿宽中间平面内，实际中心距与公称中心距之差。中心距的变动影响齿侧间隙及啮合角的大小，将改变齿轮传动时的受力状态。

2）可用游标卡尺和千分尺等普通量具测量中心距。

（4）轴线平行度偏差　指一对齿轮的轴线在两轴线的"公共平面"或"垂直平面"内投影的平行度偏差。轴线平行度偏差用轴支撑跨距 L（轴承中间距 L）相关联表示，如图 6-72 所示。

1）轴线平面内的轴线平行度偏差 $f_{\Sigma\delta}$ 指一对齿轮的轴线在两轴线的公共平面内投影的平行度偏差。该偏差的最大值推荐为

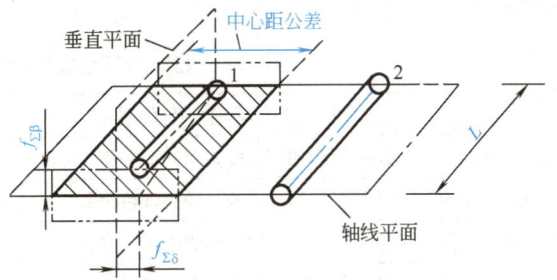

图 6-72　轴线平行度偏差

$$f_{\Sigma\delta} = (L/b)F_\beta$$

2）垂直平面内的轴线平行度偏差 $f_{\Sigma\beta}$。指一对齿轮的轴线在两轴线公共平面的垂直平面上投影的平行度偏差。该偏差的最大值推荐为

$$f_{\Sigma\beta} = 0.5(L/b)F_\beta$$

平行度偏差主要影响侧隙及接触精度，其偏差值与轴的支撑跨距 L 及齿宽 b 有关。轴线平行度公差 $f_{\Sigma\delta}$ 及 $f_{\Sigma\beta}$ 见表 6-20。

3）可用量块、千分尺、游标卡尺和千分表等测量平行度偏差。

表6-20 轴线平行度公差 $f_{\Sigma\delta}$ 及 $f_{\Sigma\beta}$（摘自 GB/T 10095—2008）

轴线平面内的轴线平行度公差 $f_{\Sigma\delta}=(L/b)F_\beta$	F_β（查表6-21）
垂直平面上的轴线平行度公差 $f_{\Sigma\beta}=0.5(L/b)F_\beta$	

表6-21 螺旋线总公差 F_β（摘自 GB/T 10095—2008）　（单位：μm）

分度圆直径 d/mm	齿宽 d/mm	精度等级 F_β				
		5	6	7	8	9
$20<d\leqslant50$	$10<b\leqslant20$	7.0	10.0	14.0	20.0	29.0
	$20<b\leqslant40$	8.0	11.0	16.0	23.0	32.0
$50<d\leqslant125$	$10<b\leqslant20$	7.5	11.0	15.0	21.0	30.0
	$20<b\leqslant40$	8.5	12.0	17.0	24.0	34.0
	$40<b\leqslant80$	10.0	14.0	20.0	28.0	39.0
$125<d\leqslant280$	$10<b\leqslant20$	8.0	11.0	16.0	22.0	32.0
	$20<b\leqslant40$	9.0	13.0	18.0	25.0	36.0
	$40<b\leqslant80$	10.0	15.0	21.0	29.0	41.0
	$80<b\leqslant160$	12.0	17.0	25.0	35.0	49.0

四、渐开线圆柱齿轮精度标准

圆柱齿轮的精度标准应积极推行 GB/T 10095—2008 和 GB/Z 18620—2008 两个新标准，见表6-22。

表6-22 渐开线圆柱齿轮精度标准一览表

标准名称	标准号
圆柱齿轮精度第1部分：轮齿同侧齿面偏差的定义和允许值	GB/T 10095.1—2008
圆柱齿轮精度第2部分：径向综合偏差与径向跳动的定义和允许值	GB/T 10095.2—2008
圆柱齿轮检验实施规范第1部分：轮齿同侧齿面的检验	GB/Z 18620.1—2008
圆柱齿轮检验实施规范第2部分：径向综合偏差、径向跳动、齿厚和侧隙的检验	GB/Z 18620.2—2008
圆柱齿轮检验实施规范第3部分：齿轮坯、轴中心距和轴线平行度	GB/Z 18620.3—2008
圆柱齿轮检验实施规范第4部分：表面结构和轮齿接触斑点的检验	GB/Z 18620.4—2008

1. 适用范围

1）GB/T 10095.1—2008 只适用于单个齿轮的每一个要素，不包括齿轮副，其附录均为非强制检验项目。

2）GB/T 10095.2—2008 径向综合偏差的公差仅适用于产品齿轮与测量齿轮的啮合检验，而不适用于两个产品齿轮的啮合检验。

3）GB/Z 18620.1～4—2008 是关于齿轮检验方法的描述和意见。指导性技术文件所提供的数值不作为严格的精度判据，而作为共同协议的关于钢或铁制齿轮的指南来使用。

2. 精度等级

GB/T 10095.1—2008 对轮齿同侧齿面公差规定了 13 个精度等级，其中 0 级最高、12 级最低。

GB/T 10095.2—2008 对径向综合偏差与跳动公差值规定了 9 个精度等级，其中 4 级最高、12 级最低，0~2 级目前生产工艺尚未达到，供将来发展用；3~5 级为高精度级；6~8 级为中精度级；9~12 级为低精度级；5 级为基础级。

3. 精度等级的选择简述

首先根据用途、使用条件、经济性确定主要性能组的精度等级，然后再确定其他两组的精度等级，一般采用类比法。

类比法是按现有的、并经证实设计合理、工作可靠的同类产品或机构上的齿轮精度，通过技术性、经济性、工艺可能性三方面的综合分析对比，选用相似的齿轮精度等级。当工作条件略有改变时，新设计的齿轮可对各公差组的精度作适当调整，参见表6-23。

表6-23 各种机器采用的齿轮精度等级

齿轮用途	精度等级	齿轮用途	精度等级	齿轮用途	精度等级
测量齿轮	3~5	轻型汽车	5~8	拖拉机,轧钢机	6~10
汽轮机透平机	3~6	载重汽车	6~9	起重机	7~10
金属切削机床	3~8	一般用减速器	6~9	矿山铰车	8~10
航空发动机	4~7	内燃机车	6~7	农业机械	8~10

根据使用要求不同，GB/T 10095—2008 规定齿轮同侧齿面各精度项目可选同一个等级；对齿轮的工作齿面和非工作齿面，可规定不同的等级，也可只给出工作齿面的精度等级，而对非工作齿面不给出精度要求。对不同的偏差项目，可规定不同的精度等级。径向综合公差和径向圆跳动公差可选用与同侧齿面的精度项目相同或不同的精度等级。

齿轮副中两个齿轮的精度等级一般取同级，也允许取成不同等级，此时按精度较低者确定齿轮副等级。不同性能组合选不同精度时，以不超过一级为宜。

各级精度的 $\pm f_{pt}$、F_p、F_α、F_r 见表6-24；F_i''、f_i'' 见表6-25；F_β 见表6-21；$\pm f_{pb}$、F_w 见表6-26。

4. 齿轮检验项目的选择

国家标准中齿轮的检验项目按误差的特性及其对传动性能的影响，将齿轮指标分成Ⅰ、Ⅱ、Ⅲ三个性能组，参见表6-27。

选择检验项目应注意以下几点。

1) 对高精度的齿轮选用综合指标检验；低精度齿轮可选用单项性指标组合检验。

2) 为了揭示工艺过程中工艺误差产生的原因，应有目的地选用单项性指标组合检验。成品验收则应选用供需双方共同认定的检验项目。

3) 批量生产时宜选用综合指标；单件小批生产时，则用单项性组合指标检验。

4) 检验使用的量仪和技术水平由供需双方协商认同后，检测结果才有法律效力。

5. 齿坯精度

齿坯是指齿轮在制齿加工前，供制造齿轮的工件。齿坯的尺寸及几何误差直接影响齿轮的加工精度及齿轮副的接触精度和运行质量。

表 6-24　$\pm f_{pt}$、F_p、F_α、F_r 公差数值（摘自 GB/T 10095—2008）　（单位：μm）

分度圆直径 d/mm	模 数 /mm	单个齿距极限偏差 $\pm f_{pt}$					齿距累积总公差 F_p					齿廓总公差 F_α					法向模数 m_n/mm	径向跳动公差 F_r				
		精 度 等 级																				
		5	6	7	8	9	5	6	7	8	9	5	6	7	8	9		5	6	7	8	9
20 < d ≤ 50	0.5 < m ≤ 2	5.0	7.0	10.0	14.0	20.0	14.0	20.0	29.0	41.0	57.0	5.0	7.5	10.0	15.0	21.0	0.5 < m_n ≤ 2	11.0	16.0	23.0	32.0	45.0
	2 < m ≤ 3.5	5.5	7.5	11.0	15.0	22.0	15.0	21.0	30.0	42.0	59.0	7.0	10.0	14.0	20.0	29.0	2 < m_n ≤ 3.5	12.0	17.0	24.0	34.0	47.0
50 < d ≤ 125	0.5 < m ≤ 2	5.5	7.5	11.0	15.0	21.0	18.0	26.0	37.0	52.0	74.0	6.0	8.5	12.0	17.0	23.0	0.5 < m_n ≤ 2	15.0	21.0	29.0	42.0	59.0
	2 < m ≤ 3.5	6.0	8.5	12.0	17.0	23.0	19.0	27.0	38.0	53.0	76.0	8.0	11.0	16.0	22.0	31.0	2 < m_n ≤ 3.5	15.0	21.0	30.0	43.0	61.0
	3.5 < m ≤ 6	6.5	9.0	13.0	18.0	26.0	19.0	28.0	39.0	55.0	78.0	9.5	13.0	19.0	27.0	38.0	3.5 < m_n ≤ 6	16.0	22.0	31.0	44.0	62.0
125 < d ≤ 280	2 < m ≤ 3.5	6.5	9.0	13.0	18.0	26.0	25.0	35.0	50.0	70.0	100.0	9.0	13.0	18.0	25.0	36.0	2 < m_n ≤ 3.5	20.0	28.0	40.0	56.0	80.0
	3.5 < m ≤ 6	7.0	10.0	14.0	20.0	28.0	25.0	36.0	51.0	72.0	102.0	11.0	15.0	21.0	30.0	42.0	3.5 < m_n ≤ 6	20.0	29.0	41.0	58.0	82.0
	6 < m ≤ 10	8.0	11.0	16.0	23.0	32.0	26.0	37.0	53.0	75.0	106.0	13.0	18.0	25.0	36.0	50.0	6 < m_n ≤ 10	21.0	30.0	42.0	60.0	85.0

注：用 F_r 评定齿轮精度时，供需双方应协商一致。

表 6-25　综合总公差 F_i''、齿径向综合公差 f_i''（摘自 GB/T 10095—2008）　（单位：μm）

分度圆直径 d/mm	法向模数 m_n/mm	精 度 等 级									
		5	6	7	8	9	5	6	7	8	9
		F_i''					f_i''				
20 < d ≤ 50	1.0 < m_n ≤ 1.5	16	23	32	45	64	4.5	6.5	9	13	18
	1.5 < m_n ≤ 2.5	18	26	37	52	73	6.5	9.5	13	19	26
50 < d ≤ 125	1.0 < m_n ≤ 1.5	19	27	39	55	77	4.5	6.5	9	13	18
	1.5 < m_n ≤ 2.5	22	30	43	61	86	6.5	9.5	13	19	26
	2.5 < m_n ≤ 4.0	25	36	51	72	102	10	14	20	29	41
	4.0 < m_n ≤ 6.0	31	44	62	88	124	15	22	31	44	62
125 < d ≤ 280	1.5 < m_n ≤ 2.5	26	37	53	75	106	6.5	9.5	13	19	27
	2.5 < m_n ≤ 4.0	30	43	61	86	121	10	15	21	29	41
	4.0 < m_n ≤ 6.0	36	51	72	102	144	15	22	31	44	62

注：采用公差表评定齿轮精度，仅用于供需双方有协议时；无协议时，用模数 m_n 和直径 d 的实际值代入公式计算公差值，评定齿轮精度。

$F_i'' = 2.9 m_n + 1.01 \sqrt{d} + 0.8$　　　$f_i'' = 2.96 m_n + 0.01 \sqrt{d} + 0.8$

参数 m_n 和 d 应取其分段界限值的几何平均值代入。

表 6-26　基圆齿距极限偏差 $\pm f_{pb}$、公法线长度变动公差 F_w（摘自 GB/T 10095—1988）

（单位：μm）

分度圆直径 /mm	法向模数 m_n/mm	$\pm f_{pb}$ 精度等级					F_w 精度等级				
		5	6	7	8	9	5	6	7	8	9
≤125	≥1~3.5	5	9	13	18	25	12	20	28	40	56
	>3.5~6.3	7	11	16	22	32					
	>6.3~10	8	13	18	25	36					
125~400	≥1~3.5	6	10	14	20	30	16	25	36	50	71
	>3.5~6.3	8	13	18	25	36					
	>6.3~10	9	14	20	30	40					

表 6-27　齿轮误差特性对传动影响的检验项目

性能组别	公差与极限偏差项目	误差特性	对传动性能的主要影响
I	F_i'、F_{pk}、F_p、F_i''、F_r	以齿轮一转为周期的误差	传递运动的准确性
II	f_i'、f_i''、F_α、$\pm f_{pt}$、$\pm f_{pb}$	在齿轮一转内，多次周期地重复出现的误差	传动的平稳性、噪声、振动
III	F_β	螺旋线总误差	载荷分布的均匀性

注：项目符号与 GB/T 10095—2008 中的项目符号相同。

齿轮在加工、检验和装配时的径向基准和轴向辅助面应尽量一致，并标注在零件图上。通常采用齿坯内孔（或顶圆）和端面作为基准。

（1）齿坯的尺寸偏差　国家标准规定了齿坯三个表面上的误差，如图 6-73 所示。

1）带孔齿轮的孔（或轴齿轮的轴颈）基准，其直径尺寸偏差和几何误差过大，将使齿轮径向跳动 F_r 增大，进而影响传动质量。

2）齿轮轴的轴向基准面 S_i 的轴向跳动误差过大，使齿轮安装歪斜。加工后的齿轮螺旋线误差增大，接触斑点减少或位置不当，造成回转摇摆，影响承载能力，甚至断齿。

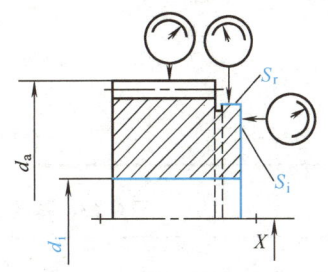

图 6-73　基准轴线和基准面

3）径向基准面 S_r 或齿顶圆柱面直径偏差和径向跳动影响齿轮加工或检验的安装基准和测量基准，使加工误差和测量误差（如齿厚）加大。

（2）基准轴线和基准面的确定方法

1）确定基准轴线的方法。最常用确定基准轴线的方法是尽可能做到设计基准、加工基准、检验基准和工作基准相统一，见表 6-28。

2）基准面与安装面的几何公差。

① 若工作安装面被选择为基准面，可直接选用表 6-29 的基准面与安装面的形状公差。

② 当基轴线与工作轴线不重合时，则工作安装面相对于基准轴线的跳动公差在齿轮零件图样上予以控制，跳动公差应不大于表 6-30 中规定的数值。

表 6-28 确定基准轴线的方法 (GB/Z 18620.3—2008)

序号	说 明	图 示
1	用两个"短的"圆柱或圆锥形基准面上设定的两个圆的圆心来确定轴线上的两点	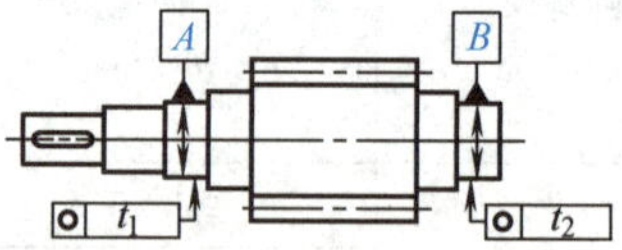 注:A 和 B 是预定的轴承安装表面
2	用一个"长的"圆柱或圆锥形的面来同时确定轴线的位置和方向。孔的轴线可以用与之相匹配的正确地装配的工作心轴的轴线来代表	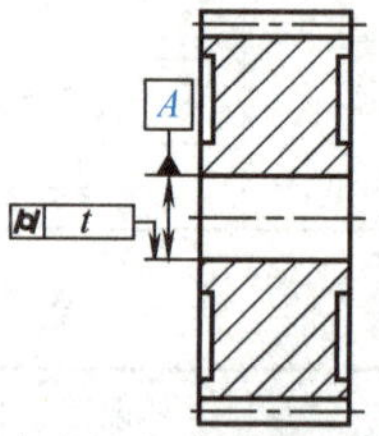
3	轴线的位置用一个"短的"圆柱形基准面上的一个圆的圆心来确定,而其方向则用垂直于轴线的一个基准端面来确定	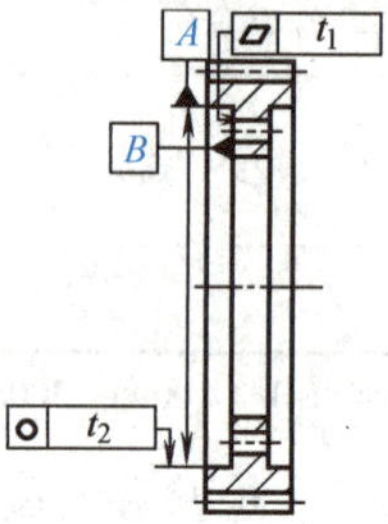
4	中心孔确定基准轴线	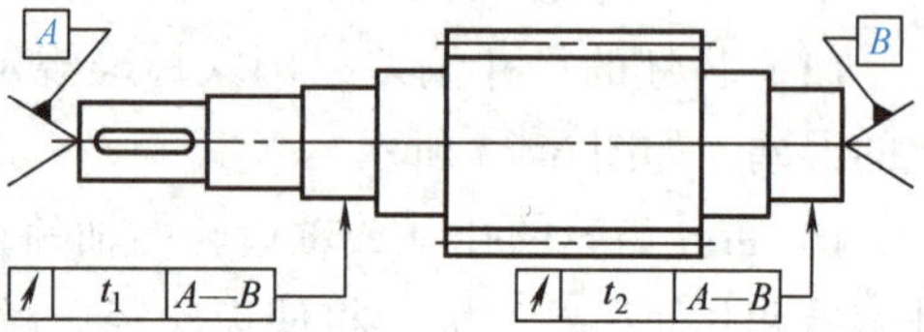

表 6-29 基准面与安装面的形状公差 (摘自 GB/Z 18620.3—2008)

确定轴线的基准面	公差项目		
	圆度	圆柱度	平面度
两个"短的"圆柱圆锥形基准面	$0.04(L/b)F_\beta$ 或 $0.1F_p$,取两者中的小值		
一个"长的"圆柱或圆锥形基准面		$0.04(L/b)F_\beta$ 或 $0.1F_p$,取两者中的小值	
一个短的圆柱面和一个端面	$0.006F_\beta$		$0.06(D_d/b)F_\beta$

注:1. 齿轮坯的公差应减至能经济地制造的最小值。

2. D_d—基准面直径。

3. L—两轴承跨距的大值。

4. b—齿宽。

表6-30 安装面的跳动公差（摘自 GB/Z 18620.3—2008）

确定轴线的基准面	跳动量(总的指示幅度)	
	径向	轴向
仅圆柱或圆锥形基准面	$0.15(L/b)F_\beta$ 或 $0.3F_p$，取两者中之大值	
一圆柱基准面和一端面基准面	$0.3F_p$	$0.2(D_d/b)F_\beta$

注：与表6-29注相同。

3）齿顶圆直径的公差。为保证设计重合度和顶隙，把齿顶圆柱面作为基准面时，表6-29中的数值可用作其形状公差；表6-30中的数值可用作尺寸公差。

4）齿轮各部分的表面粗糙度。见表6-31。

表6-31 齿轮的表面粗糙度推荐值 Ra （单位：μm）

齿轮精度等级		5	6	7	8	9
齿面加工方法		磨	磨或珩	剃或珩	精滚、精插	滚、插	滚、铣
轮齿齿面	硬齿面	≤0.8	≤0.8	≤1.6	≤1.6	≤3.2	≤3.2
	软齿面	≤1.6	≤1.6	≤3.2	≤3.2	≤6.3	≤6.3
齿轮基准孔		0.4~0.8	1.6	1.60~3.2		6.3
齿轮轴基准轴颈		0.4	0.8	1.6		6.3
基准端面		1.60~3.2	3.2~6.3		6.3
顶圆		1.60~3.2	6.3			

注：1. Ra 按 GB/T 1031—2009 和 GB/T 131—2006，Ra 和 Rz 不应在同一部分使用。
2. 当齿轮三个性能组精度等级不同时，按其中最高等级。
3. 软齿面硬度≤350HBW；硬齿面硬度>350HBW。

5）齿轮精度的识别与标注。在图样上应标注齿轮的精度等级和齿厚极限偏差代号（或具体值）及各项目所对应的级别和标准编号，对齿轮副需标注齿轮副精度等级和侧隙要求。

齿轮的检验项目同为7级精度时，应注明：

7GB/T 10095.1—2008或7GB/T 10095.2—2008或7GB/T 10095.1~2—2008

若齿轮的项目精度等级不同，如齿廓总偏差 F_α 为6级，齿距累积总偏差 F_p 和螺旋线总偏差 F_β 均为7级时，应注明：

$6(F_\alpha)7(F_p、F_\beta)$ GB/T 10095.1—2008

若图样或工艺文件上仍用如下标注，应注意识别标准的版本。

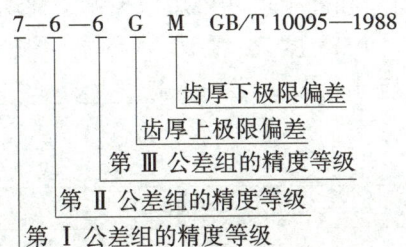

$$4\left(\begin{array}{c}-0.330\\-0.495\end{array}\right) \text{GB/T 10095—1988}$$

齿厚上极限偏差,齿厚下极限偏差

第Ⅰ、Ⅱ、Ⅲ公差组的精度等级

如图 6-74 和图 6-75 所示为齿轮工作图例。

小结（五）

1. 了解国家标准的使用条件：即 GB/T 10095.1—2008 只适用于单个齿轮要素，不包括齿轮副；GB/T 10095.2—2008 径向综合偏差的公差仅适用于产品齿轮与测量齿轮的啮合检验，而不适合两个齿轮的啮合检验。GB/Z 18620.1～14—2008《圆柱齿轮　检验实施规范》是指导性技术文件，提供的数据不作为严格的精度判据，而作为共同协议来使用。

2. 反复识读关于齿轮的精度的选择与标注。

3. 熟读圆柱齿轮工作图 6-74 及图 6-75，以提高对齿轮产品的读图、识图能力，从而提高对齿轮产品质量要求、检测方法及常用检测量仪的实践能力。

习题与练习六

6-1　圆锥的配合根据松紧不同分几类？各自用于什么场合？

6-2　用圆锥量规检验成批生产的内、外圆锥工件锥度和基面距偏差，检验内锥体用_____，检验外锥体用_____。

6-3　对大批量生产且精度要求较高的内、外圆锥工件，其测量器具选用（　　）为好。

　　A．游标万能角度尺　　B．正弦规　　C．内、外圆锥量规　　D．光学分度头

6-4　用圆锥量规检验工件时，先根据涂色法的显示剂（红丹粉或蓝油）着色接触情况判断检验工件的_____偏差。然后再检验基面距偏差。基面距处于圆锥量规上相距_____的两条刻线之间为合格。

6-5　国家标准对轴承内径和外径尺寸公差做了哪两种规定？目的是什么？

6-6　滚动轴承的五个精度等级为_____、_____、_____、_____、_____。应用最广泛的是_____级，精度最高的是_____级。

6-7　轴承的游隙指_____移动量。游隙过大会引起_____；过小会引起_____。

6-8 轴承内圈与轴的配合采用基＿＿＿＿＿制；外圈与外壳孔的配合采用基＿＿＿＿＿制。

6-9 轴承内、外径尺寸的特点是采用＿＿＿＿＿制，所有公差等级的公差均配置在零线的＿＿＿＿＿，上极限偏差为＿＿＿＿＿，下极限偏差为＿＿＿＿＿。

6-10 以外螺纹为例，试比较螺纹的中径、单一中径和作用中径之间的异同点。如何判断中径的合格性？

6-11 螺纹综合量规的"通"端采用＿＿＿＿＿牙型，其螺纹长度与被检螺纹的旋合长度相同。"止"端为消除螺距误差和牙型半角误差对检验结果的影响采用了＿＿＿＿＿牙型。

6-12 说明下列代号的含义

（1）M24-6H。

（2）M36×2-5g4g-L。

（3）M30×2-5H/5h6h-S-LH。

（4）Tr40×14（P7）LH-7H/7e。

（5）T55×12LH-6。

6-13 在成批生产中的螺纹用综合检验法测量，其内螺纹用＿＿＿＿＿检验，外螺纹用＿＿＿＿＿检验。对小批量或精密螺纹，一般用＿＿＿＿＿测量各参数。

6-14 普通平键联接的3类配合为＿＿＿＿＿、＿＿＿＿＿、＿＿＿＿＿联接。其主要的配合尺寸是指键的键槽的＿＿＿＿＿。

6-15 国家标准规定的矩形花键定心尺寸为＿＿＿＿＿，非定心尺寸为＿＿＿＿＿和＿＿＿＿＿。

6-16 对大批量生产的内花键产品，检验所用的综合"通"规名称为＿＿＿＿＿；对外花键产品，检验所用的综合通规名称为＿＿＿＿＿，用于检测＿＿＿＿＿等尺寸误差；用于检测＿＿＿＿＿等几何误差。

6-17 若齿轮的检验项目齿廓总偏差 $F_α$ 为7级，齿距累积总偏差 F_p、螺旋线总偏差 $F_β$、齿廓总偏差的公差 $F_α$ 及径向跳动公差 F_r 均为8级时，齿轮的精度等级如何正确标注？

6-18 齿轮零件图精度要求内容如图6-76所示。

（1）练习查表，并且核对比较数值是否与表中的数值有别；

（2）写出表6-32中公差与偏差精度项目及对应所选用量具的名称。

法向模数	m_n	4
齿数	z	33
压力角	α	20°
齿顶高系数	h_a^*	1
螺旋角	β	9°22'
螺旋线方向		左
法向变位系数	x_n	0
精度等级		7(F_β)、8(F_p, f_{pt}, F_α) GB/T 10095.1—2008 8(F_r) GB/T 10095.2—2008
中心距及其极限偏差	$a \pm f_a$	300±0.041
配对齿轮	图号	115
	齿数	
单个齿距偏差的极限偏差	$\pm f_{pt}$	±0.020
齿距累积总偏差的公差	F_p	0.072
齿廓总偏差的公差	F_α	0.030
螺旋线总偏差的公差	F_β	0.025
径向跳动公差	F_r	0.058
公法线及其偏差	W_{kn}	$43.25_{-0.224}^{-0.112}$
	k	4

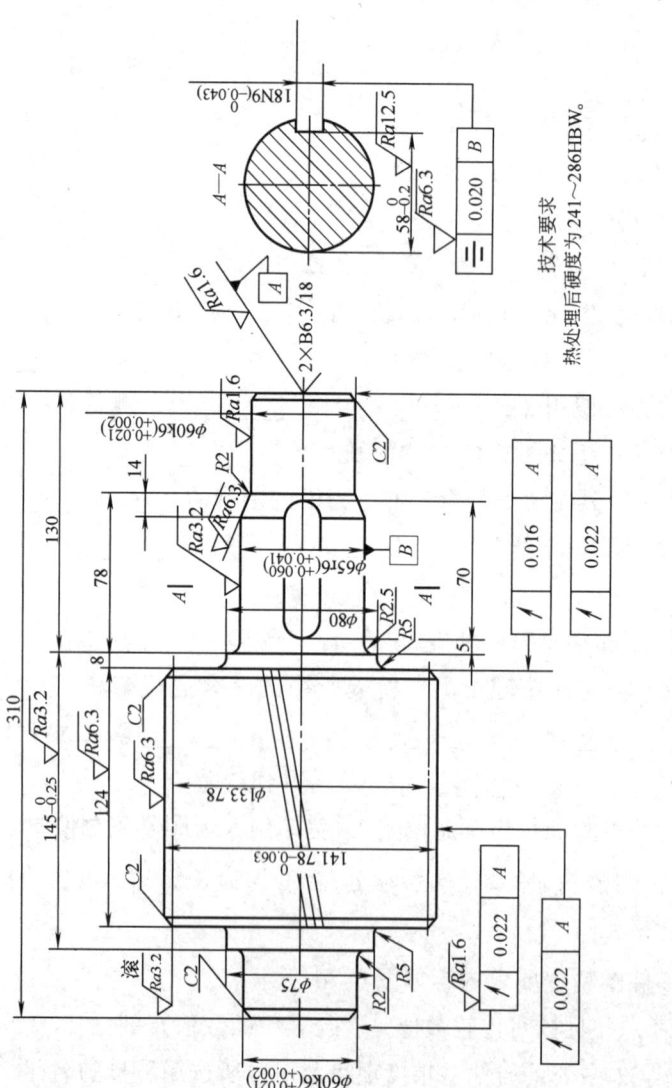

图 6-74 圆柱齿轮工作图之一

法向模数	m_n	5
齿数	z	121
压力角	α	20°
齿顶高系数	h_a^*	1
螺旋角	β	9°22′
螺旋线方向		右
法向变位系数	x_n	−0.405
精度等级		7 (F_β)、8 (F_p, f_{pt}, F_α) GB/T 10095.1—2008 8 (F_r) GB/T 10095.2—2008
中心距及其极限偏差	$a \pm f_a$	350 ± 0.045
配对齿轮	图号	
	齿数	17
单个齿距偏差的极限偏差	$\pm f_{pt}$	± 0.024
齿距累积总偏差的公差	F_p	0.120
齿廓总偏差的公差	F_α	0.038
螺旋线总偏差的公差	F_β	0.027
径向跳动公差	F_r	0.096
齿距累积偏差的极限偏差	$\pm F_{p15}$	± 0.061
法面齿厚及弦齿厚	s_{ync}	$5.634^{-0.224}_{-0.336}$
顶高	h_{yc}	1.949

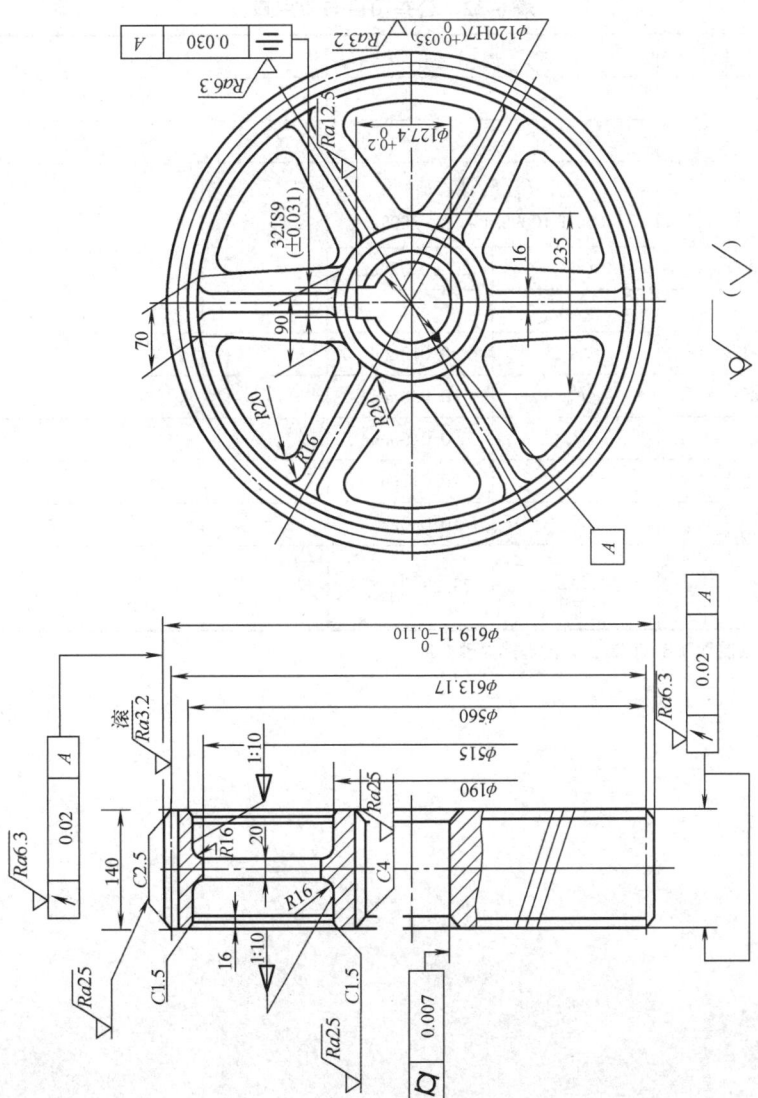

图 6-75 圆柱齿轮工作图之二

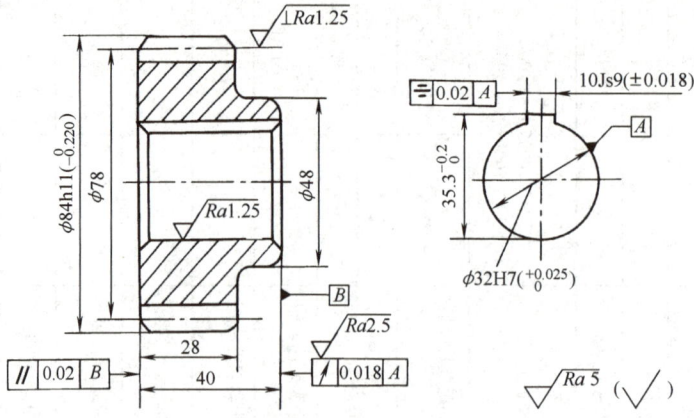

图 6-76 齿轮零件图（习题 6-18）

表 6-32 公差项目与所用量具

模数	m		3	
齿数	z		25	
压力角	α		20°	
精度等级	$7(f_p、F_p、F_\alpha、F_\beta、F_r)$ GB/T 10095.1~.2—2008		自查该项目的偏差值为	检测1~6项所用的量具或量仪名称
中心距及其极限偏差	$a \pm f_a$	20 ± 0.027mm		
配对齿轮	齿数	54		
1. 单个齿距极限偏差	$\pm f_{pt}$	0.012mm		
2. 齿距累积总公差	F_p	0.038mm		
3. 齿廓总偏差公差	F_α	0.016mm		
4. 螺旋线总偏差公差	F_β	0.017mm		
5. 径向跳动公差	F_r	0.030mm		
6. 公法线及其偏差	$\dfrac{W_{kn}}{k=4}$	$23.23^{-0.160\,mm}_{-0.128\,mm}$	—	

材料20Cr，渗碳层深0.8~1.2mm，齿部热处理G58。

第七章 尺寸链

公差配合与技术测量 第2版

内容构架

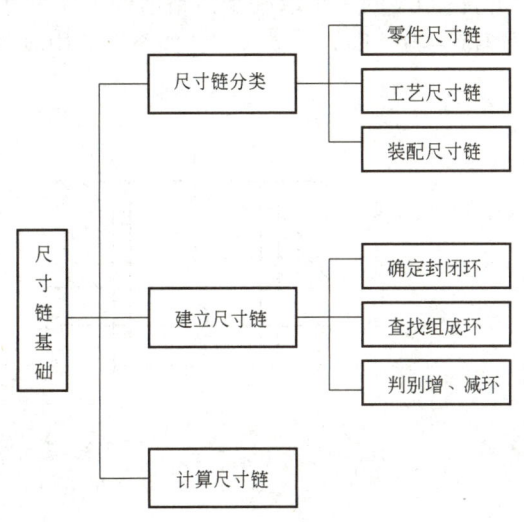

知识要点

1. 掌握尺寸链的基本概念、术语、分类及尺寸链的形式。
2. 学会用完全互换法解算简单的正计算和反计算尺寸链问题。

第一节 尺寸链的基本概念

一、尺寸链的术语及定义

1. 尺寸链

尺寸链是指在机器装配或零件加工过程中,由相互连接的尺寸形成的封闭尺寸组。

车床尾座顶尖轴线与主轴轴线的高度差 A_0 是车床的主要指标之一,如图 7-1 所示。影响这项精度的尺寸有:主轴轴线高度 A_1、尾座底板厚度 A_2 和尾座顶尖轴线高度 A_3。这四个相互联系的尺寸,构成一个封闭的尺寸链组。

阶梯轴零件在车光 d_1 右端面后,按 B_2 加工台阶表面,再按 B_1 将零件车断,此时 B_0 也

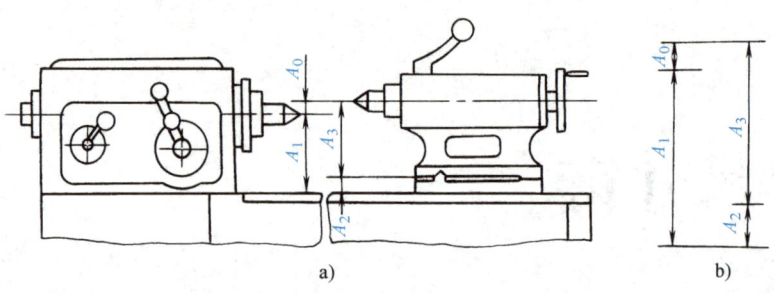

图 7-1 车床主轴与尾座中心高装配尺寸链
a) 车床 b) 尺寸链

随之确定，B_0 的大小取决于 B_1 及 B_2 这三个尺寸所形成的封闭尺寸组，如图 7-2 所示。

内孔需镀铬，镀铬后的直径 C_0 的大小取决于镀铬前的工序尺寸 C_1 和镀层厚度 C_2、C_3 的大小（一般均假设镀层厚度一致，即 $C_2 = C_3$），这四个尺寸构成一个封闭的尺寸链，如图 7-3 所示。

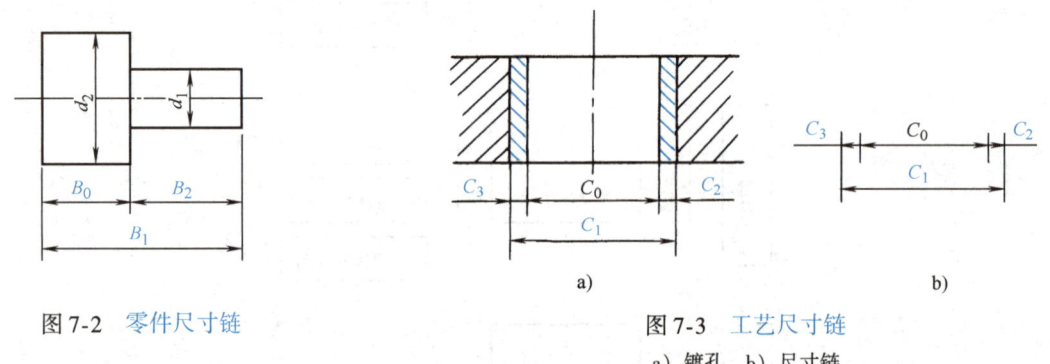

图 7-2 零件尺寸链

图 7-3 工艺尺寸链
a) 镀孔 b) 尺寸链

2. 环

列入尺寸链中的每一个尺寸都称为尺寸链的环。尺寸链的环分为封闭环和组成环。

3. 封闭环

尺寸链内在装配过程或加工过程中最后形成的一环称为封闭环。

如图 7-1 中的封闭环 A_0 是装配过程中最后形成的。在装配尺寸链中，封闭环是由机器的装配精度决定的。

如图 7-2 中的封闭环 B_0 是加工 B_2 和 B_1 后间接保证的；图 7-3 中的 C_0 是加工过程中最后形成的，而不是由任何一道工序直接保证的（镀铬工序保证镀层厚度）。

因此，在工艺尺寸链中，封闭环必须在加工顺序确定后才能判断，若加工顺序改变，则封闭环也随之改变。

4. 组成环

尺寸链中，除了封闭环以外的其他环都称为组成环，即加工或装配时，直接获得（或保证的）且直接影响封闭环精度的环。组成环可分为增环和减环。

5. 增环

尺寸链中的某组成环，由于该环的变动引起封闭环的同向变动，它增大时封闭环增大、它减小时封闭环也减小，该环称为增环。如图 7-1 中的 A_2 和 A_3、图 7-2 中的 B_1、图 7-3 中的 C_1。

6. 减环

尺寸链中的某组成环，由于该环的变动引起封闭环的反向变动，它增大时封闭环减小、它减小时封闭环增大，该环称为减环。如图 7-1 中的 A_1、图 7-2 中的 B_2 和图 7-3 中的 C_2 和 C_3。

7. 补偿环

尺寸链中预先选定的某一组成环，可以通过改变其大小或位置，使封闭环达到规定要求，该环称为补偿环。如图 7-4a 图中的 A_k 及 b 图中的 A_3 镶条，即适宜作为补偿环。

8. 传递系数

表示各组成环对封闭环的方向、大小影响的系数称为传递系数，用 ζ_i 表示。
对于增环，ζ_i 为 $+1$；对于减环，ζ_i 为 -1。

二、尺寸链的形式与分类

根据尺寸链的自身特征以及使用对象的不同，尺寸链有多种不同形式，简述如下：

（1）直线尺寸链　全部组成环平行于封闭环的尺寸链称为直线尺寸链，如图 7-1、图 7-2、图 7-3 和图 7-4 所示。

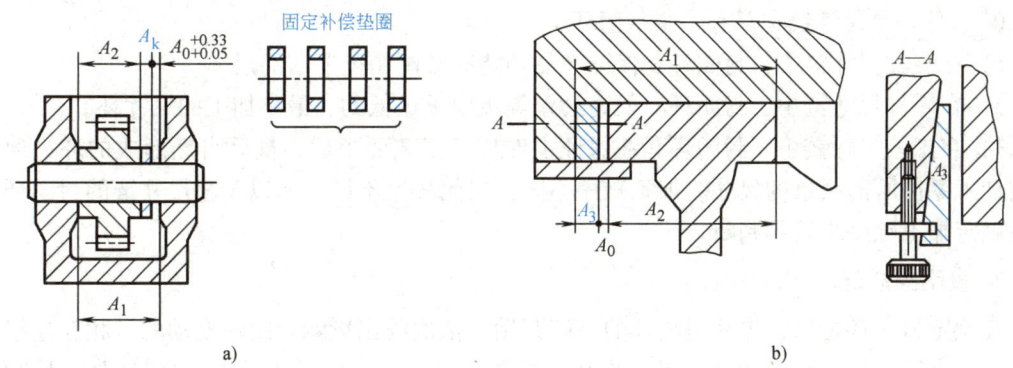

图 7-4　补偿环
a) 更换固定补偿件法　b) 调整可动补偿件法

（2）平面尺寸链　全部组成环位于一个或几个平行平面内，但某些组成环不平行于封闭环的尺寸链称为平面尺寸链，如图 7-5 所示。

（3）空间尺寸链　组成环位于几个不平行平面内的尺寸链称为空间尺寸链。

直线尺寸链是最常见的形式，而且平面尺寸链和空间尺寸链通常需要采用坐标投影的方法转换为直线尺寸链，然后采用直线尺寸链的计算方法来计算，故本章只阐述直线尺寸链。

（4）装配尺寸链　全部组成环为不同零件设计尺寸的尺寸链称为装配尺寸链，如图 7-1 和图 7-4 所示。

（5）零件尺寸链　全部组成环为同一零件设计尺寸的尺寸链称为零件尺寸链，如图 7-2 和图 7-5 所示。

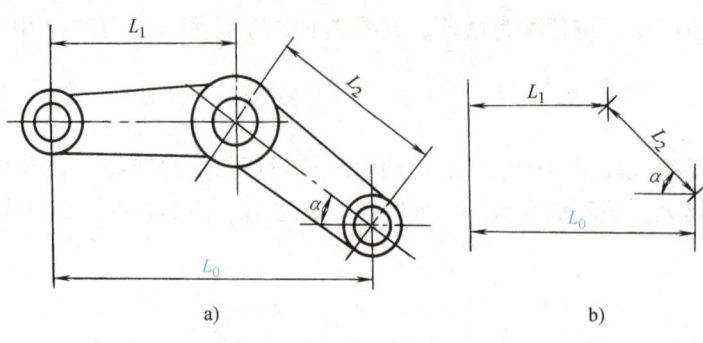

图 7-5 摇杆平面尺寸链
a) 摇杆 b) 尺寸链

（6）工艺尺寸链 全部组成环为同一零件工艺尺寸的尺寸链称为工艺尺寸链，如图 7-2 和图 7-3 所示。

装配尺寸链与零件尺寸链常统称为设计尺寸链。设计尺寸指零件图上标注的尺寸，工艺尺寸指工序尺寸、定位尺寸与基准尺寸。

三、尺寸链的建立与分析

1. 正确地确定封闭环

封闭环是在装配过程中自然形成的，是机器装配精度所要求的尺寸，封闭环字母下角标为"0"，且一个尺寸链中只有一个封闭环。

1）在装配尺寸链中，封闭环是保证产品功能有装配精度要求的尺寸。

2）在零件尺寸链中，封闭环一般为公差等级要求最低的、最易加工的尺寸环。

3）在工艺尺寸链中，封闭环是在保证工件加工工艺要求后，最后自然形成的环，通常为被加工零件所需余量的尺寸。加工顺序不同，封闭环也不同，所以工艺尺寸链的封闭环必须在确定加工顺序之后再判断。

2. 查明组成环

在确定封闭环之后，先从封闭环的一端开始，依次找出影响封闭环变动的、相互连接的各尺寸，直至最后一个尺寸与封闭环的另一端连接为止，与封闭环形成一个封闭的尺寸组，即尺寸链。对组成环，字母下角标为 i（$=1、2、\cdots、n$）。

3. 画尺寸链图

尺寸链图按确定的封闭环和查明的组成环，用符号标注在示意装配图或示意零件图上，也可单独用简图表示出来。画尺寸链图时，可用带箭头的线段来表示尺寸链的各环，线段一端的箭头仅表示各组成环的方向。与封闭环线段箭头方向一致的组成环为减环，与封闭环箭头方向相反的组成环为增环，如图 7-6 所示。

建立尺寸链应遵循最短尺寸链原则，即对某一封闭环，若存在多个尺寸链，则应选取组成环最少

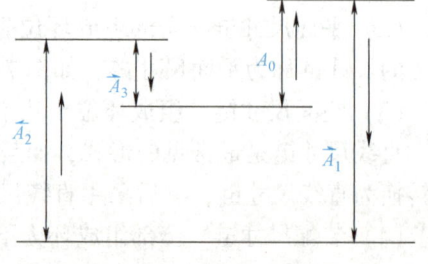

图 7-6 尺寸链示意图
增环：A_1、A_3；减环：A_2

的那个尺寸链。因为在封闭环精度要求一定的条件下,组成环的环数越少,对组成环的精度要求越低。

第二节　尺寸链的解算

一、尺寸链的解法

按产品设计要求、结构特征、生产批量与生产条件,可以采用不同的达到封闭环公差要求的方法,简述如下:

(1) 完全互换法　在全部产品中,装配时各组成环不需挑选或改变其大小或位置,装入后即能达到封闭环的公差要求,也称极值法。

(2) 修配法　装配时去除补偿环的部分材料以改变其实际尺寸,使封闭环达到其公差或极限偏差要求。

(3) 调整法　装配时用调整的方法改变补偿环的实际尺寸或位置,使封闭环达到其公差或极限偏差要求。一般以可调(或可换)的螺栓、斜面、挡环、垫片或孔、轴连接中的间隙等作为补偿环,通常在设计结构时要有相应考虑。

(4) 分组法　将各组成环按其实测尺寸大小分为若干组,各对应组进行装配,同组零件具有互换性。

(5) 概率互换法　在绝大多数产品中,装配时各组成环不需挑选或改变其大小或位置,装入后即能达到封闭环的公差要求。概率互换法以一定置信水平为依据,将尺寸链各组成环视为独立的随机变量,多数情况下可按正态分布规律进行尺寸链计算,也称大数互换法。

本章只介绍常用的互换法。

二、用完全互换法解算尺寸链的基本公式

(1) 封闭环公称尺寸

$$A_0 = \sum_{i=1}^{n-1} \zeta_i A_i = \sum_{i=1}^{m-1} \overrightarrow{A_i} - \sum_{m+1}^{n-1} \overleftarrow{A_i} \qquad (7\text{-}1)$$

一般直线尺寸链的各 ζ_i 为 1,增环 ζ_i 为正、减环 ζ_i 为负、n 为尺寸链总环数。

(2) 封闭环的极限偏差

$$T_0 = \sum_{i=1}^{n-1} |\zeta_i| T_i = ES_0 - EI_0 \qquad (7\text{-}2)$$

(3) 封闭环的中间偏差

$$\Delta_0 = \sum_{i=1}^{n-1} \zeta_i \Delta_i \qquad (7\text{-}3)$$

(4) 封闭环的极限偏差

$$ES_0 = \Delta_0 + T_0/2 = \sum_{i=1}^{n-1}(\zeta_i \overrightarrow{ES_i} + \zeta_i \overleftarrow{EI_i});\quad EI_0 = \Delta_0 - T_0/2 = \sum_{i=1}^{n-1}(\zeta_i \overrightarrow{EI_i} + \zeta_i \overleftarrow{ES_i}) \qquad (7\text{-}4)$$

(5) 封闭环的极限尺寸

$$A_{0\max} = A_0 + ES_0 \qquad A_{0\min} = A_0 + EI_0 \qquad (7\text{-}5)$$

(6) 组成环的平均极值公差

$$T_{av} = T_0 / \sum_{i=1}^{n-1} = T_0/(n-1) \tag{7-6}$$

(7) 组成环的中间偏差

$$\Delta_1 = T_i/2 \tag{7-7}$$

(8) 组成环的极限偏差

$$\text{ES}_i = \Delta_i + T_i/2 \qquad \text{EI}_i = \Delta_i - T_i/2 \tag{7-8}$$

(9) 组成环的极限尺寸

$$A_{imax} = A_i + \text{ES}_i \qquad A_{imim} = A_i + \text{EI}_i \tag{7-9}$$

三、尺寸链解算示例

1. 正计算

已知各组成环的公称尺寸及极限偏差，求封闭环的公称尺寸及极限偏差。

【例 7-1】 如图 7-7 所示，曲轴轴向尺寸链中，$A_1 = 43.5^{+0.10}_{+0.05}$ mm，$A_2 = 2.5^{\ 0}_{+0.04}$ mm，$A_3 = 38.5^{\ 0}_{-0.07}$ mm，$A_4 = 2.5^{\ 0}_{-0.04}$ mm，试检验间隙 A_0 是否在要求的 0.05～0.25mm 范围内。

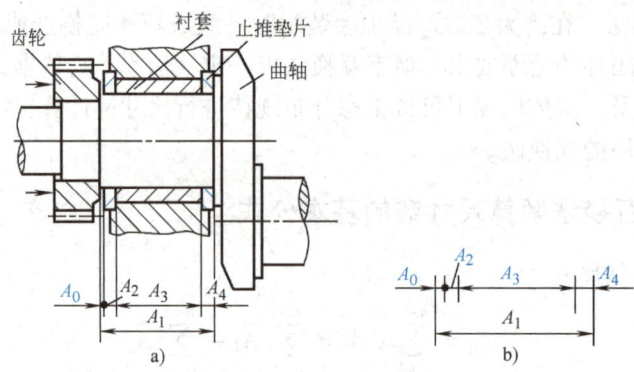

图 7-7 曲轴轴向间隙装配示意图

解： 1) 画尺寸链图，如图 7-7b 所示，其中 A_1 为增环，A_2、A_3、A_4 为减环。

2) 计算封闭环的公称尺寸，按式 (7-1)

$$A_0 = \vec{A}_1 - \overleftarrow{A}_2 - \overleftarrow{A}_3 - \overleftarrow{A}_4 = (43.5 - 2.5 - 38.5 - 2.5)\text{mm} = 0$$

3) 封闭环的上、下极限偏差按式 (7-4) 和式 (7-5) 计算，为

$$\text{ES}_0 = A_{0max} - A_0 = \left(\sum_{i=1}^{m} \vec{A}_{imax} - \sum_{m+1}^{n-1} \overleftarrow{A}_{imin}\right) - A_0$$

$$= [(43.5 + 0.1) - (0.25 - 0.04) - (38.5 - 0.07) - (2.5 - 0.04) - 0]\text{mm} = 0.25\text{mm}$$

$$\text{EI}_0 = A_{0min} - A_0 = \left(\sum_{i=1}^{m} \vec{A}_{imin} - \sum_{m+1}^{n-1} \overleftarrow{A}_{imax}\right) - A_0$$

$$= [(43.5 - 0.05) - (2.5 - 0) - (38.5 - 0) - (2.5 - 0) - 0]\text{mm} = 0.05\text{mm}$$

封闭环 $A_0 = 0^{+0.25}_{+0.05}$mm，轴向间隙为 0.05~0.25mm，符合要求。

4）验算，按式（7-2）。

$$T_0 = \sum_{m+1}^{n-1} T_i = (0.05 + 0.04 + 0.07 + 0.04)\text{mm} = 0.2\text{mm}$$

或

$$T_0 = \text{ES}_0 - \text{EI}_0 = (0.25 - 0.05)\text{mm} = 0.2\text{mm}$$

2. 反计算

已知封闭环的公称尺寸及偏差和组成环的公称尺寸，求各组成环的偏差。反计算常用等公差法和等精度法两种解法。

（1）等公差法　先假定各组成的公差相等，求出各组成环的平均公差 T_{av}，再根据各环的尺寸大小和加工难易程度适当调整，最后决定各环的公差 T_i。

【例 7-2】 如图 7-8 所示，根据技术要求，A_0 在 1~1.75mm 范围内，已知各零件的公称尺寸为 $A_1 = 101$mm、$A_2 = 50$mm、$A_3 = A_5 = 5$mm、$A_4 = 140$mm，求各环的尺寸偏差。

解：1）画尺寸链图，如图 7-8 所示，A_1、A_2 为增环，A_3、A_4、A_5 为减环。

2）间隙 A_0 在装配时形成为封闭环，按式（7-1）

$$A_0 = \vec{A}_1 + \vec{A}_2 - (\overleftarrow{A}_3 + \overleftarrow{A}_4 + \overleftarrow{A}_5)$$
$$= [101 + 50 - (5 + 140 + 5)]\text{mm} = 1\text{mm}$$

由题知，$T_0 = (1.75 - 1)$mm = 0.75mm，则 $A_0 = 1^{+0.75}_{0}$mm。

$$\text{ES}_0 = A_{0\max} - A_0 = (1.75 - 1)\text{mm} = 0.75\text{mm},$$
$$\text{EI}_0 = A_{0\min} - A_0 = (1 - 1)\text{mm} = 0。$$

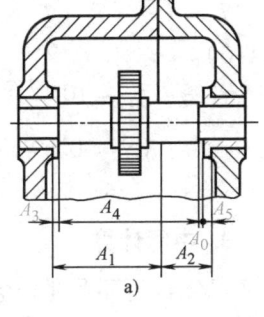

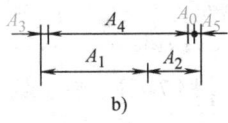

图 7-8 对开式齿轮箱

3）各组成环的平均公差　$T_{av} = T_0/(n-1) = 0.75/(6-1)$mm = 0.15mm。

若将各零件的公差都定为 0.15mm 是不合理的，其 A_1、A_2 为大尺寸的箱体件，不易加工，可将公差放大为 $T_1 = 0.3$mm、$T_2 = 0.25$mm；A_3、A_5 为小尺寸，易加工，将公差减少为 $T_3 = T_5 = 0.05$mm。

为验证能否满足式（7-2），T_4 应为

$$T_4 = T_0 - (T_1 + T_2 + T_3 + T_5) = [0.75 - (0.3 + 0.25 + 0.05 + 0.05)]\text{mm} = 0.1\text{mm}$$

4）按"偏差入体原则"确定各组成环的极限尺寸。即对内尺寸按 H 配置，对外尺寸按 h 配置，一般长度尺寸按"偏差对称原则"即按 JS（js）配置。

如 $A_1 = 101^{+0.30}_{0}$mm、$A_2 = 50^{+0.25}_{0}$mm、$A_3 = A_5 = 5^{0}_{-0.05}$mm、$A_4 = 140^{0}_{-0.10}$mm。

（2）等精度法　等精度法又称等公差级法，即所有组成环采用同一公差等级，其公差等级系数 a 相同。先初步估算公差值，然后根据实际情况合理确定各环公差值。

当公称尺寸≤500mm 时，公差值 T 可按表2-1中 $T = ai = a(0.45\sqrt[3]{A_i} + 0.001D)$ 公式计算（i—标准公差因子）。

$$T_o = \sum_{i=1}^{n-1} |\zeta_i| T_i = a_{av} \sum_{i=1}^{n-1} (0.45\sqrt[3]{A_i} + 0.001A_i)$$

A_i 为各组成环的尺寸，a_{av} 为平均公差等级系数。

【例7-3】用等精度法解算例7-2。

解：$a_{av} = T_0 / \sum_{i=1}^{m} (0.45\sqrt[3]{A_i} + 0.001A_i) = 750/(2.2 + 1.7 + 0.77 + 2.47 + 0.77)$ mm
　　　　$= 94.8$ mm

查表2-1标准公差计算式表，$a_{av} = 94.8$ mm 相当于 IT11。
再根据尺寸查标准公差表，可得 $T_1 = 0.22$ mm、$T_2 = 0.16$ mm、$T_3 = T_5 = 0.075$ mm。其中：
$T_4 = T_0 - (T_1 + T_2 + T_3 + T_5) = (0.75 - 0.53)$ mm $= 0.22$ mm。查表2-1，取 $T_4 = 0.16$ mm (IT10)。

故得，$A_1 = 101^{+0.22}_{0}$ mm、$A_2 = 50^{+0.16}_{0}$ mm、$A_3 = A_5 = 5^{0}_{-0.075}$ mm、$A_4 = 140^{0}_{-0.16}$ mm。
验算：$ES_0 = 0.69$ mm，$EI_0 = 0$，满足 $A_0 = 1^{+0.75}_{0}$ mm 的要求。

3. 中间计算

已知封闭环及部分组成环的尺寸、公差或偏差，求尺寸链中某一组成环的公称尺寸公差及偏差。

【例7-4】轴上铣一键槽，如图7-9a所示，加工顺序为车外圆 $A_1 = \phi 70.5^{0}_{-0.10}$ mm，铣键深 A_2，磨外圆 $A_3 = \phi 70^{0}_{-0.06}$ mm，要求磨外圆后保证键深 $A_0 = 62^{0}_{-0.30}$ mm，求铣槽深度 A_2 应为多少。

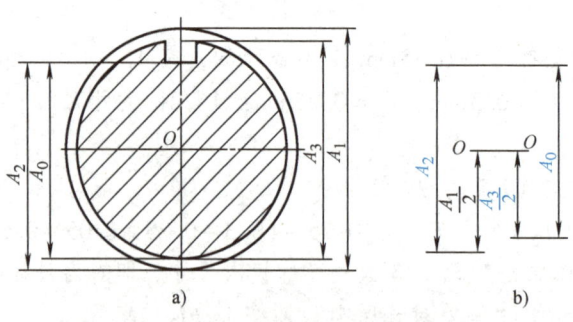

图7-9 轴上铣键槽工艺尺寸链

解：画尺寸链图，如7-9b所示，A_2、$A_3/2$ 为增环，$A_1/2$ 为减环，A_0 为封闭环。

$$A_0 = \vec{A}_2 + \vec{A}_3/2 - \overleftarrow{A}_1/2$$

$$A_2 = A_0 - A_3/2 + A_1/2 = (62 - 70/2 + 70.5/2)\,\text{mm} = 62.25\,\text{mm}$$

$$\text{ES}_0 = \overrightarrow{\text{ES}_2} + \overrightarrow{\text{ES}_3}/2 - \overleftarrow{\text{EI}_1}/2 \,;\, \text{EI}_0 = \overrightarrow{\text{EI}_2} + \overrightarrow{\text{EI}_3}/2 - \overleftarrow{\text{ES}_1}/2$$

$$\overrightarrow{\text{ES}_2} = (0 - 0/2 + 0.10/2)\,\text{mm} = -0.05\,\text{mm}$$

$$\overrightarrow{\text{EI}_2} = (-0.30 + 0.06/2 + 0/2)\,\text{mm} = -0.27\,\text{mm}$$

$$T_2 = \text{ES}_2 - \text{EI}_2 = [-0.05 - (-0.27)]\,\text{mm} = 0.22\,\text{mm}$$

则 $A_2 = 62.25_{-0.27}^{-0.05}\,\text{mm}$。

用完全互换法解尺寸链，方法简单，但对环数多和精度要求高的尺寸链，会使组成环公差过小，经济性差，故此法适用于环数不多于 4 环，精度要求不太高的尺寸链。

第三节　解尺寸链的其他方法

极值法是解算尺寸链的基本方法。但若封闭环的公差要求很小，用上述两种方法解出的组成环公差会更小，使加工很困难，为此可选择下列工艺手段和方法。

一、分组装配法

分组装配法是先将组成环按极值法求出的公差值扩大若干倍，使组成环的加工更加容易和经济，然后将全部零件通过精密测量，按实际尺寸的大小分成若干组，分组数与公差扩大的倍数相等，装配时根据大配大、小配小的原则，按组装配以达到封闭环的技术要求。

【例 7-5】　汽车发动机的活塞销孔 D 与活塞销 d 装配时，要求应有 $0.0025 \sim 0.0075\,\text{mm}$ 的过盈量。若按完全互换法，活塞销的尺寸为 $d = \phi 28_{-0.0025}^{0}\,\text{mm}$，活塞销孔尺寸为 $D = \phi 28_{-0.0075}^{-0.0050}\,\text{mm}$，其孔与轴公差等级均为 IT2 级，而且配合公差仅为 $0.0025\,\text{mm}$，属高精度要求，加工相当困难，且很不经济。

现采用分组互换法，将销及销孔公差值均按同向放大 4 倍后，其 $d' = \phi 28_{-0.010}^{0}\,\text{mm}$、$D' = \phi 28_{-0.0015}^{-0.0050}\,\text{mm}$，并按尺寸大小分成 4 组，分别放置进行装配，其配合公差带图解如图 7-10 所示。

分组装配法一般适用于大批量生产中精度要求高、零件形状简单易测且组成环数少的情况。

二、调整法

调整法是在组成环中选择一个环作为调整环，通过调整的方法改变其尺寸、大小或位置，使封闭环的公差和极限偏差达到要求。

采用调整法装配时，可使用一组具有不同尺寸大小的调整环、常用垫片、垫圈或轴套等固定补偿件，如图 7-4a 所示；能调整位置的调整环常用镶条、锥套或调节螺旋副等可调补偿件，如图 7-4b 所示。

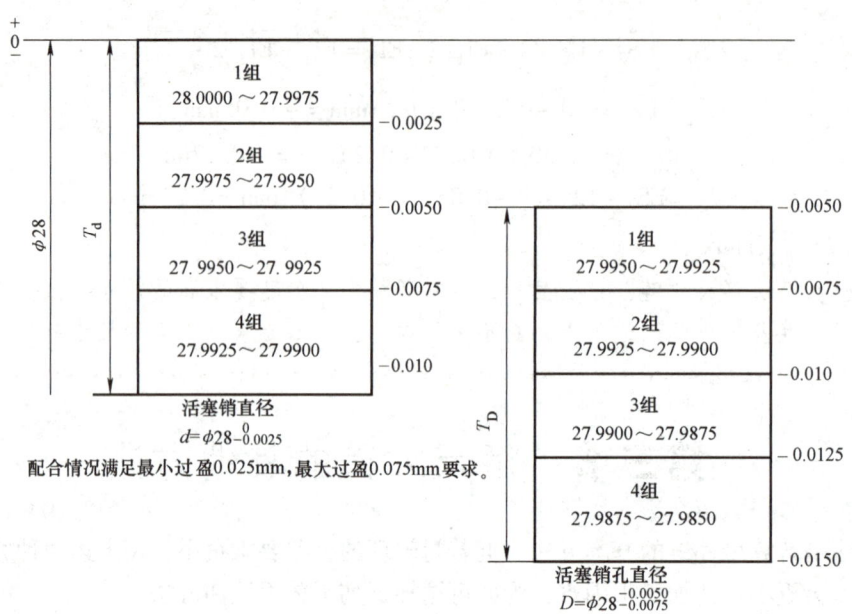

图 7-10 分组互换法

调整法装配一般适用于精度较高,或使用过程中某些零件的尺寸会发生变化的情况。

三、修配法

修配法是各组成环按经济加工精度制造,在组成环中,选择一个作为修配环,并预留修配量。装配时,修配环加工后改变其尺寸,使封闭环达到公差和极限偏差的技术要求。

修配装配法应选易加工、且对其他装配尺寸链没有影响的组成环作为修配环,其补偿量值不易过大,以免增加修配量。

修配法一般适于单件小批量生产、组成环数目较多且装配精度要求较高的情况。

小　　结

1. 尺寸链是合理确定和验证尺寸、公差或偏差的重要技术手段。

2. 根据组成环的公称尺寸及偏差求封闭环的公称尺寸及偏差称正计算,用于验证设计的图样和加工工艺的正确性。已知封闭环的公称尺寸及偏差和组成的公称尺寸,求各组成环的偏差称反计算,常用于零件尺寸及工艺设计时,确定机器各零部件的偏差。中间计算多用于基准换算和工序尺寸的确定等问题。

3. 确定尺寸链的步骤为确定封闭环、寻找组成环、画出尺寸链图以判别增减环、解算尺寸链。

习题与练习七

7-1 尺寸链中的每一个尺寸称为_____；在加工或装配过程中最后形成的一环称为_____；除封闭环以外的其他环，均称为_____。

7-2 当该环增大时，封闭环_____；当该环减小时，封闭环_____，该环称增环。

7-3 _____环增大时，封闭环减小；_____环减小时，封闭环增大。

7-4 一个尺寸链的环数至少有_____个环。尺寸链中必须有一个，且只能有一个_____环。

7-5 图7-11所示齿轮的端面与挡圈之间的间隙应保持在0.04～0.15mm范围内，试用完全互换法确定有关零件尺寸的极限偏差。

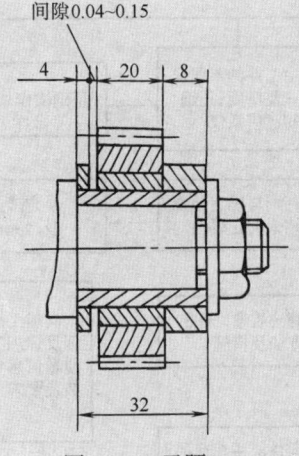

图7-11 习题7-5

第八章 实训技能项目优选指导

内容构架

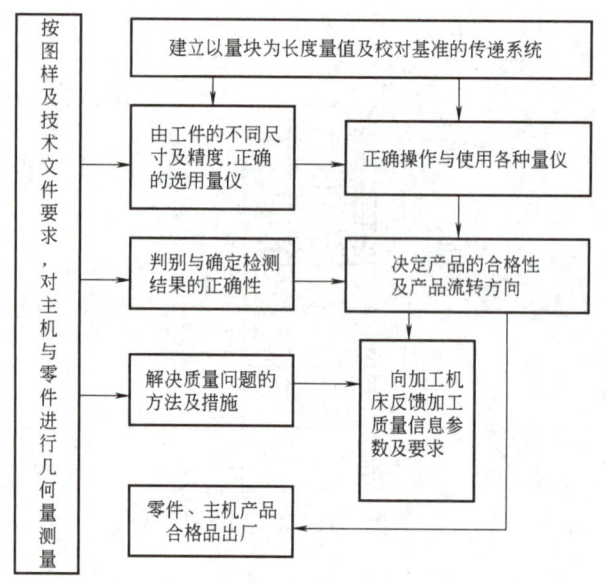

知识要点

1. 量块作为实训的尺寸传递及校对长度量具的基准使用。
2. 当量块用于精密测量实训时,应在符合量块使用条件要求的状况下使用,如工件表面粗糙度 Ra 值不得大于 $0.80\mu m$。
3. 实训工件的选择:形状不必过于复杂,被测项目不宜过多,尺寸大小适中,圆柱工件小于 $\phi 50mm$,板形工件以 $\leqslant 150mm \times 200mm$ 为好。
4. 实训工件材料以钢件或小型铸钢或铸铝件为好,表面粗糙度值 Ra 最好在 $3.2 \sim 0.80\mu m$,并尽量选一些具有各种不同表面缺陷的工件,这样更具有实训意义。

一、建立实训长度基准传递模拟——量块的使用及操作方法

1)根据所需要的测量尺寸,从量块盒中挑选出最少块数的量块组成的测量尺寸。
2)每一个尺寸所组合的量块数不得超过 4~5 块。
3)工作场地要洁净,空气中应无腐蚀性气体、灰尘和潮气,在工作台上应垫衬着干净的

布。将所选取的量块依次用无水酒精洗拭,以清除量块上的防锈油脂或可能粘着的不洁物。

4)量块尺寸组合使用时应研合,如图 8-1 所示,将量块沿着它的测量面的长度方向,先将端缘部分测量面接触,初步产生粘合力,然后将任一量块沿着另一个量块的测量面按平行方向推滑前进,最后使两测量面彼此全部研合在一起。

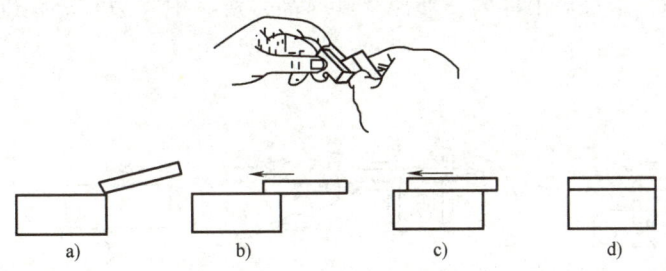

图 8-1 量块平面研合过程

5)正常情况下,在研合过程中,手指能感到研合力,两量块不必用力就能贴附在一起。如研合力不大,可在推进研合时稍加一些力使其研合。

6)如果量块的研合性不好,以致研合有困难时,可以在量块的研合测量面上滴一点汽油,在量块测量面上形成一层油膜,来加强其黏结力,但不可使用汗手擦拭量块测量面。量块使用完毕后,应立即用煤油清洗。

7)研合量块的顺序是:先研合小尺寸量块,再将研合好的量块与中等尺寸量块研合,最后与大尺寸量块研合。

二、游标量具的原理及使用

1. 游标卡尺

游标卡尺是一种测量精度较高、使用方便、应用广泛的量具,可直接测量工件的外径、内径、宽度、长度和深度尺寸等,如图 8-2a 所示。

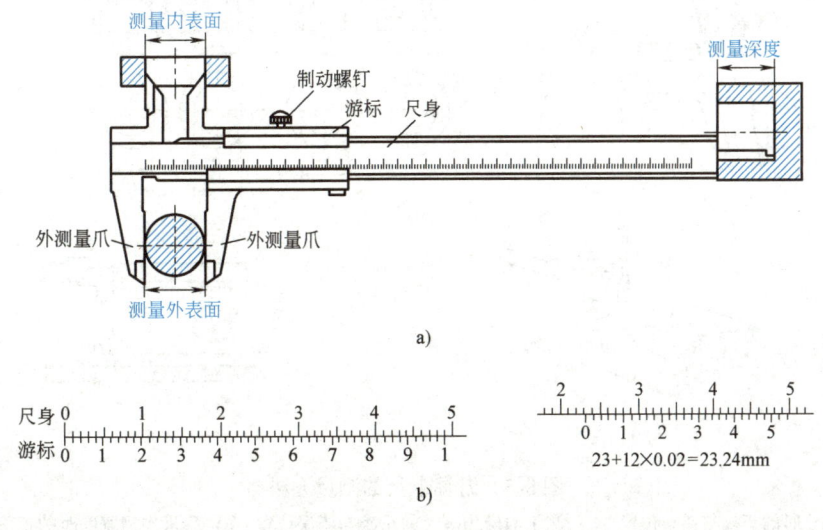

图 8-2 游标卡尺

游标卡尺的读数方法如图 8-2b 所示，可分为以下三步。

第一步：根据游标零线以左的尺身上的最近刻度读出整毫米数；

第二步：根据游标零线以右与尺身某一刻线对准刻线数乘以 0.02 读出小数毫米数；

第三步：将前两步的整数和小数毫米数相加，即得总尺寸。

实训一：用游标卡尺对工件内、外径及宽（高）度、中（边）心距进行测量，如图 8-3 所示。

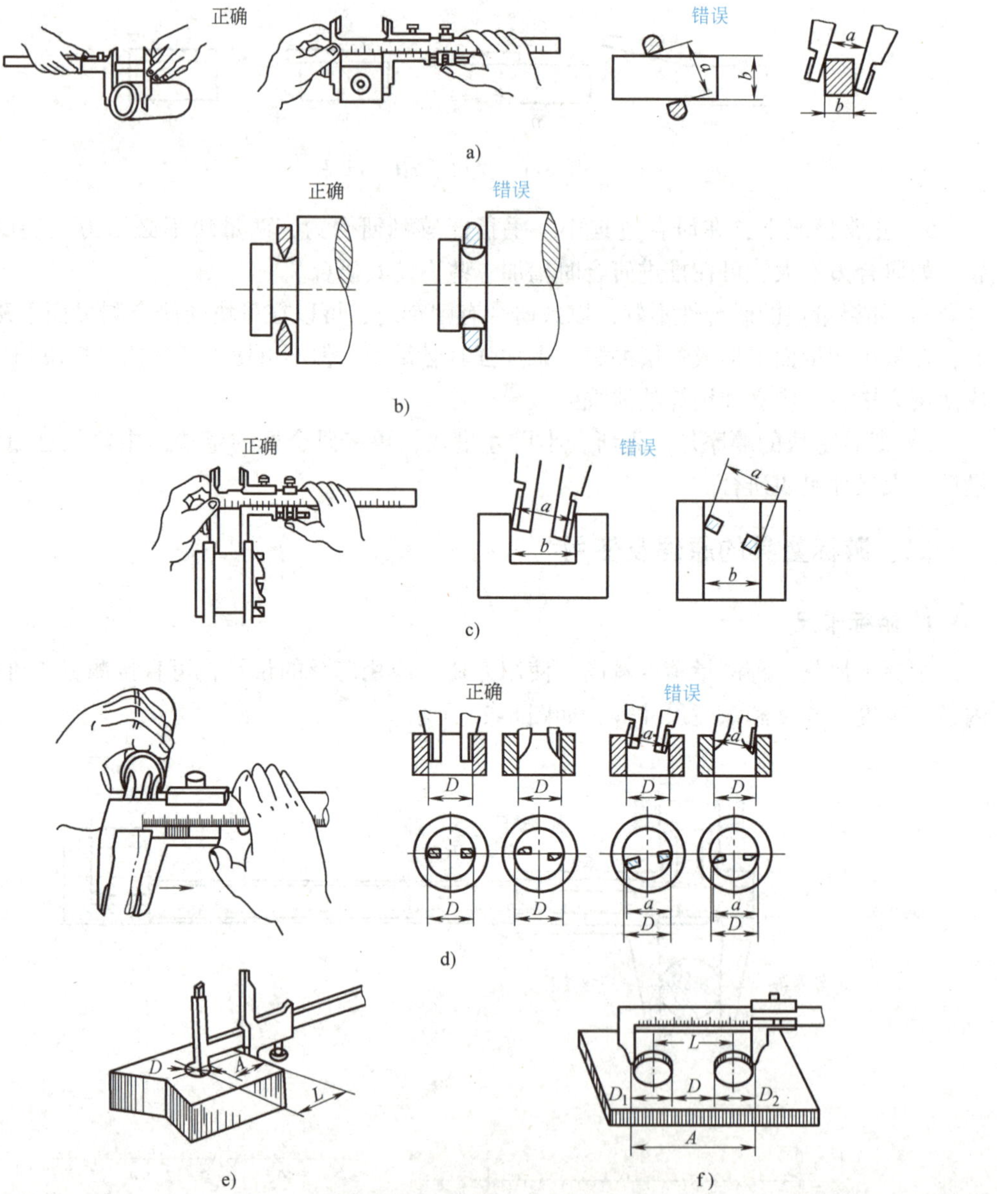

图 8-3 游标卡尺的测量方法

a) 测量外尺寸时的正确与错误位置　b) 测量沟槽颈部时的正确与错误位置　c) 测量沟槽宽度时的正确与错误位置　d) 测量内孔时的正确与错误位置　e) 测量孔的边心距 $L = A + D/2$　f) 测量孔的中心距 $L = A - (D_1 + D_2)/2$

2. 高度游标卡尺

实训二：用高度游标卡尺测量零件的高度和精密划线，如图 8-4 所示。

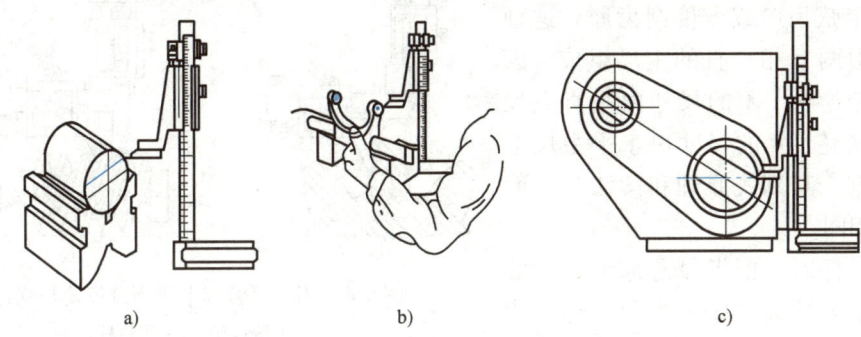

图 8-4　高度游标卡尺的应用
a) 划偏心线　b) 划拨叉轴　c) 划箱体

应用高度游标卡尺划线时，应调好划线高度，并用紧固螺钉把尺框锁紧后，先在平台上进行调整后再进行划线。

3. 深度游标卡尺

深度游标卡尺用于测量零件的深度尺寸或台阶高低和槽的深度，其结构特点是尺框 3 的两个量爪连在一起成为一个带游标的测量基座 1，基座的端面和尺身 4 的端面就是它的两个测量面，如图 8-5 所示。如测量内孔深度时，应把基座的端面紧靠在被测孔的端面上，使尺身与被测孔的中心线平行，伸入尺身，则尺身端面至基座端面之间的距离就是被测零件的深度尺寸。它的读数方法与游标卡尺完全相同。

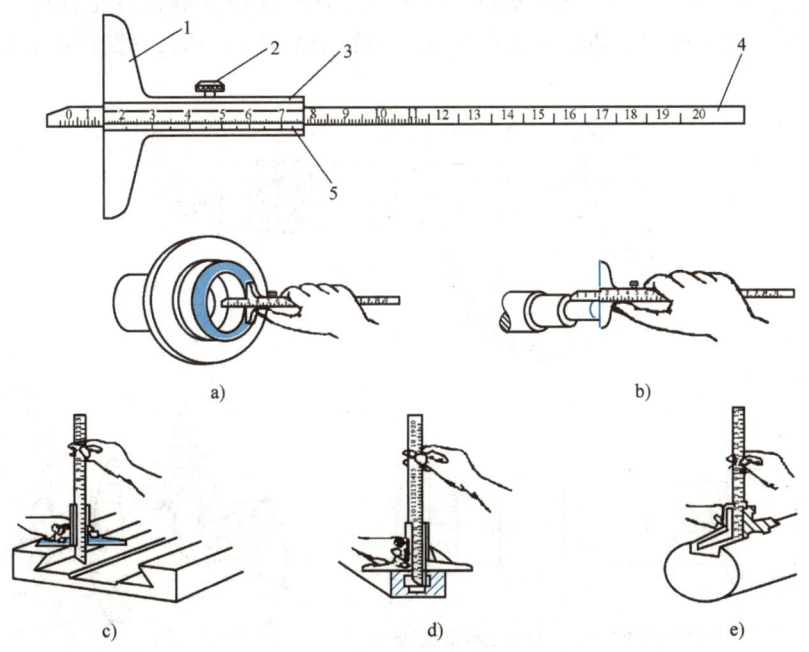

图 8-5　深度游标尺的使用方法
1—测量基座　2—紧固螺钉　3—尺框　4—尺身　5—游标

4. 齿厚游标卡尺

齿厚游标卡尺用来测量齿轮（或蜗杆）的固定弦齿厚或分度圆齿厚。这种游标卡尺由两互相垂直的主尺组成，因此就有两个游标，A 的尺寸由垂直主尺上的游标调整，B 的尺寸由水平主尺上的游标调整。其刻线原理和读法与一般游标卡尺相同。

测量蜗杆时，把齿厚游标卡尺读数调整到等于齿顶高（蜗杆齿顶高等于模数 m），法向卡入齿廓，测得的读数是蜗杆中径（d_2）的法向齿厚。但图样上一般注明的是轴向齿厚，必须进行换算。法向齿厚 S_n 的换算公式为

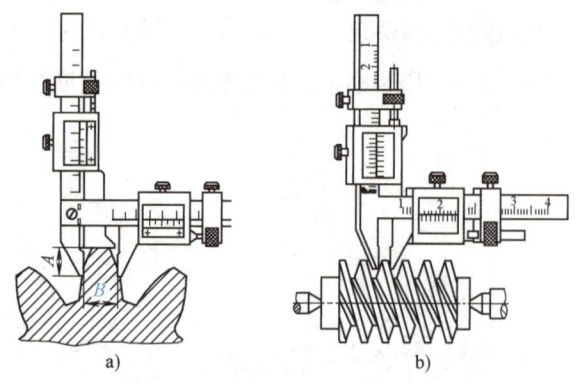

图 8-6 用齿厚游标卡尺测量齿轮与蜗杆
a) 测齿轮　b) 测蜗杆

$$S_n = \frac{\pi m_n}{2}\cos\alpha$$

实训三：用齿厚游标卡尺测量齿轮与蜗杆，如图 8-6 所示。

三、螺旋测微量具及其使用方法

1. 千分尺及其使用方法

（1）外径千分尺　千分尺是一种测量精度比游标卡尺更高的量具，可测量工件外径和厚度，其测量精度为 0.01mm，种类有外径千分尺、内径千分尺和深度千分尺。外径千分尺如图 8-7a 所示，其螺杆和活动套筒连在一起，当转动活动套筒时，螺杆和活动套筒一起向左或向右移动。

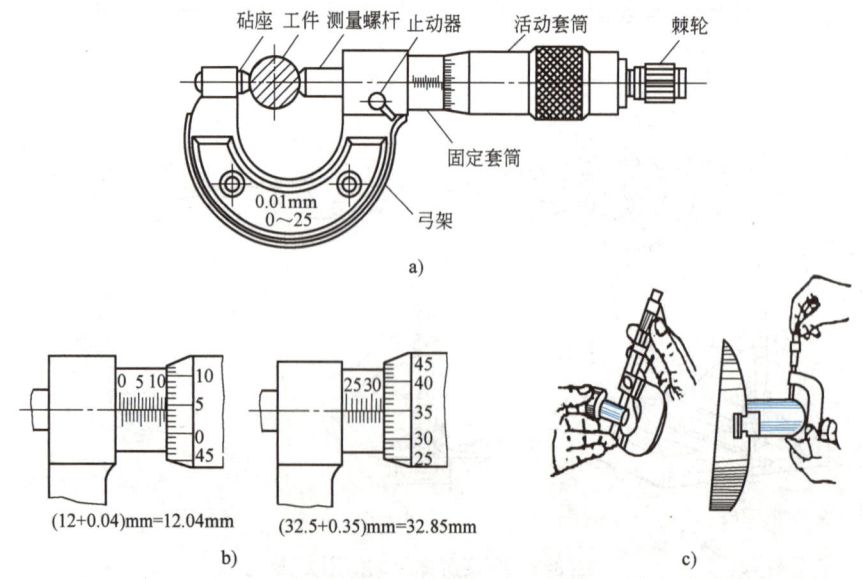

图 8-7　0~25mm 外径千分尺

千分尺的读数机构由固定套筒和活动套筒组成,如图 8-7b 所示。固定套筒在轴线方向上刻有一条中线,中线的上刻线每一小格为 1mm,在活动套筒左端圆周上有 50 等分的刻度线。因测量螺杆的螺距为 0.5mm,即螺杆每转一周,轴向移动 0.5mm,故活动套筒上每一小格的读数为 0.5/50mm = 0.01mm。当千分尺的螺杆左端面与砧座表面接触时,活动套筒左端的边缘与轴向刻度的零线重合,同时圆周上的零线应与中线对准。

千分尺的读数方法可分为以下三步。

第一步:读出固定套筒上露出刻线的毫米数和半毫米数;

第二步:读出活动套筒上小于 0.5mm 的小数部分;

第三步:将上面两部分读数相加,即为总尺寸。

实训四:用外径千分尺测量工件外径和厚度,如图 8-7c 所示,其中左图是测量小型零件外径的方法,右图是在机床上测量工件的方法。

使用千分尺的注意事项基本上与使用游标卡尺相同,只有一点要特别注意:当测量螺杆快要接触工件时,必须使用其端部棘轮(此时严禁使用活动套筒,以防测量不准),当棘轮发出"嘎嘎"的打滑声时,表示压力合适,停止拧动,即可读数。

(2)内径千分尺 内径千分尺的读数方法及刻线原理与外径千分尺相同。内径千分尺主要用于测量大孔径,也可用来测量箱机壳体内两个凸台内端面之间的距离等内尺寸,但小于 50mm 的尺寸不能用内径千分尺测量,需用内测千分尺测量。

实训五:用内径千分尺测孔径,如图 8-8 所示。

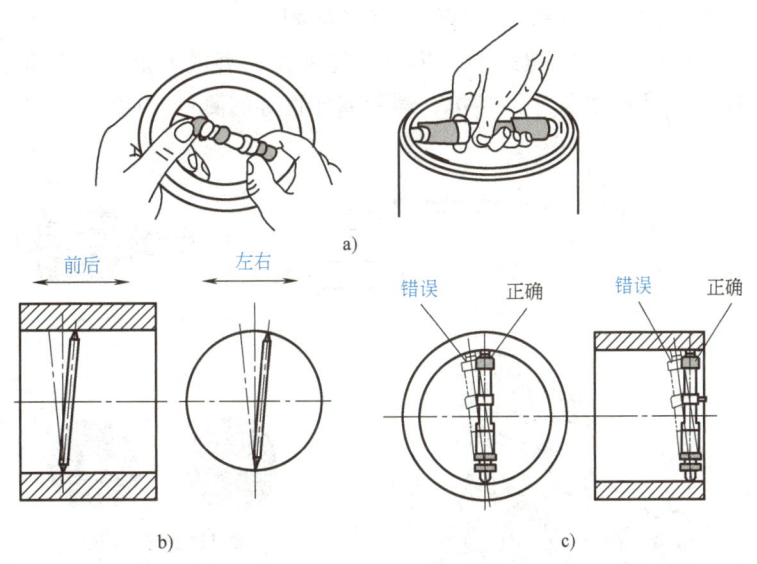

图 8-8 内径千分尺的使用

a)用内径千分尺测量内径 b)摆动测微头找正 c)测量位置的正误示意图

(3)内测千分尺 内测千分尺用于测量小尺寸(5~30mm)内径(图 8-9)和内侧面槽的宽度,其特点是容易找正内孔直径,测量方便。

(4)公法线长度千分尺 公法线长度千分尺如图 8-10a 所示,主要用于测量外啮合圆柱齿轮两

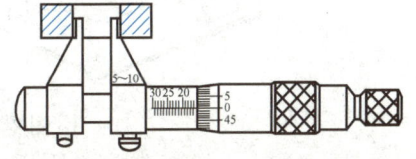

图 8-9 内测千分尺(内测 5~30mm)

个不同齿面的公法线长度,也可以测量外形尺寸。它的结构与外径千分尺相同,不同的是在测量面上装有两个带精确平面的量钳(测量面)来代替原来的测砧面。

公法线长度千分尺的测量范围为:0~25mm、25~50mm、50~75mm、75~100mm、100~125mm等,其分度值为0.01mm,测量模数 $m \geqslant 1mm$。

实训六:齿轮公法线长度的测量,如图8-10b所示。

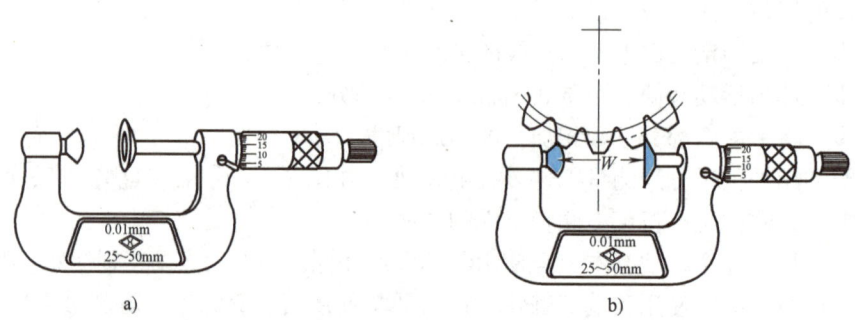

图8-10 用公法线长度千分尺测量齿轮公法线长度

2. 常用螺纹几何参数的量仪

实训七:螺纹测量常用量仪的使用。

(1)螺纹千分尺 螺纹千分尺如图8-11a所示,主要用于测量普通螺纹的中径,它有两个特殊的可调换的测头,其角度与螺纹牙型角相同。

(2)工具显微镜 对精密螺纹的单项测量均需在大型或万能工具显微镜上进行,如对外螺纹的单一中径、牙型角及牙型半角、螺距或导程等的测量。如图8-11b所示为大型工具显微镜。

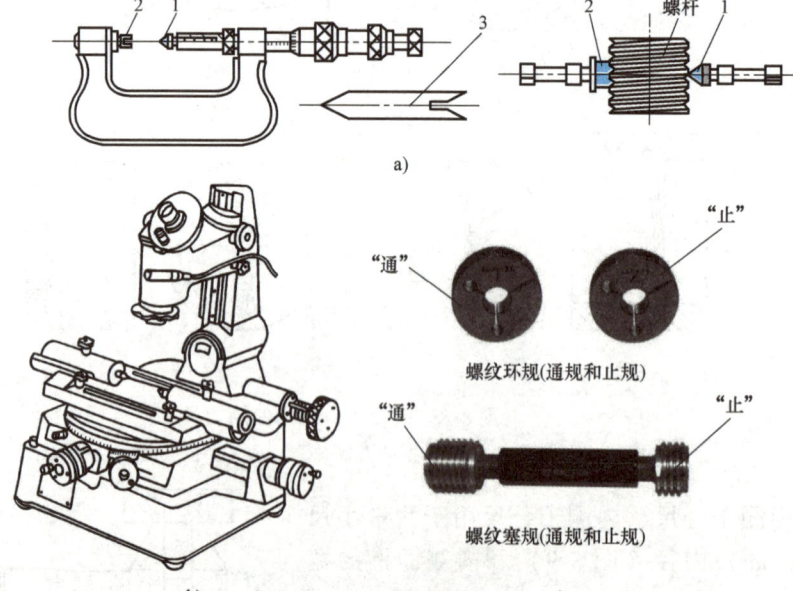

图8-11 螺纹测量常用量仪
a)螺纹千分尺 b)大型工具显微镜 c)螺纹综合检验量规
1、2—测头 3—校对板

（3）螺纹综合检验用量规　如图8-11c所示，螺纹综合检验用量规适用于批量生产时选用，对外螺纹验收时用螺纹环规的"通"规与"止"规，对内螺纹验收时用螺纹塞规的"通"规与"止"规。

四、百分表与千分表

百分表是一种精度较高的比较量具，只能测出相对数值，不能测出绝对值，主要用于检测工件的形状和位置误差（如圆度、平面度、垂直度和跳动等误差），也可放置在机床上用于工件的安装与找正。百分表的测量精度为0.01mm，分度值为0.001mm的指示表即为千分表。

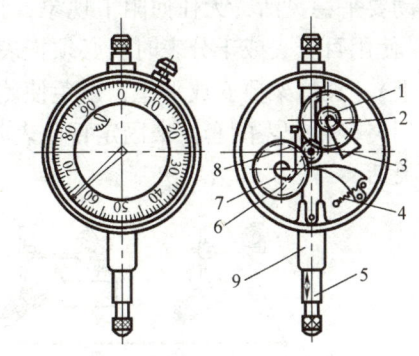

图8-12　百分表
1—小齿轮　2、7—大齿轮　3—中间齿轮　4—弹簧
5—带齿条的测量杆　6—指针　8—游丝　9—套筒

如图8-12所示，当齿条测量杆5上下移动时，带动小齿轮1转动，与其固连于同轴上的大齿轮2也随之转动，从而带动中间齿轮及同轴上的指针6转动。大指针转1圈，表盘上每一格分度值为0.01mm。

同理，当用大速比齿轮组成变速机构后，使表盘上每一格分度值为0.001mm的指示表即为千分表。

※百（千）分表常装在常用的普通表架或磁性表架上使用，测量时要注意百分表的测量杆应与被测表面垂直，如图8-13所示。

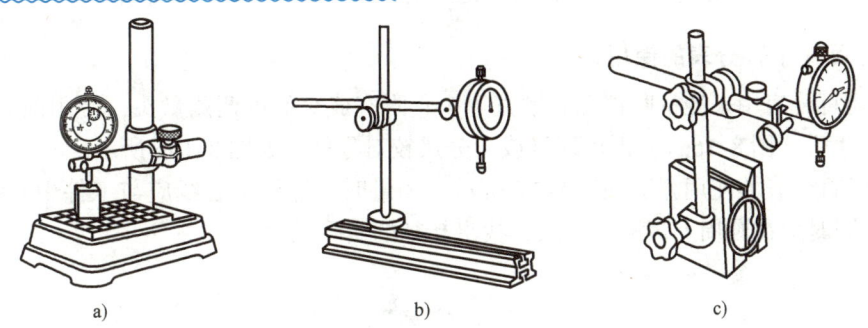

图8-13　常用的指示表安装类型
a）千分表安装在测量台架上可进行比较测量　b）百分表安装在普通支架上常用于在平板上测量
c）百分表安装在磁性支架上常用于在机床加工中

如图8-14所示为百分表测量的应用举例，其中图8-14a所示为检查外圆对孔的圆跳动和端面对孔的圆跳动误差；图8-14b所示为检查工件两平面1与2的平行度误差；图8-14c所示为在内圆磨床上用单动卡盘安装工件时"找正"外圆。

实训八：百分表或千分表的使用方法，如图8-15所示。

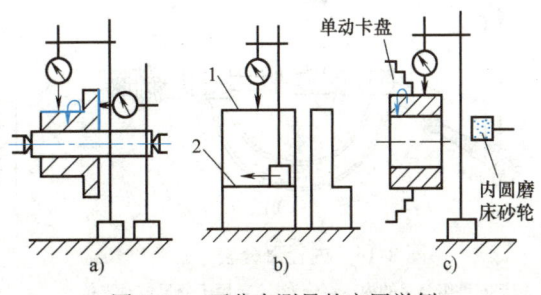

图8-14　百分表测量的应用举例

使用百分表和千分表时，必须注意以下几点：

1) 使用前，应检查测量杆移动的灵活性，即用拇指轻轻推动测量杆时，测量杆在套筒内的移动要平稳灵活，无任何阻卡现象，且每次放松后，指针能回复到原来的刻度位置。

2) 使用百分表或千分表时，必须把表固定在可靠的夹持架上（如固定在万能表架或磁性表座上），夹持架要安放平稳，以免使测量结果不准或摔坏百分表。

※用夹持百分表的套筒来固定百分表时，夹紧力不要过大，以免因套筒变形而使测量杆活动不灵活。

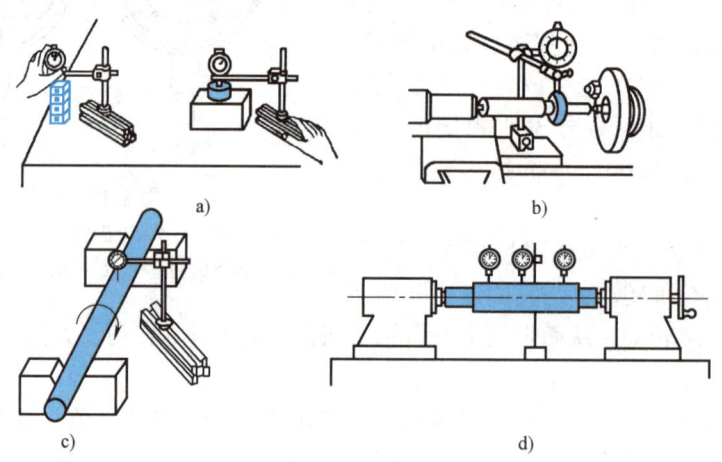

图 8-15 百分表或千分表的使用方法
a) 在平板上用量块组合尺寸校对后再测量工件　b) 在机床上测量工件的圆跳动误差
c) 筒形或无中心孔工件放于V形架上检测　d) 工件放于仪器支架上检测

1. 内径百（千）分表的使用

1) 内径百分表用来测量圆柱孔和槽宽等，它附有成套的可调测量头，使用前必须先组合好所用尺寸后（图 8-16a），再用环规或千分尺校对零位，如图 8-16b 所示。

2) 内径百分表的使用方法如图 8-17 所示。测量时，连杆中心线应与工件中心线平行，不得歪斜，同时应在圆周上多测几个点，找出孔径的实际尺寸。

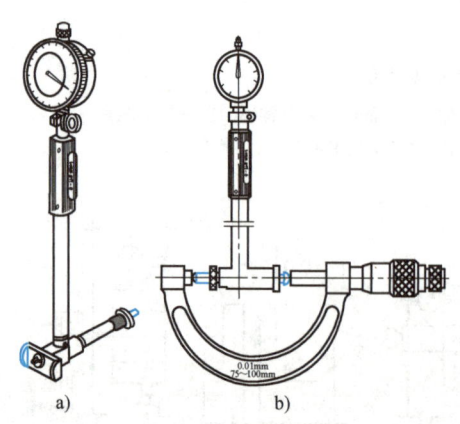

图 8-16 内径百分表
a) 测头附件组合后的内径百分表　b) 用千分尺校对零位

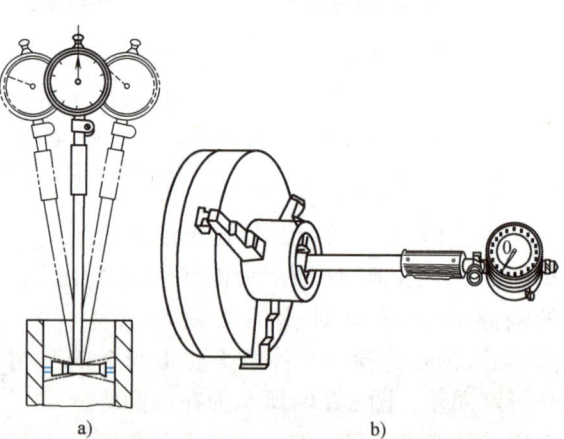

图 8-17 内径百分表的正确测量法示例

3) 当左右摆动表架表示值为最小时,即为该孔径正截面上的实际准确尺寸。

2. 杠杆百(千)分表

杠杆百(千)分表体积较小,常伸入工件孔内测量。因其测头可变换测量方向及测量角度,测量小边和角部位时极为方便,尤其对测量或加工中小孔工件的找正,突显了其精度高且灵活的特点。

杠杆千分表的测量杆轴线与被测工件表面的夹角越小,误差就越小,当夹角 $\alpha > 15°$ 时,其测量结果应进行修正。

【例8-1】 用杠杆千分表测量工件时,测量杆轴线与工件表面夹角 α 为 30°,示值为 0.048mm,求正确的测量值。

解:$a = b\cos\alpha = 0.048 \times \cos30°\text{mm} = 0.048 \times 0.866\text{mm} = 0.0416\text{mm}$

实训九:杠杆百(千)分表的检测项目应用实例,如图 8-18 所示。

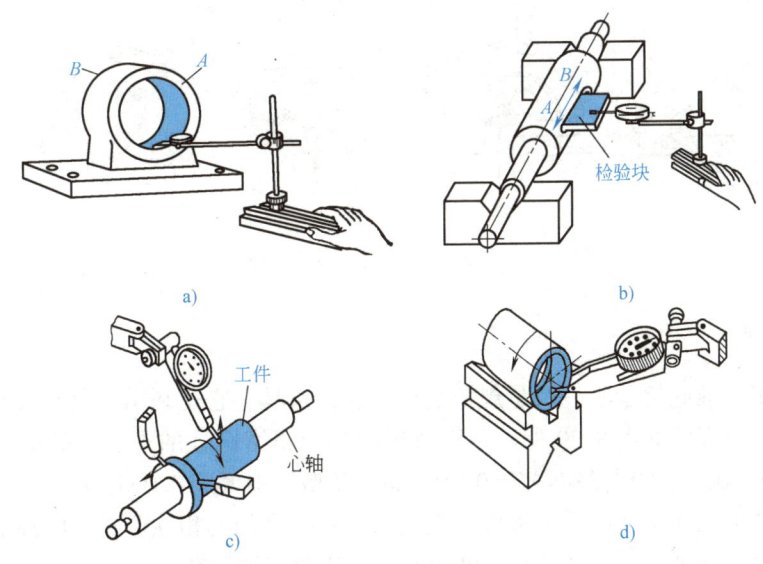

图 8-18 杠杆百(千)分表应用示例
a) 孔轴心线与基面平行度误差的检测　b) 键槽直线度误差的检测　c) 以心轴中心孔定位检测工件圆跳动误差
d) 筒形工件外径定位,在 V 形架上检测圆跳动及圆柱度误差

五、角度量具

游标万能角度尺的原理及使用方法

(1) 游标万能角度尺的原理　游标万能角度尺是用来测量精密零件内、外角度或进行角度划线的角度量具,如图 8-19a 所示。

游标万能角度尺的读数机构是根据游标原理制成的,主尺刻线每格为 1°,游标的刻线是取主尺的 29° 等分为 30 格,因此游标刻线角格为 29°/30,即主尺与游标一格的差值为
$$1° - 29°/30 = 1°/30 = 60'/30 = 2'$$

也就是说,游标万能角度尺的分度值为 $2'$,其读数方法与游标卡尺完全相同。

（2）游标万能角度尺的使用方法　测量时应先校准零位。游标万能角度尺的零位是当角尺与直尺均装上，而角尺的底边及基尺与直尺无间隙接触时，主尺与游标的"0"线对准。调整好零位后，通过改变基尺、角尺和直尺的相互位置，可测试 0~320°范围内的任意角度。应用游标万能角度尺测量工件时，要根据所测角度适当组合量尺。

实训十：用游标万能角度尺对燕尾槽及锥角工件进行测量，如图 8-19b 所示。

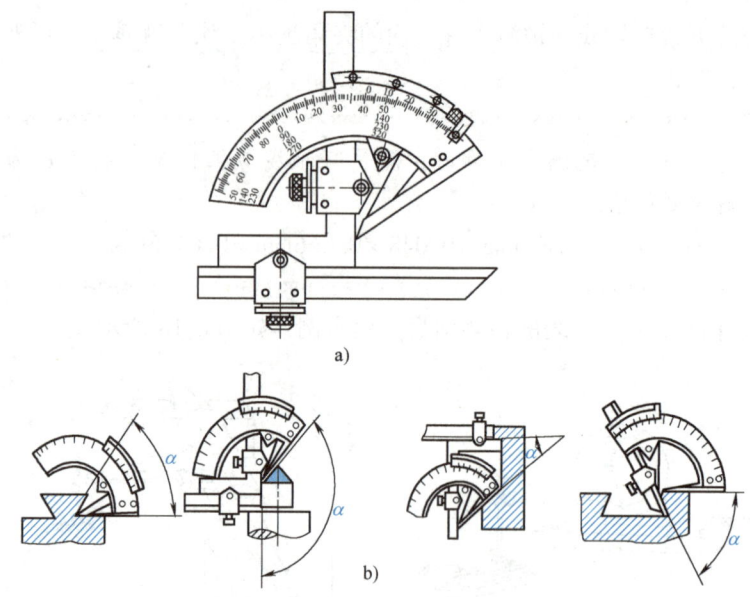

图 8-19　游标万能角度尺及其应用示例

六、正弦规

正弦规是用于准确检验零件及量规角度和锥度的量具。它是利用三角函数的正弦关系来度量的，故称正弦规，如图 8-20 所示。正弦规的两个精密圆柱的中心距的精度很高，窄型正弦规的中心距 200mm 的误差不大于 0.003mm；宽型的不大于 0.005mm。

正弦规主体上工作平面的平面度以及它与两个圆柱之间的相互位置精度都很高，因此可以用于精密测量（图 8-21），也可作为机床加工带角度零件的精密定位及测量之用。利用正弦规测量角度和锥度时，测量精度可达 ±3″~±1″，但适宜测量小于 40°的角度。

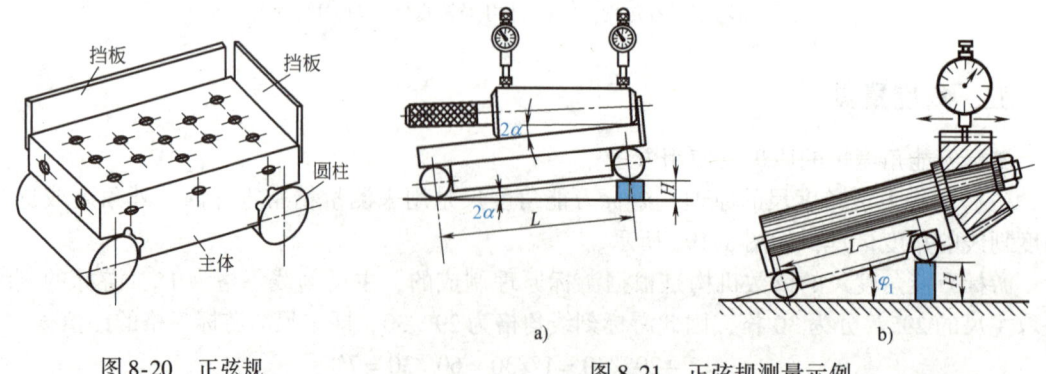

图 8-20　正弦规　　　　　　　图 8-21　正弦规测量示例
　　　　　　　　　　　　　　a）用正弦规测圆锥锥角　b）测量锥齿轮根锥角 δ_f（$\varphi_1 \approx \delta_f$）

$$H = L\sin 2\alpha \text{ 或 } H = L\sin\delta_f$$

式中　2α——圆锥的锥角（°）；
　　　H——量块高度（mm）；
　　　L——正弦规中心距（mm）；
　　　$\delta_f(\varphi_1)$——锥齿轮的根锥角。

七、常用表面粗糙度的测量方法及特点

在加工全过程中，高技能人员除掌握正确地区分与判别工件的表面缺陷性质及实测工件表面粗糙度和几何误差的检测方法外，还应对工件质量进行分析处理，提供有效的解决办法。这是当前生产一线工艺流程是否畅通的难点，也是智能加工的方向。

实训十一：表面粗糙度值的检测。

1）目测法。常用于加工人员技艺能力高，加工设备精度良好稳定及工件的材质可靠的状况，应用条件为：保证定时、定量抽检工件加工状况。

目测法就是将被测零件表面与表面粗糙度样块（图8-22a）通过视觉、触感或其他方法进行比较后，对被检表面的粗糙度做出评定结论的方法。

2）比较法检测。比较法虽然不能精确地得出被检表面的粗糙度数值，但是，器具简单、使用方便且能满足一般的生产要求，故常用于生产现场，包括车、磨、镗、铣、刨等多种加工纹理的粗糙度合格性判别。

3）新标准的接触（触针）式新型智能化仪器（轮廓计和轮廓记录仪）如TR101型及SJ-301/RJ-201型等便携式粗糙度测量仪可准确快速地测得 Ra、Rz 等多种粗糙度参数，如图8-22b所示。

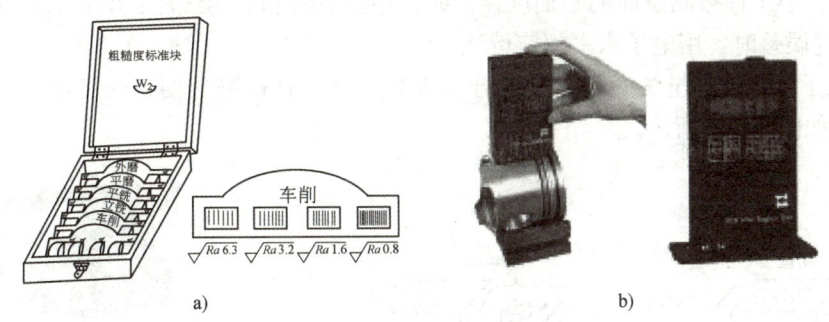

图8-22　表面粗糙度仪器
a）表面粗糙度样块　b）TR101袖珍表面粗糙度仪

八、典型零件的误差及检测遴选项目

几何误差的测量方法有许多种，主要取决于被测工件的数量、精度高低、使用量仪的性能及种类、测量人员的技术水平和素质等方面。所采取的检测方案要在满足测量精度要求的前提下，经济、快速高效地完成检测工作。不必再为购买实训工件花大钱，到工厂车间选购一些废、次品作为被测件，更具有学习实用价值。

为了最大限度地开发和利用实训资源，将实习基地现有的各类机床、设备作为检测对象，不但可达到真实、全面地满足实训要求的目的，又可密切结合实际，节约投资，掌握典

型的基本的产品检测方法和教学大纲内容。

1. 直线度误差的测量方法

（1）指示表测量法　用指示表测量圆柱体素线或轴线的直线度误差。

实训十二：短轴类零件直线度误差的测量，如图 8-23a 所示。

（2）节距法　对于较长表面如机床导轨，将被测长度分段，用水平仪或自准直仪测量后取值。

实训十三：机床导轨表面直线度误差的测量，如图 8-23b 所示。

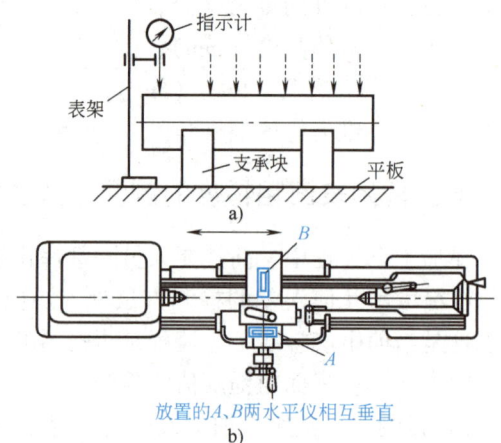

图 8-23　直线度误差的测量
a）用指示表测量法测量短轴类零件的直线度误差
b）用节距法测量机床导轨的直线度误差

2. 平面度误差的测量方法

实训十四：平面度误差的测量。

（1）指示表测量法　适合于中小型工件，分为三点法与对角线法。

1）调整被测表面上相距最远的三点 1、2 和 3，使其与平板等高，作为评定基准，如图 8-24a 所示。

2）调整被测表面对角线上的 1 和 2 两点与平板等高，再调整另一对角线上的 3 和 4 两点与平板等高，作为评定基准如图 8-24b 所示。

再移动指示表，在被测表面内取最大读数与最小读数之差，即该平面的平面度误差。

测量中、小工件被测量面的平面度误差时，用三点法和对角线法；测量大型工件的平面（或平行）度误差时，用电子水平仪直读法。

（2）电子水平仪测量法　特点是适合于大型工件，且检测方便、快捷准确，省去了繁琐的计算，如图 8-24c 所示。

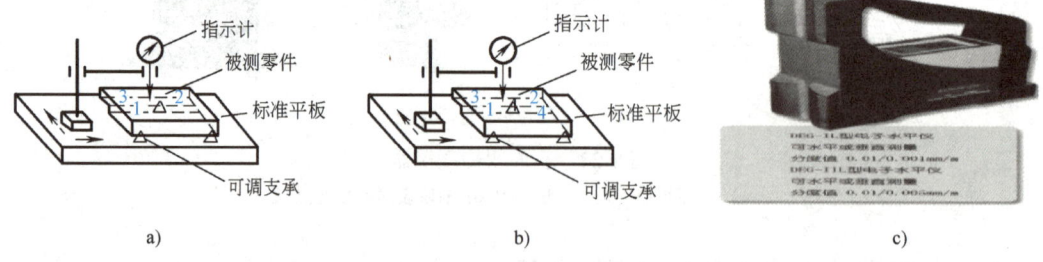

图 8-24　平面度误差的测量
a）三点法　b）对角线法　c）电子水平仪直读法

3. 平行度误差的测量方法

实训十五：平行度误差的测量。

1）面对面平行度误差的测量，如图 8-25a 所示。

2）面对线平行度误差的测量，如图 8-25b 所示。

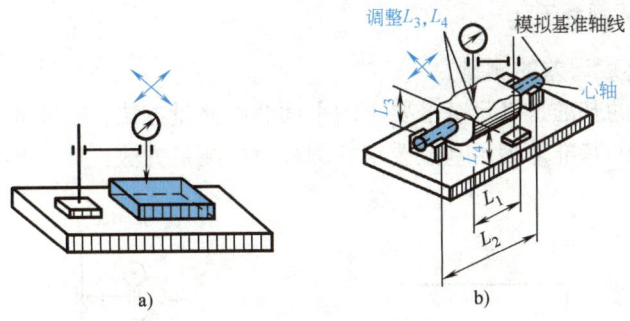

图 8-25　平行度误差的测量
a) 面对面的平行度　b) 面对线的平行度

4. 垂直度误差的测量方法

实训十六：垂直度误差的测量。

1) 被测平面与基准平面间的垂直度误差的测量，如图 8-26a 所示。
2) 被测轴线与基准轴线垂直度误差的测量，如图 8-26b 所示。

基准轴线和被测轴线由心轴模拟，转动基准心轴，在测量距离 L_2 的两个位置上测得读数为 M_1 和 M_2 后，用下式计算垂直度误差为

$$\Delta = L_1 |M_1 - M_2|/L_2$$

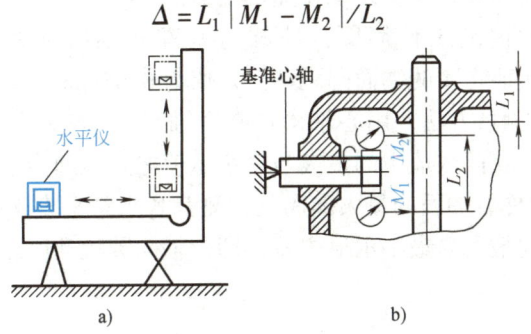

图 8-26　垂直度误差测量
a) 面对面的垂直度误差的测量　b) 线对线的垂直度误差的测量

5. 同轴度误差的测量方法

实训十七：同轴度误差的测量。

1) 刃口状 V 形架、平板和指示表组合的测量法，如图 8-27a 所示。
2) 综合量规测量法，如图 8-27b 所示。

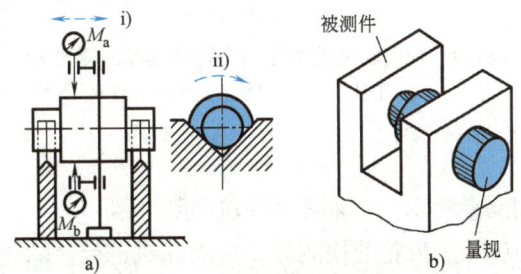

图 8-27　同轴度误差的测量
a) 刃口状 V 形架法　b) 综合量规测量法

6. 对称度误差的测量方法

实训十八：对称度误差的测量。

1) 当被测要素的基准是满足基准要求的平面时的测量方法，如图 8-28a 所示。
2) 当被测要素的基准是满足基准要求的圆柱时的测量方法，如图 8-28b 所示。

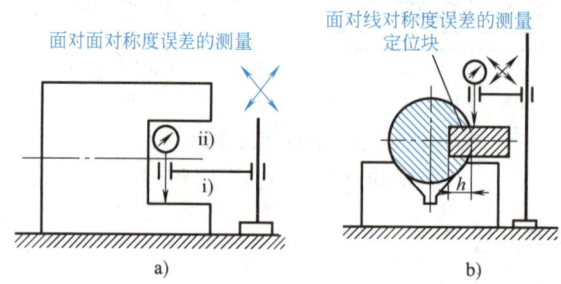

图 8-28 对称度误差的测量方法
a) 平板检测法　b) V 形架、定位块、平板检测法

7. 轴向圆跳动及径向全跳动误差的测量方法

实训十九：轴向圆跳动及径向全跳动误差的测量。

1) 图 8-29a 所示为被测工件简图，外圆对基准孔轴线 A 的径向全跳动公差值为 0.1mm，右端面对基准孔轴线 A 的端面圆跳动公差值为 0.05mm。
2) 图 8-29b 所示为测量方法，用心轴模拟基准轴线 A，使百分表沿轴向测取工件外表面的截面读数，取径向各点读数值中的最大与最小示值之差，即为径向全跳动误差。
3) 用百分表测量工件右端面的最大圆周处，测其各点至垂直于基准轴线的平面之间的距离，即百分表实测轴向最大与最小示值之差，即为轴向圆跳动误差。

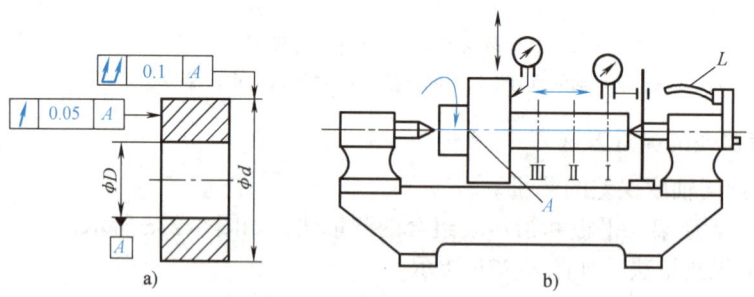

图 8-29 轴向圆跳动及径向全跳动误差的测量方法
a) 工件　b) 跳动检查仪或偏摆仪

8. 一般齿轮的测量

实训二十：齿轮常用测量法示例，如图 8-30 所示。

对于一般精度（8~10 级）齿轮的检测，尽可能在机进行。除进行公法线长度测量和齿厚测量外，还应按要求对齿距累积总偏差（f_{pb}）、基圆齿距偏差（f_{pb}）、齿轮齿向误差（F_β）和径向跳动误差（F_r）进行检测。检测中可用径向跳动检查仪和偏摆检查仪。

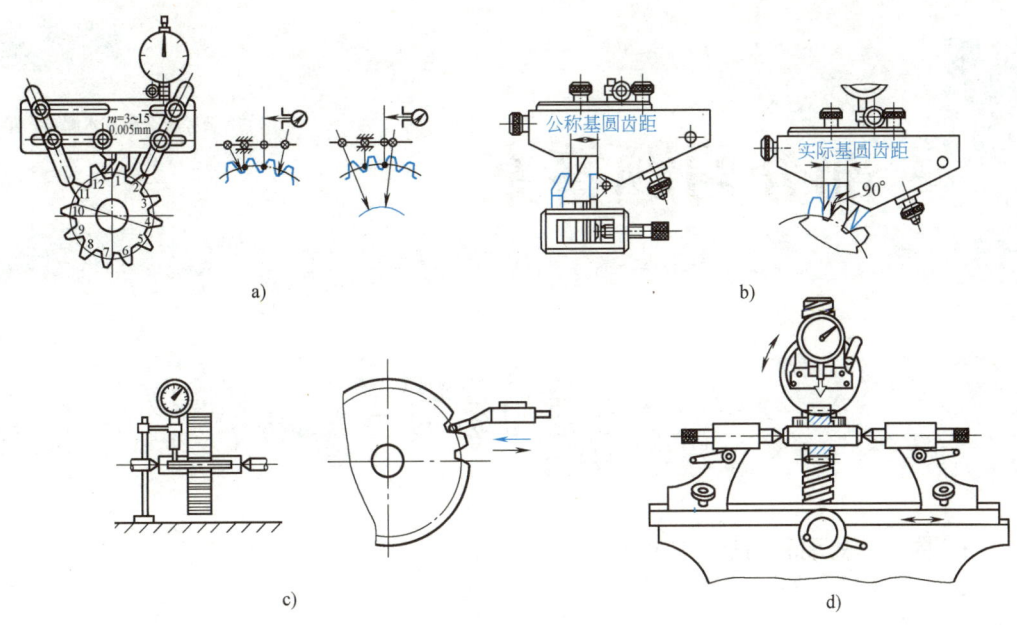

图 8-30 齿轮常用测量法示例

a) 用手提式齿距仪测量 f_{pb} b) 用基圆齿距仪测量 f_{pb}
c) 直齿轮齿向误差 F_β 的测量   d) 用径向跳动检查仪测量 F_r

实训检测报告单　工件名称：＿＿＿＿＿＿＿＿＿＿＿＿

尺寸公差要求		几何公差要求		粗糙度要求		量具名称	结论
公称尺寸	实测尺寸	项目公差要求	实测值	代号	实测值		

工件简图	
老师讲评意见	

附录 部分习题答案

习题与练习一

1-3 同一，修配和调整，使用性能。

1-4 C。

习题与练习二

2-1

（1）$\phi 28K7$：$ES = +0.006mm$；$EI = -0.015mm$。

（2）$\phi 40M8$：$ES = +0.005mm$；$EI = -0.034mm$。

（3）$\phi 30js6$：$es = +0.0065mm$；$ei = -0.0065mm$。

（4）$\phi 60J6$：$ES = +0.013mm$；$EI = -0.006mm$。

2-2

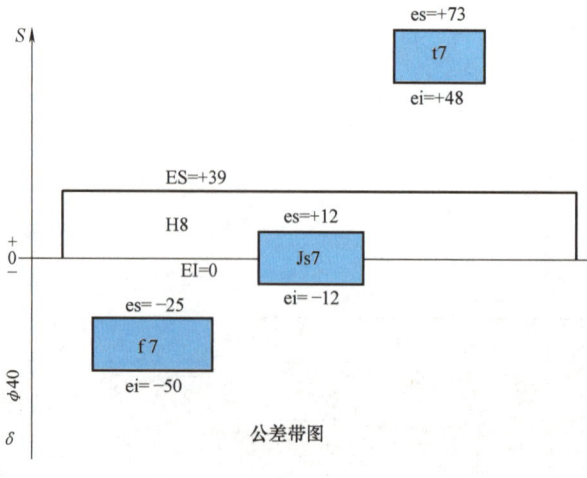

附图 1

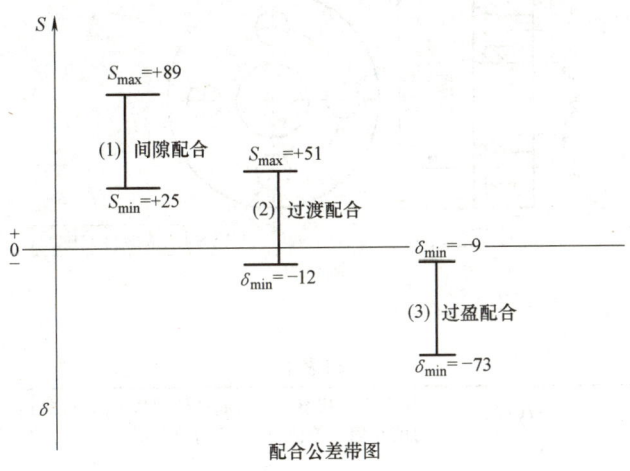

配合公差带图

附图 1（续）

2-3　(1) ×，(2) ×，(3) √，(4) √，(5) ×，(6) ×，(7) ×，(8) ×。

习题与练习三

3-3　H，K，L，有，GB/T 1184—K。

3-5　Ⓔ，Ⓜ。

3-6

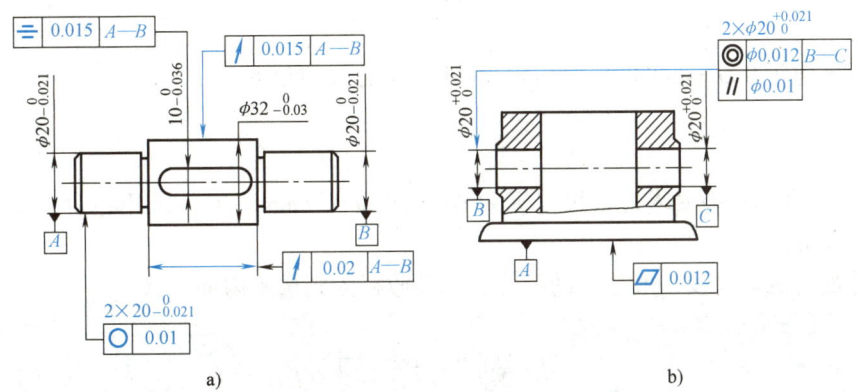

附图 2

3-7

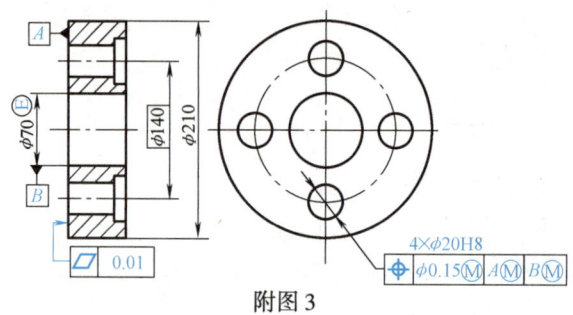

附图 3

3-8

附表 1

序号	最大实体尺寸 /mm	最小实体尺寸 /mm	最大实体状态时的几何公差值 /μm	可能补偿的最大几何公差值 /μm	理想边界名称及边界尺寸 /μm	实际尺寸合格范围 /mm
a	φ10.00	φ9.991	0	9	最大实体边界 φ10.00	φ9.991 ~ φ10.00
b	φ11.984	φ11.973	6	17	最大实体实 φ11.990	φ11.973 ~ φ11.990
c	φ24.965	φ24.986	100	139	最大实体边界 φ24.865	φ24.865 ~ φ24.986

习题与练习四

4-2 φ20f10Ⓔ因有包容要求，验收极限要选内缩方式；
φ20f10Ⓔ($^{-0.020}_{-0.104}$mm)、IT10 时，A = 6μm，u_1 = 7.6μm（1 挡）；
上验收极限 = d_{max} − A = (20 − 0.02 − 0.006)mm = 19.974mm；
下验收极限 = d_{min} + A = (20 − 0.104 + 0.006)mm = 19.902mm；
选用分度值为 0.01mm 的 25 ~ 50mm 的外径千分尺可满足要求。

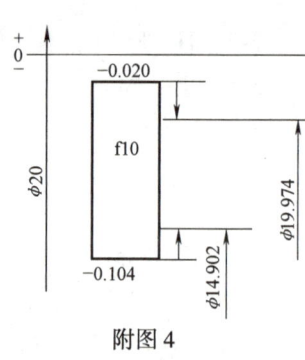

附图 4

4-3 (×)

4-4 由于孔的功能要求，其尺寸标为 φ140H9 ($^{+0.1}_{0}$mm) Ⓔ，采用包容要求，所以验收极限选内缩方式。
对于非配合的零件及一般公差的尺寸，其验收极限则选不内缩方式。

习题与练习五

5-4 用途或功能，质量要求项目。

5-5 目视法检查、比较法检查、测量法检查。接触（针描）法，便携式。

习题与练习六

6-2 锥度塞规，锥度环规。

6-3 C

6-4 锥角，z

6-6 PO、P6（P6x）、P5、P4、P2、P0、P2。

6-7 固定内圈或外圈时，未固定套圈的移动量，振动和噪声，发热，寿命下降。

6-8 孔，　轴　。

6-9 单向，下侧，0，负值。

6-11 完整，螺牙圈数减少的截短。

6-13 螺纹塞规（"通"、"止"端）及光滑量规（"通"、"止"端），螺纹环规（"通"、"止"规）及光滑卡规（"通"、"止"端），工具显微镜。

6-14 松联接、正常联接、紧密联接，宽度尺寸 b。

6-15 小径 d，大径 D，键宽 B。

6-16 花键塞规，花键环规，小径、大径、键宽和槽宽，大径对小径的同轴度，键与槽的位置度（包括等分度、对称度）。

6-17 7（F_α） 8（F_p、F_β、F_α） GB/T 10095.1—2008
　　　 8（F_r） GB/T 10095.2—2008

6-18 自查该项目的偏差值应与表中所给数值相同；

1. 万能测齿仪；2. 万能测齿仪或手提式齿距仪；3. 渐开线检查仪；4. 旋线检查仪；5. 径向跳动检查仪或偏摆检查仪；6. 公法线千分尺。

习题与练习七

7-1 环，封闭环，组成环。

7-2 增大，减小。

7-3 减，减。

7-4 3，封闭环。

7-5 解：画尺寸链图，如附图 5 所示，其中 A_0 封闭环，A_4 为增环，A_2、A_3、A_4 为减环。零件公差按"入体原则"分配，即外尺寸按 h，内尺寸按 H。

参考答案：当 A_2、A_3、A_4 均设为 IT8 级时，$\vec{A}_1 = 4_{-0.018}^{0}$ mm，$\vec{A}_2 = 20_{-0.033}^{0}$ mm，$\vec{A}_3 = 8_{-0.022}^{0}$ mm，$\vec{A}_4 = 32_{+0.04}^{+0.223}$ mm，则满足 $A_0 = 0_{+0.04}^{+0.15}$ mm 要求。

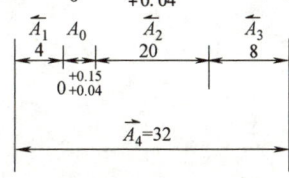

附图 5

参 考 文 献

[1] 闻邦椿. 机械设计手册 [M]. 5版. 北京：机械工业出版社，2010.
[2] 张以平，等. 齿轮国家标准汇编 [M]. 北京：中国计量出版社，1992.
[3] 徐灏，等. 新编机械设计师手册 [M]. 北京：机械工业出版社，1995.
[4] 李忠海，等. 机械基础国家标准宣贯教材 [M]. 北京：中国计量出版社，1997.
[5] 机械工程手册编委会编. 机械工程手册 [M]. 北京：机械工业出版社，1997.
[6] 徐茂功. 公差配合与技术测量 [M]. 北京：机械工业出版社，2011.
[7] 梁子午. 检验工实用技术手册 [M]. 南京：江苏科学技术出版社，2004.